JN446912

생명과학전공을 위한

대학수학

최은미 지음

불법복사는 지적재산을 훔치는 범죄행위입니다.

저작권법 제136조(권리의 침해죄)에 따라 위반자는 5년 이하의 징역 또는 5천만원 이하의 벌금에 처하거나 이를 병과할 수 있습니다.

KM 경문사

머리말

우리나라에서 중고등학교 시절을 보낸 대부분의 사람들에게 수학은 시험을 잘 치르기 위한 중요한 과목이었을 뿐, 실생활에서 얼마나 필요한지에 관해서는 관심을 둘 여력이 없었던 것 같다. 그러는 과정에서 여러 매체를 통해 수학의 중요성을 들어왔어도 그것을 실감하기에는 이미 늦어버리는 경우가 대부분이었을 것이다.

화학·물리학이나 공학 분야에서 수학의 활용은 어느 정도 잘 알려져 있지만, 의·생명과학 분야에서 수학의 역할에 대해서는 여전히 생소하다. 21세기에 더욱 발전할 생명과학 분야는 기존의 생물 분야로부터 놀랍게 팽창하여 바이오 기술이라고 불리는 문제를 다루게 된다. 외국에서는 Bio-Math라는 분야가 보편화되어, 생물수학과 또는 수리생물학과에서 수학·의·생명과학 분야의 연구를 활발히 하고 있다.

이 책에서는 생명과학분야에서 부딪히는 문제들을 기초적인 수학 기술을 사용한 모델링을 통해 해결해나가는 과정을 다룬다. 수학의 형식적인 접근을 많이 제한하여, 자세한 수학의 내용은 다른 수학 교재를 찾아보도록 남겨두었다. 그 대신 생물, 미생물, 의학, 화학분야에서 벌어지는 상황을 풀어가면서, 수학의 이론과 더불어서 엑셀과 메이플 프로그램을 사용하여 가시적으로 설명하였다. 또한 수학 이야기를 중간 중간 배치하여 자칫 어려워질지도 모를 내용들 사이에 휴식처를 주려고 하였다.

부족함이 많은 책을 출판하면서 두려운 마음이 앞선다. 오류와 허점을 앞으로 점차 수정 보완해나갈 것이다. 이를 통해 수학이 실생활에 어떻게 필요한지를 알 수 있기를 바라며, 더욱 발전을 거듭할 생명과학분야를 공부하는데 필요한 수학을 조금이라도 소개할 수 있는 기회가 되기를 바란다.

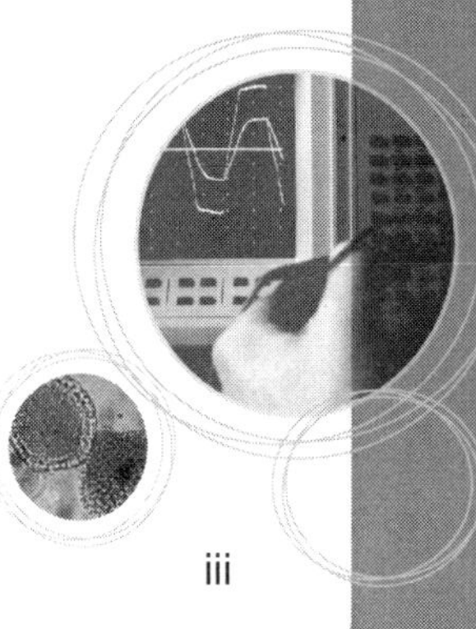

차례

제7장 적 분 / 151

제8장 지수·로그함수를 이용한 모델링 / 189

제9장 미분방정식 / 231

제10장 그래프와 함수 / 273

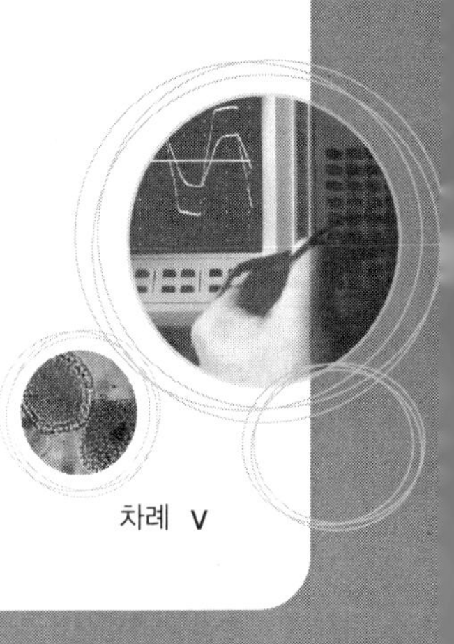

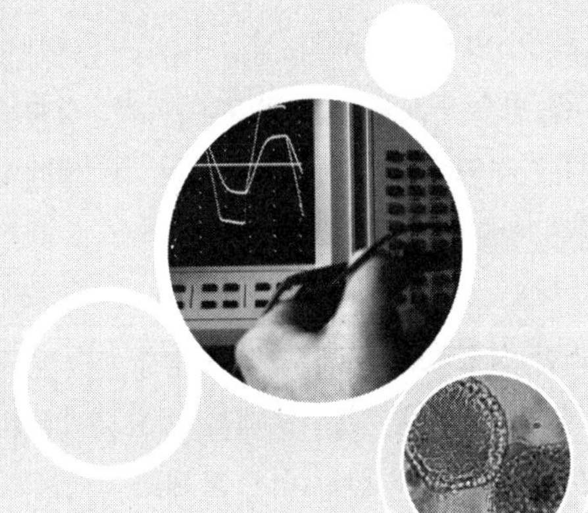

제1장

수학적 모델링

몇 번 반복 시행한 실험이나 관찰을 통해 얻은 데이터를 분석한 후 일반화를 하여 상황을 예측해야 할 많은 경우가 있다. 예를 들어 망원경 등을 사용하여 행성의 움직임을 관찰하여 데이터를 만든 후, 그것을 바탕으로 하여 행성의 전체 궤도를 추적하려고 할 수 있다. 또는 전염병처럼 시급한 사회문제를 해결하기 위해, 전염병이 이미 퍼져 있는 몇 군데의 자료를 통해 확산 속도를 예측하여 대처해야 할 필요도 있다. 한편, 인구 모형을 통해 앞으로 10년 혹은 20년 후의 주택, 경제 문제 등을 계획하기 위해서도 인구성장의 속도를 예측해야 한다. 또한, 종양이나 암세포의 성장 속도에 관한 관찰 자료를 바탕으로 적절한 치료시기를 결정해야 할 필요가 있다. 그 뿐만 아니라, 정치 분야에서 선거결과를 예측하는 것, 경제 분야에서 원유가격의 장기간 동향을 찾는 것, 생태학에서 숲의 미래 성장 패턴을 예측하는 것과 같은 많은 상황을 가지고 있다.

이러한 상황들을 문제로 받아들여, 분석하고 각각의 경우와 관계를 결정짓고, 그 데이터를 가장 잘 표현할 수 있는 모델을 필요로 하게 되는데, 이때 필요한 것이 수학적 해석과 수학적 모델이다. 관찰 현상이나 물체의 본질을 정확하게 표현하는 규칙이나 법칙이 수학적일 때, 그 결과를 신뢰할 수 있으며 발전가능하게 된다. 수학적 모델은 실험데이터와 형체는 같지 않으나 본래 대상의 모든 특성을 가지고 있어서 쉽게 조작하고 작업하기 편리하며 탐구하기에도 용이하므로 연구과정에서 본래 대상에 대한 정보를 얻을 수 있다.

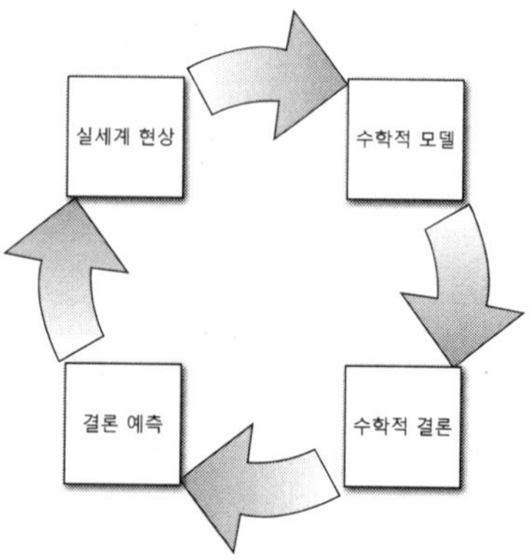

수학적 모델이 형성되는 과정은 현실상황을 현실 모델로 바꾸고 이를 다시 수학적 모델로 바꾸는 과정을 거친다. 현실문제는 대부분 복잡하여 직접 수학적으로 다루기 힘들기 때문에

(i) 먼저 현실 문제를 단순화하여

(ii) 합리적으로 정확하고 간결하게 기술하여

(iii) 현실모델을 만들고

(iv) 모델의 단어와 개념을 수학적 기호로 표현하는 수학적 모델을 만든다.

훌륭한 수학적 모델은 현실적으로 실세계 상황을 충분히 상세히 나타낼 수 있어야 하며, 수학적 분석이 가능하도록 충분히 간단해야 한다.

(v) 그 후, 그 모델을 기초로 하여 수학적 추론을 하고

(vi) 그 결과를 현실 상황에서 재해석하는 전 과정이 수학적 모델링이다.

이 교재에서는 우리나라 중고등학교 과정에서 배운 기초 수학적 지식을 토대로 하여, 의·생명과학분야를 포함한 다양한 전공의 대학 1학년 과정에서 배울 수 있는 수학의 내용을 다루고 있다. 실생활에서 접하는 문제를 해결하기 위해 수학적 모델링을 도입하는데, 특별히 규정화된 모델링의 순서는 없지만, 여기서는 다음의 순서를 따라 수학적 모델링을 한다.

(1) **현실의 재현**: 생활에서 접하는 문제를 설명함으로써 현실 상황을 재현해 볼 수 있다.
(2) **문제 상황**: 실제 상황에서 부딪치는 문제를 제시하고, 그 문제를 이해한다.
(3) **문제의 이상화 및 자료 수집**: 제시된 문제의 중요한 특성을 찾는다. 반드시 고려되어야 할 것과 무시해 버릴 수 있는 것을 명확히 하여, 상황을 단순화한다.
(4) **수학적 모델 형성과 문제 해결**: 실제 상황을 수학적 모델로 바꾸는 단계로서, 수학화 단계이다. 실생활의 언어와 개념을 수학적 기호로 바꾸게 되는데, 일반적으로 어려운 단계이다. 여기서 사용하는 수학적 모델은 보통 방정식이나 부등식으로 표현되며, 일단 수학 모형을 갖게 되면 수학기술을 사용하여 결론을 도출한다.
(5) **재해석**: 도출된 결과를 사용하여 다시 일상용어로 해석한다. 일상문제를 수학문제로 바꾸었던 단계의 역 발상 과정이다. 한편, 앞 단계에서 만약 수학적 결론이 상황을 설명하는데 적합하지 않으면 모델을 수정한다. 가능하면 다른 모델과 비교하여 이미 확립되어 있는 이론과 연결지어봄으로써 모델을 평가한다.

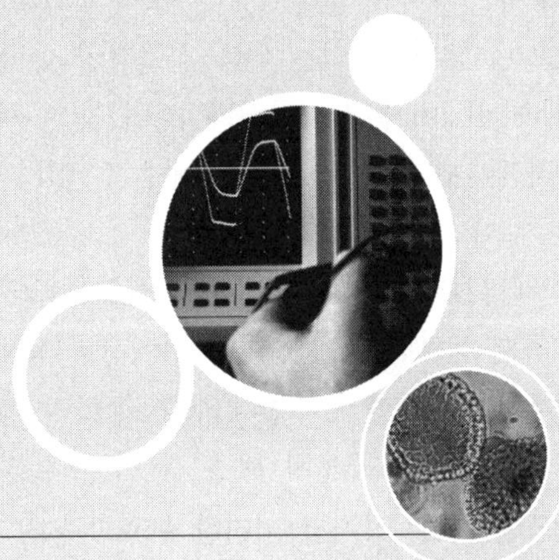

제2장

메이플과 엑셀

‖ 수학 프로그램 ‖

수학 교과에서 컴퓨터는 수학 내용을 더욱 쉽고 효과적으로 이해하기 위한 도구로 사용된다. 이론적인 수학지식 없이 컴퓨터만을 활용하여 문제를 해결하려는 것이 처음에는 쉬운 것처럼 느껴지더라도 결과적으로는 비효율적인 방법임을 곧 알게 된다. 중고등학교에서 많이 사용하는 수학 프로그램에는 LOGO, Geometry, GSP(Geometer's Sketch Pad), Cabri 등이 있으며, 대학교에서는 더욱 전문적인 수학적 계산프로그램인 매스메티카, 메이플 그리고 매트랩(MatLab) 등을 사용한다. 한편, 일반 사무용도로 많이 활용되는 엑셀(Microsoft Excel)은 수학에서도 훌륭히 역할을 해낼 수 있다.

매스메티카나 메이플은 미분과 적분을 포함하여 3차원의 그래프 또한 애니메이션, 행렬, 벡터, 통계 등 대부분의 수학 영역에서 이용되는 전문 프로그램이다. 엑셀은 자료 분석을 하는 통계처리나 그래프 또한 간단한 수학적 함수 처리 역할 등, 수학 외 전공자가 필요로 하는 수학적 계산을 충분히 해낼 수 있는 프로그램이다. 매스메티카나 메이플의 수학적 기능이 효과적이기는 하지만 이러한 프로그램은 각 개인에게 충분히 공급되지 않은 반면, 엑셀은 대부분의 PC 이용자가 쉽게 접할 수 있다는 장점을 가지고 있다.

이 장에서는 수학적 문제를 해결하기 위해 메이플 프로그램 활용의 기본적인 방법을 소개하며, 동시에 엑셀의 활용 방법도 다룬다. 각 프로그램의 활용법을 충분히 배우기 위해서는 방대한 양의 지식이 필요하지만 여기서는 앞으로 나오는 내용을 해결할 수 있는 범위 내에서 다루도록 한다.

2.1 메이플(Maple)의 기본 이론

문제 풀이의 중요한 전략은 문제를 표나 방정식, 그래프 등의 여러 방법으로 표현하여 그 사이의 관계를 정확하게 인식하는 일인데, 컴퓨터는 이러한 역할을 충분히 수행함으로서 문제에 대한 이해를 높여준다. 이는 컴퓨터의 가장 기본적인 기능인 계산 및 처리의 신속성과 더불어 수학적 문제해결에 큰 도움이 된다.

메이플은 수학에서 사용하는 수식을 그대로 사용하기 때문에 배우기가 쉬울 뿐만 아니라 수치계산을 통하여 얻는 값과는 달리 정확한 값을 얻을 수 있다. 무엇보다 다양한 그래픽을 매우 빠르게 처리하며, 애니메이션 구현도 가능하다. 메이플에는 상당히 많은 함수가 내장되어 있어 명령어를 적절히 활용함으로서 미분과 적분을 포함한 여러 종류의 수학 문제를 해결할 수 있다.

2.1.1 메이플의 기본 규칙

- 모든 명령문은 반드시 세미콜론(;)으로 끝낸다. 콜론(:)으로 끝내면 명령이 실행되기는 하지만 결과는 출력되지 않는다.
- 명령어 다음에는 반드시 ( )를 사용하여 그 안에 식과 변수 등을 입력한다.
- 명령기호(:=): 왼쪽에는 식의 이름을, 오른쪽에는 식을 써서 이름을 저장한다.
- 명령기호(->): 가령 $f := x \to x^2 + 3x + 4$로 하면 $f(x) = x^2 + 3x + 4$가 된다.

메이플에서 사용하는 연산기호는 통상적인 수학 기호와 동일하다.

기본연산 기호	+	−	*	/	^
	덧셈	뺄셈	곱셈	나눗셈	지수(거듭제곱)

주의 곱셈은 반드시 *를 사용한다. 가령 $2\sin x \ln x$처럼 2, $\sin x$ 그리고 $\ln x$의 곱셈인 경우에 $2 * \sin(x) * \ln(x)$로 입력한다.

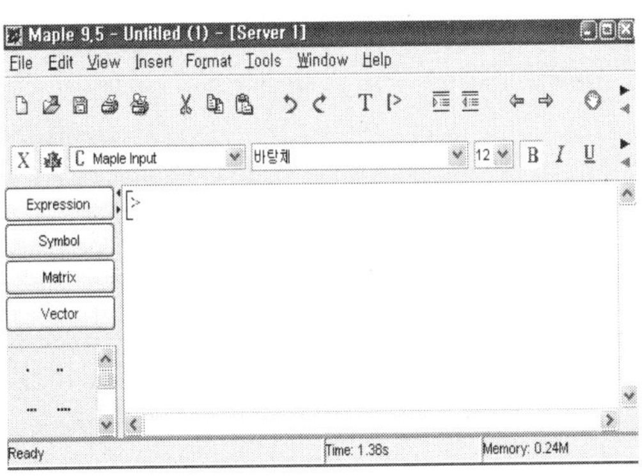

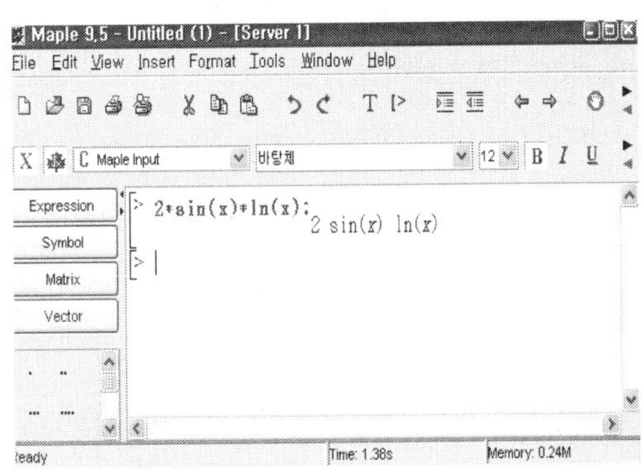

명령어	계산 결과 표시 방법	명령어의 뜻
evalf	결과를 소수점으로 표시한다. > evalf(1/3); 결과 0.33333	evaluate float
expand	식을 전개한다. > expand((x+1) * (x+2)); 결과 x^2+3x+2	expand

예제 2.1 메이플을 실행하여 결과를 알아보자.

```
> 3+4; 3*7; 4/2; 2.3+5.63; 2.4 / 8.9^2;
> (3+4)^2-2*(3+1); (x+1)^2;
> evalf(1/3, 10);
> expand((x+1)^2);
```

| 메이플의 함수들 |

다음은 메이플에 내장되어 있는 함수들로서, 수학에서 사용되는 이름과 동일하다.

삼각함수			
sin(x)	사인함수($\sin(x)$)	arcsin(x)	역사인함수($\sin^{-1}(x)$)
cos(x)	코사인함수($\cos(x)$)	arccos(x)	역코사인함수($\cos^{-1}(x)$)
tan(x)	탄젠트함수($\tan(x)$)	arctan(x)	역탄젠트함수($\tan^{-1}(x)$)
sec(x)	시컨트함수($\sec(x)$)	sinh(x)	쌍곡선사인함수($\sinh(x)$)
csc(x)	코시컨트함수($\csc(x)$)	cosh(x)	쌍곡선코사인함수($\cosh(x)$)
cot(x)	코탄젠트함수($\cot(x)$)	tanh(x)	쌍곡선탄젠트함수($\tanh(x)$)
		arcsinh(x)	역쌍곡선사인함수($\sinh^{-1}(x)$)

지수, 로그함수와 그 외 함수			
ln(x)	자연로그함수($\ln(x)$)	log10(x)	상용로그함수($\frac{\ln(x)}{\ln(10)}$)
log[b](x)	밑이 b인 로그함수	a^x	밑이 a인 일반 지수함수(a^x)
exp(x)	지수함수(e^x)	exponent	
erf(x)	오차함수	error function	
sqrt(x)	무리함수($\sqrt{x}$)	square root	
abs(x)	절댓값함수($\lvert x \rvert$)	absolute value	

예제 2.2 메이플을 실행하여 결과를 알아보자.

```
> erf(3);
> exp(2.4);
> sqrt(2); abs(-4);
> 30!; evalf(30!);
> ln(256);
> cos(Pi);
```

2.1.2 방정식 풀기

방정식 풀기는 수학의 중요한 과제 중 하나인데, solve와 fsolve가 주로 사용되는 명령어이다. 방정식은 등식과 부등식 모두 가능하다.

- solve: 방정식 풀이의 가장 쉬운 명령어로서, 미지수 값을 정확히 알 수 있다.
- fsolve: solve와 유사한 기능이지만, 실근을 수치적으로 구한다. 근을 찾고자 하는 구간을 지정해줄 수 있는데, fsolve가 근을 찾지 못하는 경우에는 근이 존재할 만한 구간을 지정해주면 도움이 된다.
- complex: 옵션으로 넣어주면 실근 외에 복소수근도 구할 수 있다.
- 연립 방정식일 때에는, {eqn1, eqn2, ⋯}처럼 집합으로서 표시한다.

예제 2.3 메이플을 실행하여 결과를 알아보자.

```
> solve(x^2=4);
> f:= x -> x^3-8*x^2+19*x-12; solve(f(x)=0);
> solve({x^4-3*x^3-2*x^2-5*x+15=0});
> solve(x^5-3*x^4+2*x^2-x+3, x);
> solve(sin(x)^2-2*sin(x)-3=0);
> solve(y=(4*x-3)/(2-5*x),{x});
> solve(a*x^3+b*x^2+c*x+d=0,{x});
> solve({3*x-y=4, x+y=2});
```

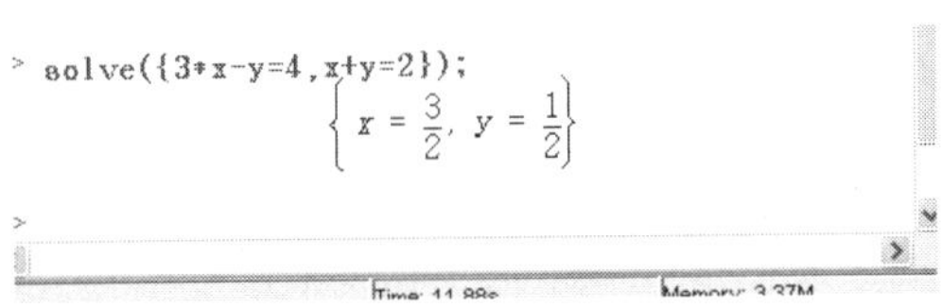

2.1.3 그래프 그리기

2차원 뿐만 아니라 3차원의 곡면의 그래프도 쉽게 처리할 수 있으며, plot이 주로 사용되는 명령어이다.

- plot(f(x), x=a..b, opt1,...): x를 변수로 하는 함수 $f(x)$의 그래프를 구간 $[a, b]$에서 그린다. opt1,...은 plot에 줄 수 있는 여러 종류의 옵션들인데, > ?plot;이나 > ?plot,options;를 입력하면 더 자세한 설명을 볼 수 있다.

- discont=true: 메이플은 불연속점 근처에서 거의 수직인 직선을 그리게 되는데, 이 직선을 없애기 위해 사용한다.
- List: 여러 개의 함수를 하나의 좌표축에 그리기 위해서는 함수들을 List로 묶는다.
- piecewise: 불연속점을 가진 함수를 정의할 때 사용하는 명령어이다.
- color: 그래프의 색을 결정할 수 있다.
- 그래프를 클릭하면 Content Bar의 내용이 달라지는데, 가장 왼쪽에 나오는 숫자가 클릭한 점의 좌표를 말하며, 그 외의 버튼은 그래프를 여러 모양으로 나타낸다. 또는 Style, Axes 메뉴에서도 같은 일을 할 수 있다.

예제 2.4 메이플을 실행하여 결과를 알아보자.

```
> plot(sin(x)/x, x=0 .. infinity);
> plot(sin(x), x=0 .. 4*Pi);
> f:= x->3*cos(x) + cos(3*x);
> plot(f(x), x=0 .. 10, y= 0 .. 8, axes=boxed);
> plot([t^2, t^3, t=-2 .. 2]);
> plot(tan(x), x=-3 .. 3, y=-10 .. 1, discont=true, color=blue);
> f:= x->piecewise(x<1,-1, x<2, 1, 3);
> plot(f(x), x=0 .. 3);
```

| 3차원 그래프 그리기 |

3차원의 그래프의 명령어는 plot3d이며, 전반적으로 명령어 plot과 유사하다.

- 그래프를 클릭하면 Content Bar에 메뉴가 나타나고 가장 왼쪽에 있는 theta와 phi의 숫자는 우리가 그래프를 바라보는 각도를 의미한다.
- 마우스로 그래프를 클릭한 채 움직이면 원하는 대로 각도를 바꿀 수 있다.
- plots Package인 with(plots)를 이용하여 다양한 그림을 그릴 수 있다.

예제 2.5 메이플을 실행하여 결과를 알아보자.

```
> with(plots):
> plot3d(sin(x)*cos(y), x=-Pi .. Pi, y=-Pi .. Pi, axes=BOXED);
> densityplot(sin(x)*cos(y), x=-Pi .. 2*Pi, y=-Pi .. 2*Pi);
> gradplot(x^3+2*y^2+1, x=-1 .. 1, y=-1 .. 1, grid=[20,20]);
```

```
> inequal({a+b>3, 2*b-a<6, 3*a+2*b>5, -b+a<=8, 3*a+2*b >0},
a=-10..30, b=-10..15);
```

2.1.4 함수 입력하기

명령어를 실행하기 위해 필요한 패키지를 불러온다. 가령, > with(plots):을 실행하여 plots 라는 패키지를 불러온다. 만약 > with(plots);을 실행하면 plots 패키지 내에 어떤 명령어가 내장되어 있는지 볼 수 있다.

> f:=x->3*x^2+5*x+4;	$f(x)=3x^2+5x+4$를 정의
> f@g;	두 함수의 합성 $f(g(x))$를 의미
> plot(f(x), x=a..b, title='F(x)');	$f(x)$를 범위 $[a, b]$에서 그리고 이름을 $F(x)$로 함
> plot({f(x), g(x)}, x=a..b);	$f(x)$, $g(x)$의 그래프를 범위 $[a ,b]$에서 그리기
> student[completesquare](p(x));	이차식 $p(x)$을 완전제곱 형태로 출력
> coeff(p(x), x, n);	다항식 $p(x)$의 n차 항의 계수
> expand(f(x));	식 $f(x)$를 전개
> factor(f(x));	식 $f(x)$를 인수분해
> normal(f(x));	식 $f(x)$를 기약유리수로 나타냄
> solve(f(x)=a, x);	$f(x)=a$의 정확한 해
> fsolve(f(x)=a, x);	$f(x)=a$의 근사해를 소수로 출력
> subs(x=a, f(x));	식 $f(x)$에서 x를 a으로 치환
> convert(f(x), form);	식 $f(x)$를 지정된 form으로 변환

예제 2.6 메이플을 실행하여 결과를 알아보자.

```
> f:=x-> 3*x^3+5*x+6; g:=x-> x+5; (f@g)(x);
> plot(f(x), x=-2..2, title='function');
> plot({sin(x), cos(x)}, x=-Pi .. 2*Pi);
> student[completesquare](x^2+4*x+4);
> coeff(4*x^3+5*x^2+7*x+5, x, 2);
> expand((x+1)^2); factor(x^2-5*x+6);
> solve(g(x)=3, x); fsolve(x^2-3*x+4=2, x);
> h(x):= 2*x^3+5*x^2+5; subs(x=2, h(x));
> convert(60*degrees, radians);
```

2.1.5 미분과 적분

미분적분학 교과시간에 주로 사용하는 명령어들은 students라는 패키지에 들어 있다. 그러므로 > with(student): 라는 명령어를 먼저 실행하는 것이 일반적이다.

미분(differential)에 관한 주요 명령어	
> slope(p, q);	p, q를 지나는 직선의 기울기를 그림
> showtangent(f(x), x=a, x=b..c);	$f(x)$와 $x=a$에서 접선을 b와 c 사이에서 그림
> D(f);	f의 도함수를 구함
> diff(f(x), x);	$f(x)$를 변수 x에 대하여 미분한 값을 계산
> diff(f(x), x, x);	$f(x)$를 변수 x에 대하여 2차 미분한 값을 계산
> Diff(f(x), x);	$f(x)$를 변수 x에 대하여 미분하는 식으로 출력
> diff(expr, var);	식 expr를 변수 var에 대하여 미분한 값을 계산

적분(integral)에 관한 주요 명령어	
> leftbox(f(x), x=a..b, n, 'shading'=color);	$f(x)$의 정적분 근사값을 구할 때 사용되는 직사각형의 그림, $x=a$에서 b까지 n등분
> leftsum(f(x), x=a..b, n);	$f(x)$의 정적분의 근사값을 구할 때 사용되는 직사각형의 합
> rightbox(f(x), x=0..1, n);	$f(x)$의 0에서 1까지 n등분한 그림
> rightsum(f(x), x=0..1, n);	$f(x)$의 0에서 1까지 n등분한 사각형의 합
> int(f(x), x);	$f(x)$를 x에 대하여 부정적분한 값을 계산
> Int(f(x), x);	$f(x)$를 x에 대하여 부정적분한 식을 출력
> int(f(x), x=a..b);	$f(x)$를 $a \le x \le b$에서 정적분한 값을 계산
> Int(f(x), x=a..b);	$f(x)$를 $a \le x \le b$에서 정적분하는 식을 출력
> trapezoid(f(x), x=a..b, n);	$f(x)$를 $a \le x \le b$에서 n등분하여 사다리꼴 방식을 이용하여 수치적분
> simpson(f(x), x=a..b, n);	$f(x)$를 $a \le x \le b$에서 n등분하여 심프슨 방식을 이용하여 수치적분, n은 짝수

예제 2.7 함수 $f(x)=\sin(x)$의 도함수를 구하고 $x=2$에서 접선을 그래프로 그려라.

풀이 ▸

```
> f:=x->sin(x);
> Limit((f(x+h)-f(x))/h, h=0) = limit((f(x+h)-f(x))/h, h=0);
> Diff(sin(x), x) = diff(sin(x), x);
> diff(f(x), x, x);
```

```
> showtangent(f(x), x=2, x=-7..7, y=-2..2);
```

예제 2.8 함수 $\ln(x)$와 $\dfrac{\sqrt{x(x^2+1)}}{(1+\cos x)^{\frac{1}{3}}}$의 도함수를 구하여라.

풀이 ▸

```
> diff(ln(x), x);
> Diff(sqrt(x*(x^2+1))/(1+cos(x))^(1/3), x) =
diff(sqrt(x*(x^2+1))/(1+cos(x))^(1/3), x);
```

예제 2.9 함수 5^x와 $e^{\tan x}$의 도함수를 구하여라.

풀이 ▸

```
> Diff(5^x, x) = diff(5^x, x);
> Diff(exp(tan(x)), x) = diff(exp(tan(x)), x);
```

예제 2.10 메이플을 실행하여 결과를 알아보자.

```
> Int(cos(x), x=0..2*Pi) = int(cos(x), x=0..2*Pi);
> Int(x^3, x=a..b) = int(x^3, x=a..b);
> Int(1/(1+x^3), x=1..3) = int(1/(1+x^3), x=1..3);
> evalf(%);
> Int(exp(-x^2), x=0..infinity) = int(exp(-x^2), x=0..infinity);
> int(exp(-x^3), x=0..1);
> evalf(%);
```

예제 2.11 여러 가지 메이플 명령어를 실행하여 그 결과로부터 명령어의 내용을 알아보자.

```
> poly1:= x^2 +x -3*x^4-4+x^5;
> sort(poly1);
> degree(poly1);
> mpoly := y^3+x^2*y^2+x^3;
> sort(mpoly,[x,y]);
> poly2:=x*y +x*y*z+y*x^2-z*y*x^2+x^3;
> collect(poly2,y);
> coeff(poly2,x^2);
> simplify(poly1+poly2);
```

```
> factor(poly2);
> normal((x^2-y^2)/(x-y)^3);
```

예제 2.12 여러 가지 메이플 명령어를 실행하여 그 결과로부터 명령어의 내용을 알아보자.

```
> f:=(x^3-6*x^2+11*x-6)/(x-2):
> limit(subs(x=2,f));
> Limit(f, x=2)=limit(f, x=2);
> normal(f);
> subs(x=2, %);
> plot(f(x), x=-1..4, y=-1..3.5);
> f/(x-2);
> plot(%, x=0..4, y=-10..10);
> limit(sin(x)/x, x=0);
> limit((x^2-x-2)/(x-2),x=2);
> limit((1+1/x)^x, x=infinity);
> limit((1+1/x)^x, x=-infinity);
```

예제 2.13 여러 가지 메이플 명령어를 실행하여 그 결과로부터 명령어의 내용을 알아보자.

```
> with(student):
> f:=x->sin(x);
> diff(f(x),x);
> f1:=x->cos(x);
> diff(f(x), x,x);
> diff(f(x), x);
> f2:=x->-sin(x);
> plot([sin(x),f1(x),f2(x)], x=-5..5);
```

▶ 연습문제

1. 다음의 메이플 명령어를 실행하여 그 결과로부터 명령어의 내용을 알아보자.

```
> plot(sin(x)/x, x=0.. infinity);
> plot(sin(x), x=0.. 4*Pi);
> f := x -> 5*sin(x) + sin(5*x);
> plot(f(x), x=0..10, y=0..10, axes=boxed);
```

```
> plot([t^2, t^3, t=-5..5]);
> plot(tan(x), x=-3..3, y=-10..1, discont=true, color=green);
> plot([sin(x)/x, cos(x)/x], x=0.. 10*Pi);
```

2. 다음의 메이플 명령어를 실행하여 그 결과로부터 명령어의 내용을 알아보자.

```
> f:=x-> 3*x^3+5*x+6;
> g:=x-> x+5;
> (f@g)(x);
> plot(f(x), x=-2..2, title='graph' );
> plot({sin(x), cos(x)}, x=-Pi..Pi);
> student[completesquare](x^2+4*x+4);
> coeff(4*x^3+5*x^2+7*x+5, x, 2);
> expand((x+1)^2);
> factor(x^2-5*x+6);
> solve(g(x)=3, x);
> fsolve(x^2-3*x+4=2, x);
```

3. 다음의 메이플 명령어를 실행하여 그 결과로부터 명령어의 내용을 알아보자.

```
> f := x -> sin(1/x);
> plot(f(x), x=0.1.. 1);
> plot(f(x), x=0.001.. 0.1);
> limit(sin(1/x), x=0);

> f:= x-> sin(x);
> Limit((f(x+h)-f(x))/h, h=0) = limit((f(x+h)-f(x))/h, h=0);
> Diff(sin(x), x) = diff(sin(x), x);
> diff(f(x), x, x);
> Diff(sin(x), y):= diff(sin(x), y);
> showtangent(f(x), x=2, x=-9..9, y=-3..3);

> with(student):
> Diff(tan(x), x);
> Diff(tan(x), x) = diff(tan(x), x);
```

```
> Diff(ln(x/(x^2+1)), x) = diff(ln(x/(x^2+1)), x);
> Diff(a^x, x) = diff(a^x, x);
> Diff(ln(x), x) = diff(ln(x), x);
> f:=x-> x^n*exp(x);
> D(f);
> D(f)(2);
> D(g)(x) = diff(g(x), x);

> restart:
> Int(sin(x), x=0.. Pi) = int(sin(x), x=0.. Pi);
> Int(x^2, x=a..b) = int(x^2, x=a..b);
> Int(1/(1+x^3), x=1..3) = int(1/(1+x^3), x=1..3);
> evalf(%);
> Int(x^3,x)=int(x^3,x);
> Int(x^n,x)=int(x^n,x);
> n:=-1:
> Int(x^n,x)=int(x^n,x);
> restart:
```

4. 메이플을 사용하여 다음을 풀어라.

(1) 구간 [0, 2]에서 e^x와 $3*\ln(x)$의 그래프를 동시에 그려라.

(2) 다항식 $x^2+6x+10$을 완전제곱 꼴로 나타내어라.

(3) $f(x)=x^2+5x-6$의 근을 구하여라.

(4) $\ln(x)=3.5$을 풀어 x를 구하여라.

(5) $2^{x+1}=7$을 풀어 x를 구하여라.

2.2 엑셀(Excel)의 기본 이론

엑셀은 수학교육에 활용될 수 있는 효과적인 소프트웨어로서, 컴퓨터에 관한 전문지식 없이도 몇 가지 기본적인 사용법만 익히면 쉽게 사용할 수 있다. 엑셀의 장점을 몇 가지로 정리해 볼 수 있다.

- 반복적인 표를 쉽게 만들 수 있다.
- 알고리즘을 개발하고 사용하며 수학적인 문제의 답을 모델링하는데 도움이 된다.
- 수를 다루는 번거로움을 벗어나서 문제 자체에 집중할 수 있다.
- 한 번 시행된 계산을 스크린 위에서 계속하여 볼 수 있게 해주며, 한 변수의 값을 바꿈으로써 그 변수의 값이 전체 계산의 패턴에 어떤 영향을 주는지 알 수 있다.
- 수량으로 나타난 여러 변수들의 관계를 다양한 그래프로 표현할 수 있다.

엑셀의 활용은 통계처리에서 두드러지지만, 이 장에서는 엑셀 함수와 엑셀을 활용하여 그래프 그리기를 중점적으로 다룬다.

2.2.1 엑셀 데이터의 입력, 수정

엑셀 화면의 작은 네모 상자들을 셀(cell)이라 부르며, 실제 데이터가 입력되는 부분이다. 셀의 번호는 가령 A열의 5행일 때 A5, 혹은 C열의 7행일 때 C7로 붙인다. 셀에 직접 데이터를 입력하는데, 셀에 커서가 위치한 상태에서 원하는 데이터를 입력한 후 엔터를 누르면 된다. 선택상태에서 더블 클릭을 하면 복사, 잘라내기, 붙여넣기 등도 가능하다.

| 데이터 자동 채우기 |

일정한 규칙을 갖는 데이터는 자동 채우기로 입력할 수 있다. 가령, B2부터 B11까지 1부터 2, 3, … 10까지 차례로 입력을 하는 것은 어려움이 없다 하더라도, B2부터 B101까지 1부터 100까지를 입력하려면 몹시 지루해진다. 이때 필요한 것이 자동 채우기이다.

- 먼저 B2와 B3에 각각 1과 2를 입력한다.
- B2, B3를 선택하고, 그 상태에서 선택상자의 오른쪽 아래에 마우스를 댄다.
- 커서가 보통의 입력상태인 십자 모양(✚)에서 더하기 모양(+)으로 바뀐다.
- 이제 마우스를 B101까지 드래그(drag)하면 1부터 100까지 자동 입력된다.

이 경우는 채우기의 기본설정이 등차수열이기 때문에 가능한 것이다. 이와 같은 자동 채우기는 함수의 값을 결정하는데 아주 유용하며, 함수 데이터 입력에서 다시 배운다.

2.2.2 데이터 그래프 그리기

데이터가 입력된 상태에서 데이터 분석을 위해 그래프를 그린다. 자료를 세로 또는 가로로 일괄적으로 정리한다.

예를 들어 겨울용품을 판매하는 상점의 월별 소득표를 보자.

① 상점의 특성상 겨울철에는 수입이 증가하나 여름에는 수입이 감소한다.

② 데이터 중에서 그래프로 그리게 될 실제 자료를 마우스로 드래그 해 선택한다.

③ 선택 후 다음과 같이 삽입에서 차트를 선택한다.

	A	B
1	월별	상점 월별소득
2	2006.1	8514367
3	2	6992345
4	3	95476
5	4	23468
6	5	-834454
7	6	-3245376
8	7	-1299935
9	8	-562345
10	9	76332
11	10	423245
12	11	989976
13	12	9232686
14	2007.1	20514367
15	2	19992345
16	3	595366
17	4	88468
18	5	-34454
19	6	-1245347
20	7	-7191299
21	8	-3562374
22	9	176732
23	10	723435
24	11	1389976
25	12	11923268
26		
27		

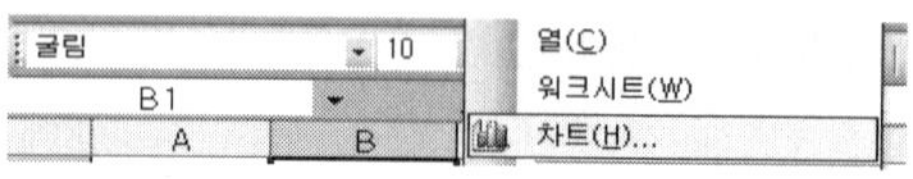

④ 다음은 그리고자 하는 그래프의 형태를 선택한다. 이 경우 꺾은선 그래프가 기본적인 추세를 보여주는 것으로 적합하나 그 외에 다른 그래프도 가능하다.

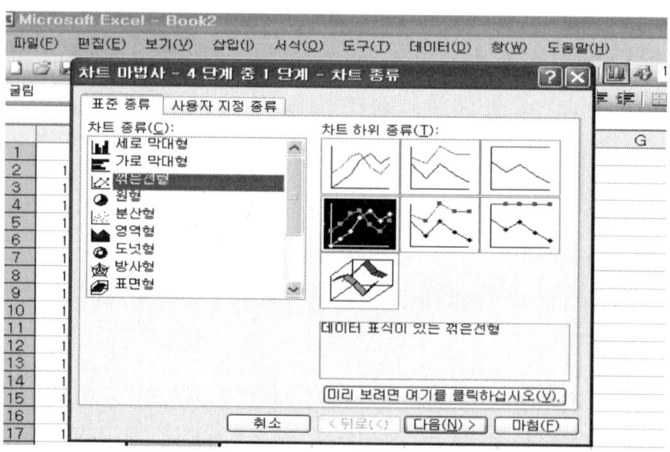

⑤ 다음의 화면이 나타나면서 그래프의 형태를 미리 보여준다. 이제 계열을 클릭한다.

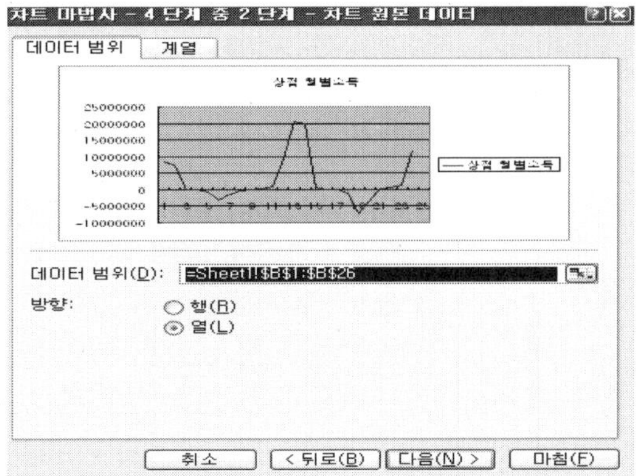

⑥ 계열을 클릭한 후 아래 그림에서와 같이 X축 레이블을 선택한다. 계속해서 다음 과정을 누른 후에 마침을 선택하면 다음과 같은 그래프가 완성된다.

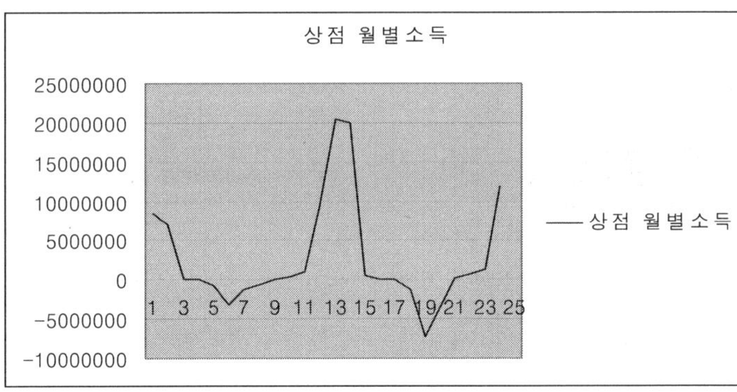

2.2.3 차트 마법사를 이용한 차트 만들기

앞서 배운 2.2.2절의 '데이터 그래프 그리기'와 유사한 내용으로, 차트 만드는 방법을 조금 더 구체적으로 알아보자. 엑셀은 복잡한 작업을 간단하게 처리해주는 각종 마법사를 포함하고 있는데, 엑셀에서 마법사를 잘 활용하면 어려운 일도 쉽게 할 수 있다. 수학, 국어, 영어에 대한 성적표 데이터를 예제로 택해 차트를 만들어 보자.

① 원본 데이터 입력: 데이터를 기본으로 해서 차트를 만든다. 데이터의 범위를 선택할 때 전체 데이터를 선택해도 되고, 키를 이용해서 부분적인 데이터를 선택해도 된다.

② 데이터 범위 선택: 합계 점수는 차트에 넣을 필요가 없으므로 이름, 과목의 성적, 그리고 평균 점수만 데이터 범위로 선택한다. 범위를 선택한 후 도구모음에서 [차트 마법

사]를 클릭하거나, [삽입-차트]를 선택한다.

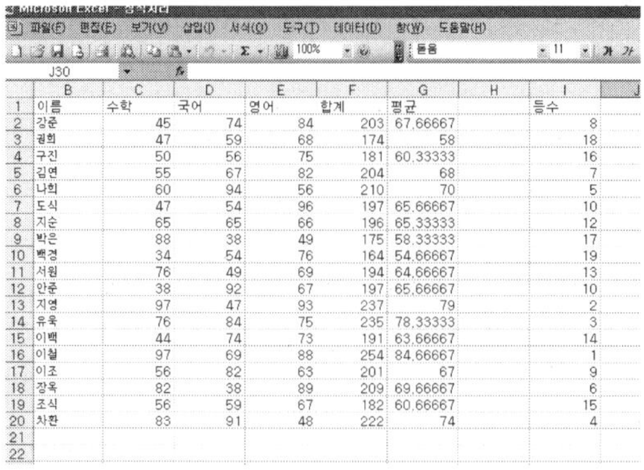

	B	C	D	E	F	G	H	I
1	이름	수학	국어	영어	합계	평균		등수
2	강준	45	74	84	203	67.66667		8
3	권희	47	59	68	174	58		18
4	구진	50	56	75	181	60.33333		16
5	김연	55	67	82	204	68		7
6	나희	60	94	56	210	70		5
7	도식	47	54	96	197	65.66667		10
8	지순	65	65	66	196	65.33333		12
9	박은	88	38	49	175	58.33333		17
10	백경	34	54	76	164	54.66667		19
11	서원	76	49	69	194	64.66667		13
12	안준	38	92	67	197	65.66667		10
13	지영	97	47	93	237	79		2
14	유옥	76	84	75	235	78.33333		3
15	이백	44	74	73	191	63.66667		14
16	이철	97	69	88	254	84.66667		1
17	이조	56	82	63	201	67		9
18	강옥	82	38	89	209	69.66667		6
19	조식	56	59	67	182	60.66667		15
20	차환	83	91	48	222	74		4

③ 차트 마법사 이용: 차트 마법사는 총 4단계로 진행되며, 그 지시사항에 따른다. 차트를 만든 다음에도 언제든 다시 수정할 수 있다.

④ 차트 마법사 1단계: 왼쪽 편에서 차트의 종류를 선택하고 오른편에서는 선택한 종류의 자세한 그림을 고른다.

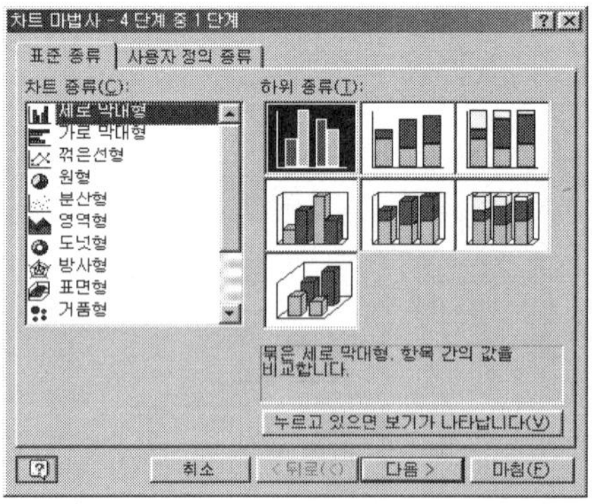

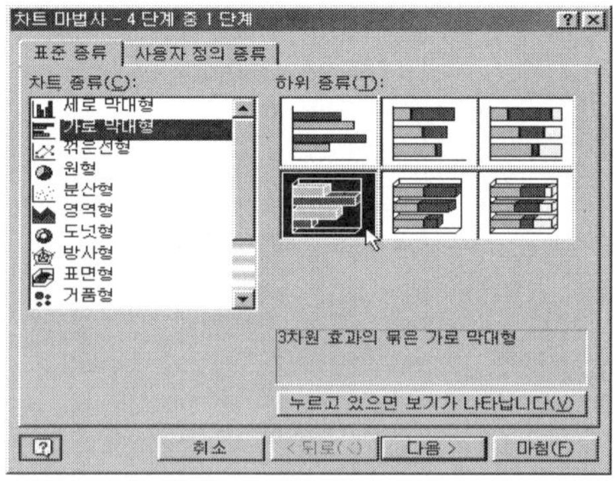

⑤ 선택한 데이터가 실제 차트로 어떻게 나타날지도 미리보기 할 수 있다.

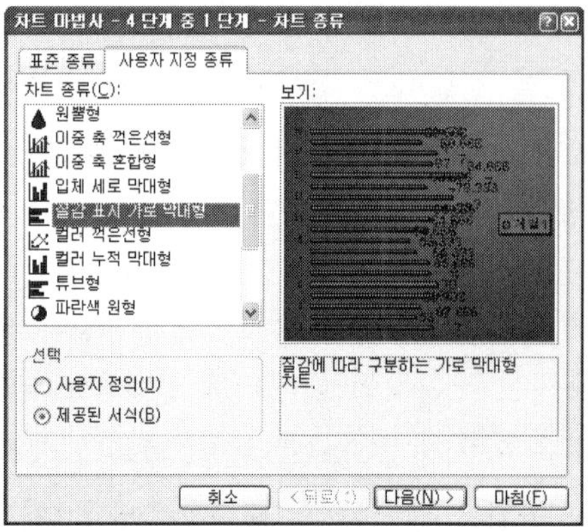

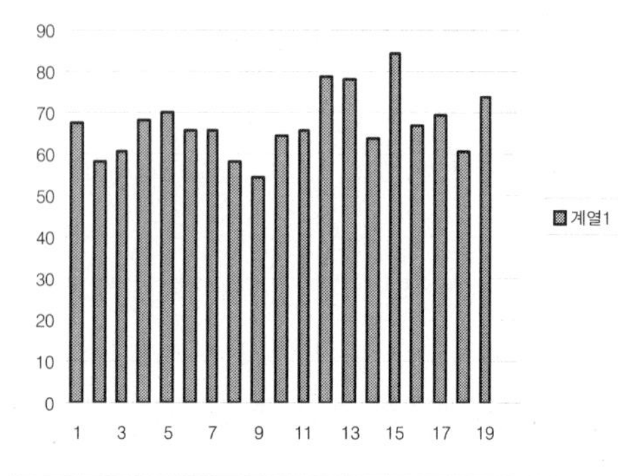

⑥ 차트 마법사 2단계(데이터 범위와 계열 지정): 2단계에서 데이터의 범위란 원본 데이터의 범위를 뜻하며, 계열이란 데이터 계열 차트에 나타낸 한 워크시트의 행이나 열로 된 관련 데이터 요소 그룹이다. 차트의 계열마다 색이나 모양이 다르고 차트 범례에 나타나는 부분이 달라진다. 차트에 데이터 계열을 여러 개 그릴 수 있다. 계열 위치를 행이나 열로 바꿔보면 범례의 항목이 바뀌면서 차트의 기준이 되는 데이터가 변경되는 것을 볼 수 있다.

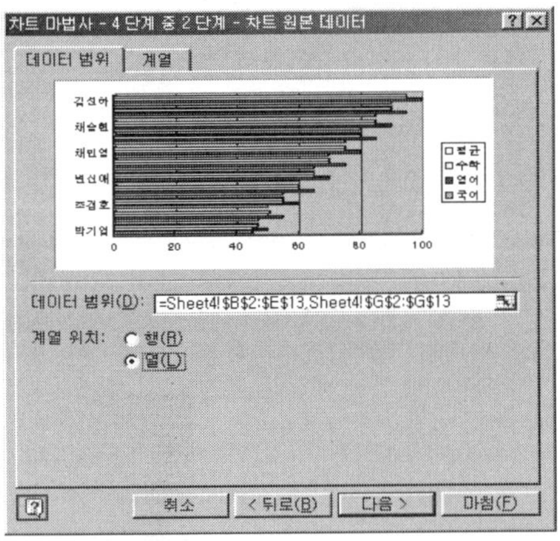

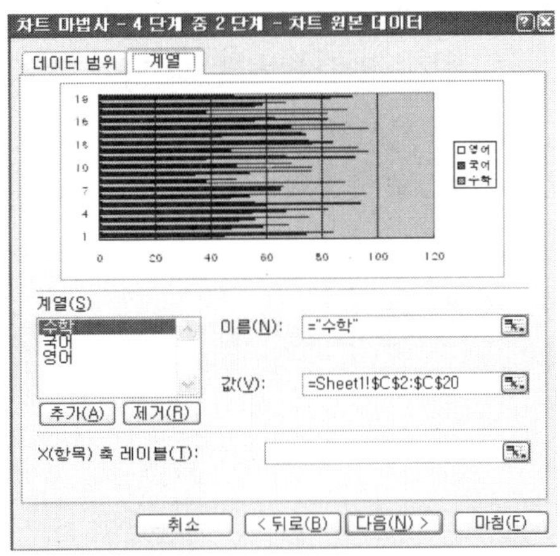

계열 탭에 있는 항목들은 쉽게 이해하기 위해, 차트를 만들고, 수정하는 작업을 계속 거치면서 변화되는 모습을 지켜보자. 계열 탭에 있는 각 항목들이 어떤 기능을 하는지 살펴보자.

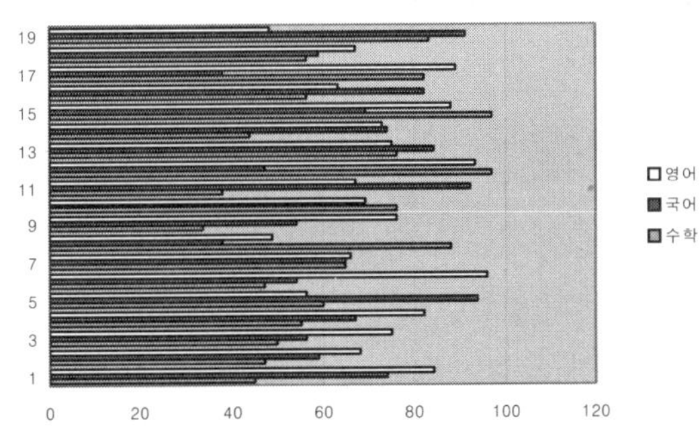

- 계열(추가/제거): 기존 데이터 계열 이름을 나타내는 부분으로, 워크시트 데이터에 영향을 주지 않고 차트에 데이터 계열을 추가하거나 제거할 수 있다.
- 이름: [계열]에서 선택한 데이터 계열의 레이블이 들어 있는 셀 참조 영역을 나타낸다. 워크시트에 있는 텍스트에 영향을 주지 않고 [이름]에서 데이터 계열 이름을 바

꿀 수 있는데, 입력한 이름이 선택한 데이터 계열의 범례에 나타난다.

- 값: [계열]에서 선택한 계열의 데이터가 들어 있는 셀 참조 영역을 나타낸다. 새 데이터 계열 값을 추가하려면, [값]을 누르고 워크시트 범위를 선택하거나 값을 입력한다.
- X(항목)축 레이블: 기본 선택 영역 대신 셀 범위를 항목 레이블로 지정하게 된다.

⑦ 차트 마법사 3단계(차트에 표시되는 각 항목들을 세부적으로 결정): 데이터의 범위가 정확하게 선택되어 있다면 기본 값으로 두고 다음 단계로 넘어간다.

- 제목: 차트나 축의 제목을 쓰는 부분으로, 미리보기 창에서 확인할 수 있다.
- 축: 차트의 기본 축에 대한 각종 옵션을 설정한다. 현재는 3차원 차트를 선택했기 때문에 X축과 Z축이 기본 축으로 설정되어 있다. [자동]을 선택하게 되면 X축 데이터에 특정 서식이 지정되어 있을 경우, 해당 서식이 축에 적용되어 나타난다.

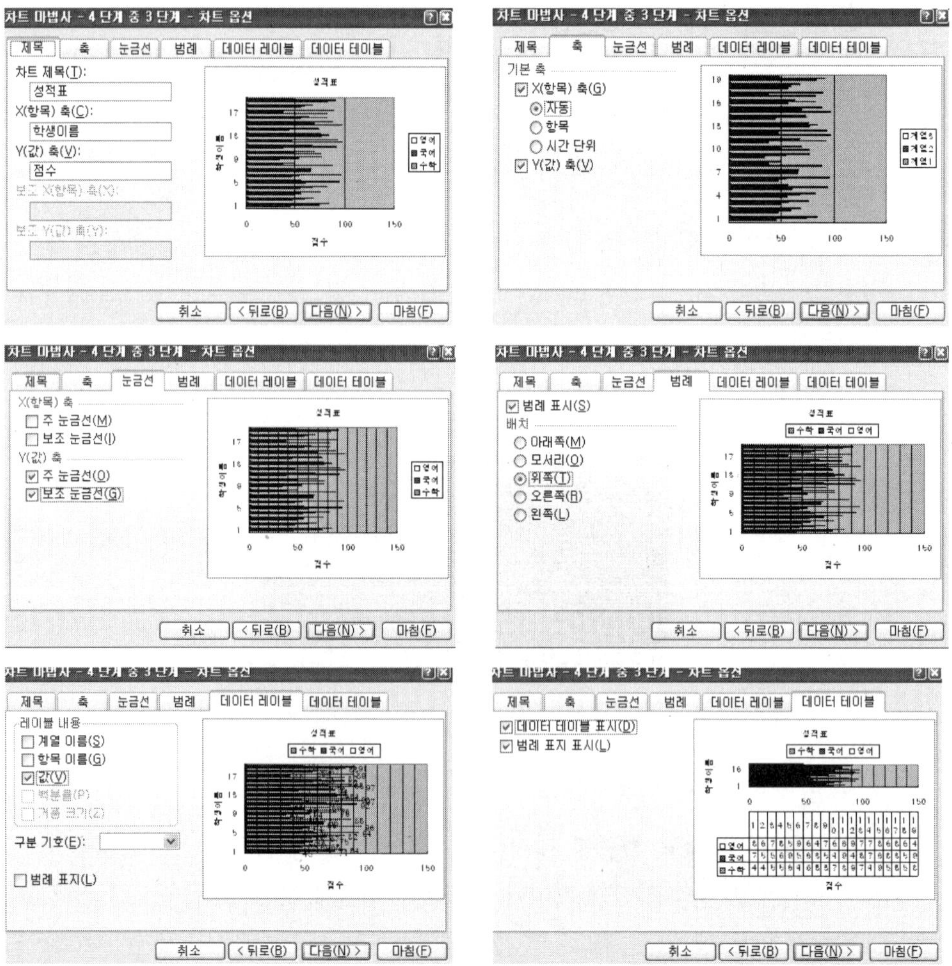

- 눈금선: 눈금선을 설정하는 부분이다. 현재는 Z축의 주 눈금선만 표시되고 있지만, 정확하게 데이터를 구분할 경우 다른 축의 주 눈금선과 보조 눈금선을 추가할 수 있다. "2차원 벽면과 눈금선 적용"을 선택하면 3차원 가로 막대형 차트, 3차원 누적 영역형 차트, 3차원 효과의 세로 막대형 차트 등의 옆면과 눈금선에 2차원 모양을 적용하게 된다.
- 범례: 차트 영역에 범례를 표시할 지의 여부를 결정하고, 범례의 위치를 지정한다.
- 데이터 레이블: 차트의 모든 데이터 요소에 데이터 레이블(데이터에 표시되는 값이나 이름)을 추가하거나 제거하는 부분이다. 미리보기 창을 통해 막대그래프에 값이나 이름이 생기는 것을 볼 수 있다.
- 데이터 테이블: 각 데이터 계열 값을 차트 아래 눈금으로 나타내는 기능이다. 데이터 테이블은 이원형, 분산형, 도넛형, 거품형, 방사형, 표면형 차트에서는 사용할 수 없다.

⑧ 차트 마법사의 4단계(차트의 삽입될 위치를 결정): 차트를 별도의 차트시트로 만들거나 지정한 워크시트에 삽입할 수 있다. 여기에서는 현재 워크시트에 삽입하기 위해 [마침]을 클릭한다.

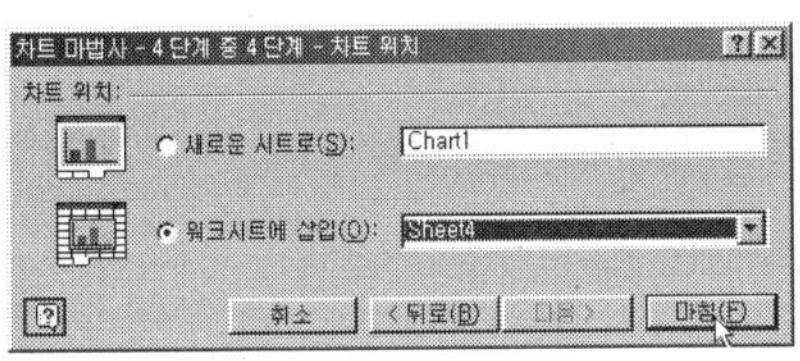

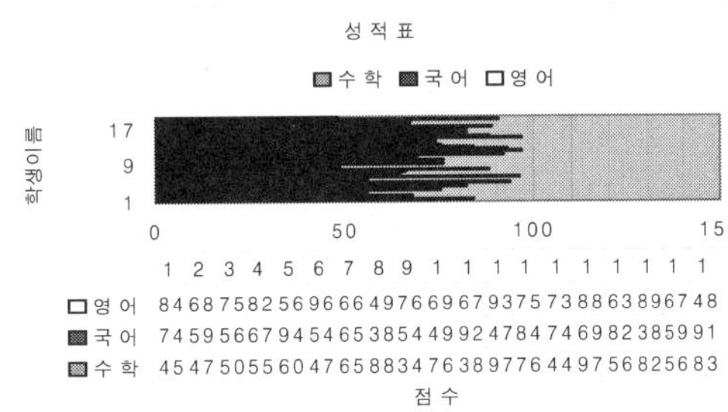

차트 만들기에 관한 더 많은 기능이 있으며, 이러한 기능을 적절히 사용함으로서 더욱 의미 있는 차트를 만들 수 있다. 세부적인 기능에 관하여는 엑셀 전문 자료를 참조할 수 있다.

2.2.4 엑셀 함수

엑셀함수란 반복적이고 복잡한 일련의 계산과정을 엑셀에서 미리 정해진 수식(예약어)에 의해 연산한다. 일반 연산에서 "1+2"는 엑셀 함수에서는 "=SUM(1,2)"로 표현된다. 엑셀의 함수 종류는 매우 다양하여, 합계를 계산하는 간단한 함수로부터 어려운 각종 공식 등 대략 300여 종의 엑셀함수가 있다.

① 등호: 엑셀에서 함수를 사용할 때 수식과 마찬가지로 입력하는 데이터가 문자열이 아닌 함수 명령임을 알려주는 기호이다. 그러므로 등호 입력 후 함수가 아닌 일반 문자열을 입력하면 에러가 되며, 특히 수식 중간에 사용되는 함수일 경우는 등호를 붙이지 않는다.

함수의 기본 문법	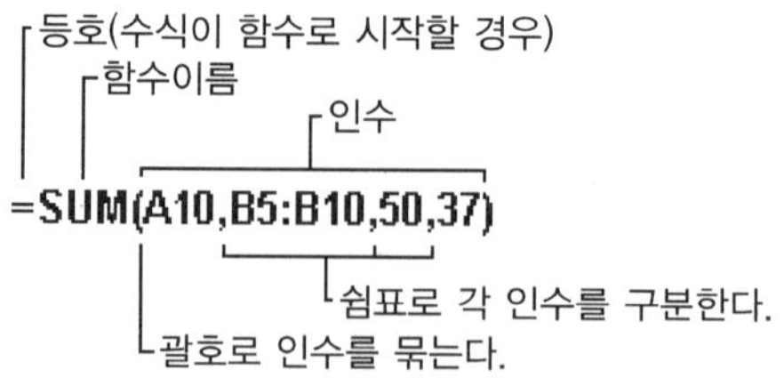

② 함수 이름: 사용하려는 함수의 이름이다. 약 300여 종의 함수가 내장되어 있다.

③ 괄호: 함수 계산의 시작과 끝을 나타낸다. 함수에 따라서 인수를 필요로 하지 않을 수도 있지만, 이 경우에도 반드시 괄호를 사용한다. (예: =RAND( ))

☞ 각 괄호 앞뒤에 공백이 있으면 함수는 실행되지 않는다.

④ 인수: 함수가 미리 정해진 연산 순서에 따라 계산될 때 사용하는 데이터이다. 참조 영역, 숫자, 문자열, 논리값, 함수 등을 말하며, 특히 인수로 함수를 사용하면 여러 개의 함수를 조합하여 원하는 계산을 할 수 있다. (예: =if(AND(수학>80,영어>80),“합격”, “불합격”))

☞ 입력 위치에 따라 인수의 유형이 정해져 있는 함수도 있으므로 이때에는 함수 마법사와 HELP 등을 참고한다. (예: num=수, ref=참조영역, logical=논리값)

⑤ 콤마: 함수의 각 인수들은 쉼표(콤마)에 의해 구분된다.

| 수학 일반 함수 목록 |

셀 범위의 총 합계 계산, 나머지 반올림 등의 수학적인 계산을 할 때 사용한다.

함수	수학 기호	내용 설명
ABS	absolute value $\|x\|$	절댓값
CEILING	(비교 floor)	끝수를 올린 수 중에서 가장 작은 수
COMBIN	combination ${}_nC_k$	개체들로 만들 수 있는 조합의 수
COUNTIF	count if	찾을 조건에 맞는 셀의 개수
DEGREES		라디안으로 표시된 각의 크기를 각도로 환산
EVEN	(비교 odd)	수의 끝수를 올려 가장 가까운 짝수를 구함
EXP	exponential e	거듭제곱값

함수	수학 기호	내용 설명
FACT	!	계승값
FLOOR	(비교 ceiling)	끝수를 내린 수 중에서 가장 큰 수를 구함
GCD	(비교 LCM) gcd	최대공약수
INT	integer	소수점 이하를 버리고 가장 가까운 정수로 만듦
LCM	(비교 GCD) lcm	최소공배수
MOD	mod 법	두 수를 나눈 후 나머지
MROUND		원하는 배수로 반올림된 값
MULTINOMIAL	multinomial	여러 계수값으로 이루어진 다항식
ODD	(비교 even)	수의 끝수를 오려 가장 가까운 홀수를 구함
PI	π	파이 값
POWER	x^n	주어진 수의 거듭제곱값
PRODUCT	$x \cdot y$, $\prod x_i$	인수 등의 곱셈
QUOTIENT	x/y	두 수를 나눈 몫
RADIANS	rad	각도로 표시된 각의 크기를 라디안으로 환산
RAND	random	0과 1사이의 난수
ROMAN		아라비아 숫자를 로마자로 바꿈
ROUND		특정 값으로 반올림한 값
ROUNDDOWN		수의 끝수를 0쪽으로 내림
ROUNDUP		수의 끝수를 0에서 먼 쪽으로 올림
SERIESSUM	series sum $\sum x^i$	멱급수의 합
SIGN	$+ \ -$	수의 부호를 결정
SQRT	$\sqrt{\ }$	제곱근
SUBTOTAL	부분합	목록이나 데이터베이스에서 부분합
SUM	$x+y$, $\sum x_i$	인수들의 덧셈
SUMIF	sum if	찾을 조건에 의해 지정된 셀들의 덧셈
SUMPRODUCT	sum product $\sum x_i y_i$	대응되는 값끼리의 곱을 모두 더함
SUMSQ	x^2+y^2, $\sum x_i^2$	인수의 제곱의 합
SUMX2MY2	$\sum(x_i^2-y_i^2)$	대응되는 값끼리 각각의 제곱의 차를 모두 더함
SUMX2PY2	$\sum(x_i^2+y_i^2)$	대응되는 값끼리 각각의 제곱의 합을 모두 더함
SUMXMY2	$\sum(x_i-y_i)^2$	대응되는 값끼리 차의 제곱을 모두 더함
TRUNC	truncate	소수 부분을 버리고 정수로 만듦

삼각함수	수학 기호	내용 설명
SIN, COS, TAN	sin, cos, tan	사인, 코사인, 탄젠트 값
ASIN, ACOS, ATAN	$\sin^{-1}$, $\cos^{-1}$, $\tan^{-1}$	역사인, 역코사인, 역탄젠트 값
SINH, COSH, TANH	sinh, cosh, tanh	하이퍼볼릭 사인, 하이퍼볼릭 코사인, 하이퍼볼릭 탄젠트 값
ASINH, ACOSH, ATANH	$\sinh^{-1}$, $\cosh^{-1}$, $\tanh^{-1}$	역하이퍼볼릭 사인, 역하이퍼볼릭 코사인, 역하이퍼볼릭 탄젠트 값

로그함수, 행렬	수학 기호	내용 설명
LN	ln	자연 로그값
LOG	log	지정된 밑에 대한 로그값
LOG10	$\log_{10}$	밑이 10인 로그값
MDETERM	matrix determinant $\vert M\vert$	배열의 행렬식
MINVERSE	matrix inverse M^{-1}	역행렬
MMULT	matrix multiply	두 행렬의 곱

논리함수 목록: 조건이 참인지 거짓인지를 알아보거나 조건을 검색할 때 사용		
AND	모든 인수가 TRUE일 때 TRUE를 돌려준다.	(예제) =IF(AND(B9<2000, E9="여"), 10," ") 2000학번 이전인 여학생에게 10점
FALSE	논리값 FALSE	
IF	실행할 논리 검정을 지정한다.	(예제) =IF(C4=0, " ", B4/C4) =B행/C행을 계산(만약 C행='0'이면 공백을 출력하고, C행 ≠'0'일 때만 IF함수를 사용함)
NOT	인수 논리값을 역으로 바꾼다. (NOT는 AND, OR 사용법 참조)	(예제) =IF(NOT(D2<7), "Fail", " ") 결석 수가 7일보다 작지 않으면 Fail을 입력
OR	인수 중 하나라도 TRUE이면 TRUE이다.	(예제) =IF(OR(D4="3명", D4="4명"), 100000, " ") 자녀가 3~4명인 가정에 100,000원의 보조금 지급
TRUE	논리값 TRUE	

2.2.5 함수 입력과 자동 채우기

데이터 자동 채우기와 유사한 기능을 함수에서도 할 수 있으며, 실제로 수학적인 문제를 해결하는데 상당히 유용하다.

가령 함수 $y = x^2 + 2x + 3$의 $x = 1$부터 $x = 100$까지의 함수 값 y를 계산하려면, $x =$

1, 2, 3 정도의 작은 경우는 $y=6$, 11, 18로 계산가능하며, 혹은 $x=10$일 때는 $y=123$ 정도는 쉽게 계산할 수 있다. 그러나 x의 값이 커지거나 반복적인 계산해야 할 때는 몹시 지루할 뿐만 아니라 자칫 잘못된 계산을 할지도 모른다. 이럴 때 함수 자동 채우기를 활용한다.

- A1과 B1에 각각 x, y를 입력한다.
- A2와 A3에 1과 2를 입력하고, 위에서 한 것처럼 자동 채우기를 활용하여 A101까지 드래그한다. 그러면 1부터 100까지의 값이 입력된다.
- B2에 마우스를 고정시키고, 식 '=A2^2+2*A2+3'을 입력한다. 이는 A2에 있는 값을 제곱하고, A2값에 2배를 곱한 후 3을 모두 더하라는 명령어이다.
- 엔터키를 누르면, A2의 값이 1이므로 B2셀에 6이라는 값이 자동으로 나타난다.
- 다시 한번 자동 채우기를 B2부터 B101까지 실행하면, 모든 셀이 자동으로 채워진다.
- 실제로 이 값들은 =A3^2+2*A3+3, =A4^2+2*A4+3, ⋯, =A101^2+2*A101+3의 값들로서 결국 함수 $y=x^2+2x+3$의 값이 자동으로 생성됨을 알 수 있다.

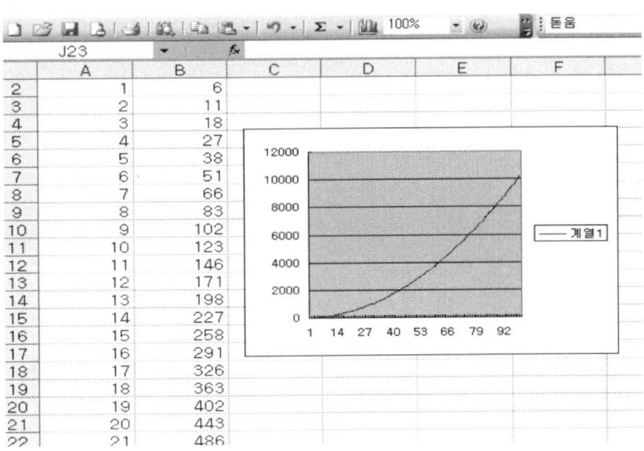

예제 2.14 자동 채우기를 지수함수 $y=e^x$에 적용하여 값을 구하여라.

풀이 ▸
- $x=0$일 때는 $y=e^0=1$은 알고 있지만, $x=1$, 2, ⋯일 때의 값을 다 기억할 수는 없다.
- A1과 B1에 각각 x, y를 입력한다.
- A2와 A3에 0과 1를 입력하고, 자동 채우기를 활용하여 A102까지 드래그 한다. 그러면 0부터 100까지의 값이 입력된다.
- B2에 마우스를 대고, 식 =exp(A2)을 입력한다. 즉, A2의 값에서의 지수값을 구한다.

- 이제 엔터키를 누르면, B2셀에 1이라는 값이 자동으로 나타난다.
- 다시 한 번 자동 채우기를 B2부터 B102까지 실행하면, 모든 셀에 값이 자동으로 채워진다. 실제로 이 값들은 =exp(A3), =exp(A4), ⋯, =exp(A102)의 값들로서 지수함수 $e^x = \exp(x)$의 값이 자동 생성된 것이다.

| 함수 차트(그래프) 그리기와 여러 개의 차트를 한꺼번에 만들기 |

위에서 만든 지수함수에 대한 차트(그래프)를 그리고자 할 때, 데이터를 이미 가지고 있으므로 앞서 배운 차트 마법사를 활용하여 그래프를 그릴 수 있다. 한편, 여러 개의 차트를 한꺼번에 만들기도 가능한데, 이는 데이터 원본에서 원하는 부분만큼을 넓게 드래그하여 읽어들인 후, 역시 차트 마법사를 동일하게 사용하면 된다.

x	y
0	1
1	2.718282
2	7.389056
3	20.08554
4	54.59815
5	148.4132
6	403.4288
7	1096.633
8	2980.958
9	8103.084
10	22026.47
11	59874.14
12	162754.8
13	442413.4
14	1202604
15	3269017
16	8886111
17	24154953
18	65659969

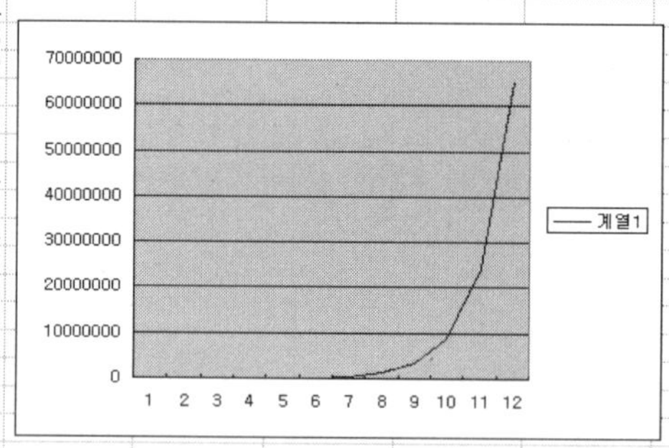

2.2.6 엑셀을 활용한 넓이 구하기 문제: 적분 개념의 활용

그래프가 x축의 적당한 영역 위에서 이루는 넓이를 구하는 것은 전형적인 적분문제이다. 엑셀을 활용하여 넓이를 구하기 위해, 작은 사다리꼴의 넓이를 구하여 모두 합하는 방식을 생각할 수 있다. 사다리꼴의 넓이는 (밑변길이+윗변길이)*높이/2이므로, 엑셀의 사칙연산과 자동 채우기만으로 쉽게 해낼 수 있다.

예제 2.12 $y = x^2$의 그래프가 $[1,\ 10]$ 구간에서 x축과 이루는 넓이를 구하여라.

풀이 ▸
- A2, A3에 각각 1, 2를 입력하고 마우스로 A2, A3를 지정한다. 데이터 자동 생성을 하기 위해 커서가 더하기 모양(+)으로 변하면 A11까지 드래그한다. 그러면 A2부터 A11까지 차례로 1, 2, 3 값이 다 채워진다.

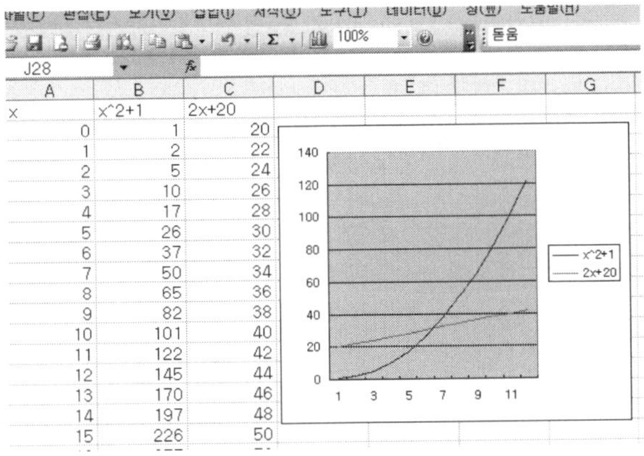

- 한편, 함수값을 생성하기 위해 B2에 함수식 =A2^2을 입력한다.
- 그러면 B2에 값 1이 생성된다. 이제 B11까지 드래그하면 모든 셀에 값이 채워진다.
- 사다리꼴의 넓이는 (밑변+윗변)*높이 / 2이므로 밑변, 윗변 그리고 높이를 정한다.

  D3에 =$B2을 입력하여 값 1을 생성한 후, D11까지 드래그하여 값을 채운다.

  E3에 =B3을 입력하여 값 4를 생성한 후, E11까지 드래그하여 값을 채운다.

  F3에 =$A3-$A2를 입력하여 값 1을 생성한 후, F11까지 드래그하여 값을 채운다.
- G3에 식 =F3*(D3+E3)/2를 입력하여 G3의 값 2.5를 생성한 후, G11까지 드래그하여 값을 채운다.

  ☞ G셀들에 보이는 모든 값들이 조그만 사다리꼴들의 넓이이다.

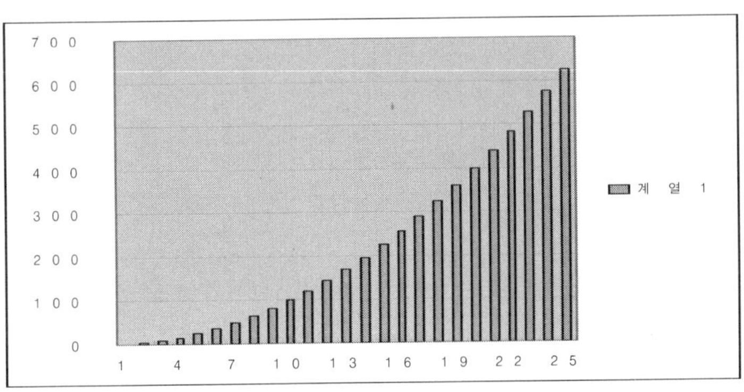

- G3부터 G12까지 선택하여 읽은 후 메뉴 바에서 $\sum$을 클릭하여 합을 구한다.

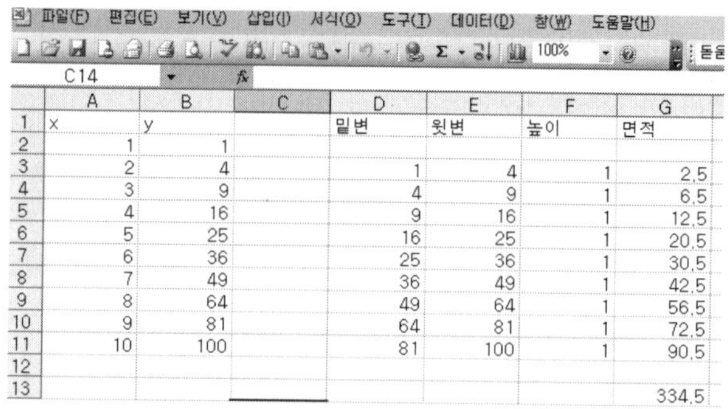

	A	B	C	D	E	F	G
1	x	y		밑변	윗변	높이	면적
2	1	1					
3	2	4		1	4	1	2.5
4	3	9		4	9	1	6.5
5	4	16		9	16	1	12.5
6	5	25		16	25	1	20.5
7	6	36		25	36	1	30.5
8	7	49		36	49	1	42.5
9	8	64		49	64	1	56.5
10	9	81		64	81	1	72.5
11	10	100		81	100	1	90.5
12							
13							334.5

여기서 구해진 값은 334.5이다. 그런데 실제로

$$\int_{1}^{10} x^2 dx = \frac{1}{3}x^3\Big]_1^{10} = \frac{1}{3}(1000-1) = 333$$

이 된다. 두 값은 거의 유사함을 알 수 있다. 실제로 그 오차는 1.5에 불과한데, 이러한 오차를 더욱 줄이기 위해서는 A열에 입력한 값들 1, 2, ⋯, 10을 가령 1, 1.2, 1.4, 1.6, ⋯, 9.8, 10처럼 만들어 다시 계산하면 된다.

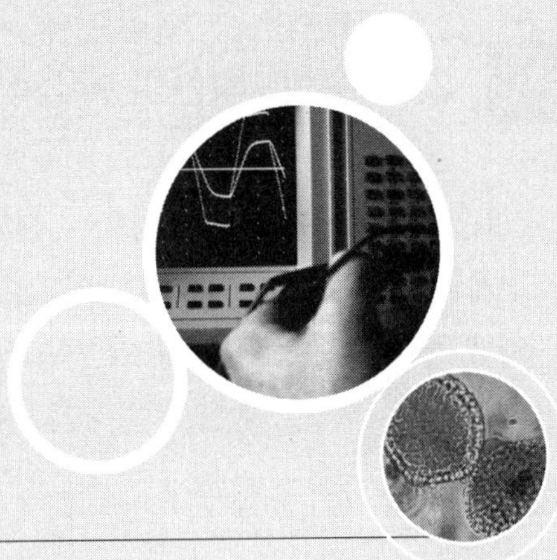

제3장

생활의 모형화와 데이터 분석 – 선형

실험이나 관찰을 통해 얻을 수 있는 여러 종류의 데이터를 분석하여 상황을 정확히 해석하기 위해서 수학적 기술이 필요하다. 주어진 데이터를 선형(직선) 모델로 분석할 수도 있으며, 2차 혹은 3차식 또는 그 이상 차수의 곡선 모델로 표현할 수도 있다. 그러므로 주어진 상황에서 어떠한 모델식이 가장 적절한 것인지를 판정할 수 있어야 한다.

3.1 기초 수학: 직선의 방정식

$a \neq 0$ 또는 $b \neq 0$일 때, 두 미지수 x, y에 대한 1차 방정식 $ax + by + c = 0$을 만족하는 점 (x, y) 전체의 집합은 직선을 이룬다. 역으로, 모든 직선은 항상 1차 방정식 $ax + by + c = 0$으로 나타낼 수 있다. 따라서 1차 방정식 $ax + by + c = 0$은 직선 방정식이다.

‖ 직선의 기울기와 y절편 ‖

그림과 같이 직선이 기울어진 정도는 수평거리에 대한 수직 거리의 비의 값으로 나타낸다. 1차 함수의 그래프는 직선으로 나타내므로 이 그래프의 기울어진 정도도 이와 같이 생각할 수 있다.

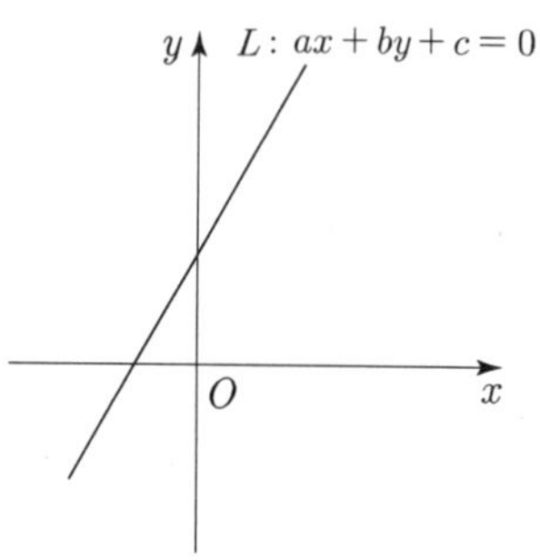

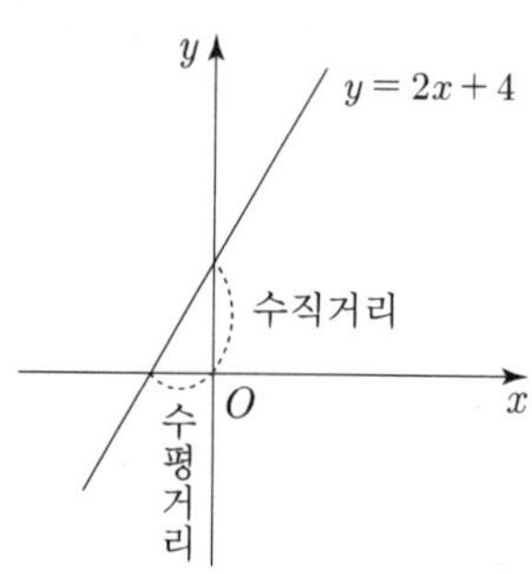

1차 함수 $y = 2x + 4$의 그래프를 생각해보자.

이 그래프의 기울어진 정도는 수평거리에 대한 수직거리의 비율인

$$\frac{\text{수직거리}}{\text{수평거리}} = \frac{y\text{값의 증가량}}{x\text{값의 증가량}} = 2$$

로 나타낼 수 있다. 또 이것은 1차 함수 $y = 2x + 4$의 x계수 2와 같은데, 이와 같이, 1차 함수 $y = 2x + 4$의 그래프의 기울어진 정도를 나타내는 값 2를 1차 함수의 **기울기**라고 한다.

$y=2x+4$의 그래프가 x축과 만나는 점의 좌표는 $(-2,\ 0)$이고, y축과 만나는 점의 좌표는 $(0,\ 4)$이다. 이와 같이, 1차 함수 $y=2x+4$의 그래프가 x축과 만나는 점의 x좌표 -2를 이 그래프의 x**절편**, y축과 만나는 점의 y좌표 4를 이 그래프의 y**절편**이라고 한다.

일반적으로 좌표평면 위의 한 직선 L이 x축의 양의 방향과 이루는 각의 크기가 θ일 때, $m=\tan\theta$를 직선 L의 **기울기**라고 한다. 또, 직선 L과 x축과의 교점의 x좌표를 x**절편**, 직선 L과 y축과의 교점의 y좌표를 y**절편**이라고 한다.

그림처럼 기울기가 $m=\tan\theta$이고, 점 $B(0,\ b)$를 지나는 직선 L의 방정식을 구하자.

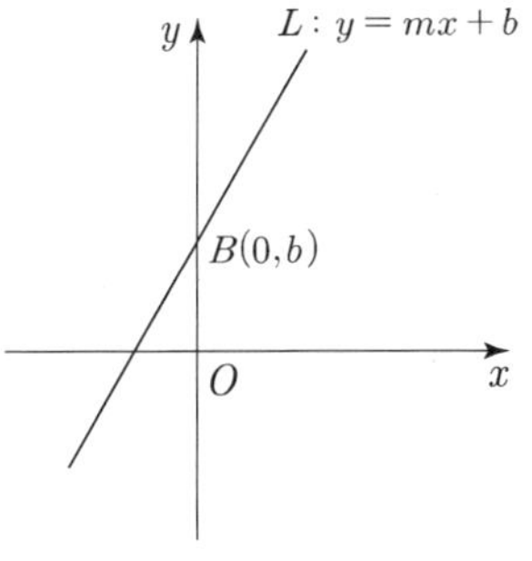

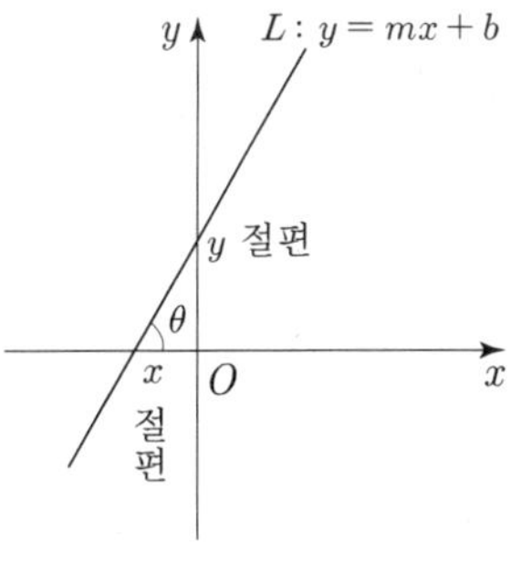

직선 L 위에서 점 B를 제외한 임의의 점을 $P(x,\ y)$라고 하면, $\dfrac{y-b}{x-0}=m$이며, 이제 다음의 식을 구성해보자.

$$y=mx+b \qquad \cdots ①$$

점 $B(0,\ b)$도 식 ①을 만족해야 하며, 따라서 직선 L 위의 모든 점의 좌표 $(x,\ y)$는 ①을 만족한다. 반대로 ①을 만족하는 x, y를 좌표로 하는 점 $P(x,\ y)$는 기울기가 m이고, 점 $B(0,\ b)$를 지나는 직선 L 위에 있다. 그러므로 ①은 직선 L의 방정식이다.

따라서 다음과 같이 정리할 수 있다.

정리 3.1

(1) 기울기가 m이고, y절편이 b인 직선의 방정식은 $y=mx+b$이다.

(2) x, y에 관한 1차 방정식 $ax+by+c=0$ $(a\neq 0$ 또는 $b\neq 0)$은 직선 방정식의 일반형이다. 즉, $ax+by=c$ 또는 $y=-\dfrac{a}{b}x+\dfrac{c}{b}$로 표현된다.

예제 3.1 기울기가 $\dfrac{4}{3}$이고 한 점 $(3,\ 3)$을 지나는 1차 함수의 식을 구하여라.

풀이 ▸ 기울기가 $\frac{4}{3}$이므로 1차 직선식은 $y=\frac{4}{3}x+b$이다. 이 직선은 (3, 3)을 지나므로 $x=3$, $y=3$을 대입하면 $3=\frac{4}{3}\times 3+b$, 즉 $b=-1$이다. 따라서 $y=\frac{4}{3}x-1$이다.

예제 3.2 기울기와 y절편이 다음 그림과 같을 때, 1차 함수의 식을 구하여라.

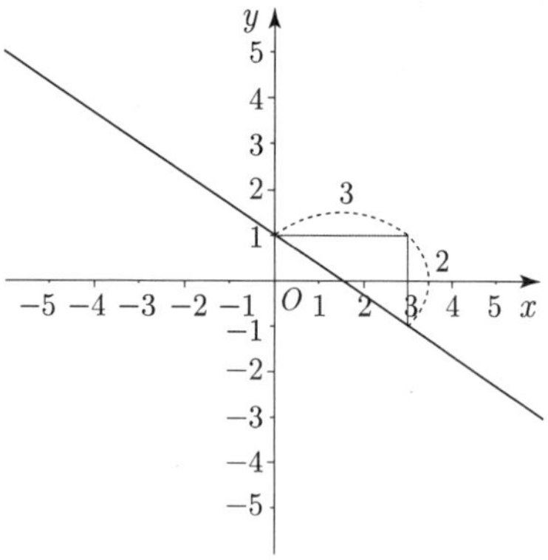

풀이 ▸ 오른쪽 그림은 점 (0, 1)을 지나므로 y절편은 1이다. 또, x값의 증가량이 3일 때, y값의 증가량이 -2 이므로 기울기는 $-\frac{2}{3}$이다. 따라서 이 직선은 1차 함수 $y=-\frac{2}{3}x+1$의 그래프이다.

예제 3.3 두 점 $(-1,\ 3)$, $(1,\ -1)$을 지나는 1차 함수의 식을 구하여라.

풀이 ▸ 1차 식을 $y=ax+b$라 하면, 기울기 $a=\frac{-1-3}{1-(-1)}=\frac{-4}{2}=-2$이다. 따라서 1차 함수의 식은 $y=-2x+b$의 꼴이다. 이 그래프는 $(-1,\ 3)$을 지나므로 $3=-2\times(-1)+b$, 즉 $b=1$이며, 따라서 1차 함수의 식은 $y=-2x+1$이다.

예제 3.4 미지수 x, y의 범위가 실수 전체일 때, $2x+y-5=0$의 해를 좌표평면에 나타내라.

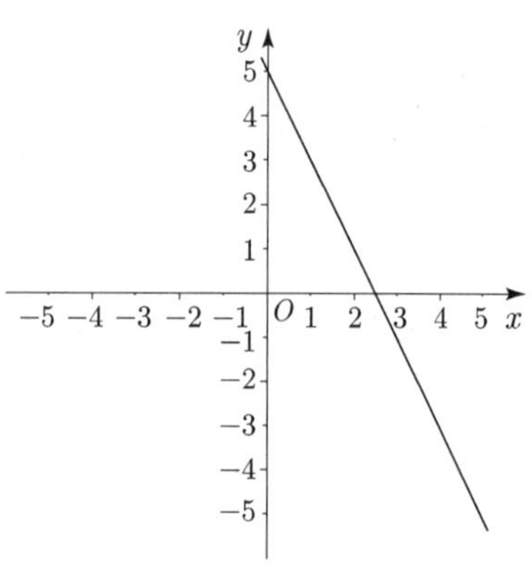

풀이 ▸ 1차 방정식 $2x+y-5=0$의 해는 무수히 많고 이들 해를 좌표평면 위에 나타내면 오른쪽 그림과 같은 직선이 됨을 배웠다. 그런데 이 직선에서 x가 1만큼 증가하면 y는 2만큼 감소하며, y축과 만나는 y좌표는 5이다. 따라서 이 직선은 기울기가 -2, y절편이 5인 1차 함수 $y=-2x+5$의 그래프이다.

예제 3.5 1차 방정식 $x-2y+4=0$의 해를 나타내는 직선은 어떤 직선인가?

풀이 ▸ $-2y=-x-4$로 이것은 1차 함수 $y=\frac{1}{2}x+2$의 그래프와 같다. 따라서 기울기가 $\frac{1}{2}$이고 y절편이 2인 직선이다.

문제 3.1 주어진 방정식의 그래프를 그림 중에서 설명하여라.

(1) $2x-y-4=0$

(2) $x-y+1=0$

(3) $x-2=0$

(4) $x+2y-2=0$

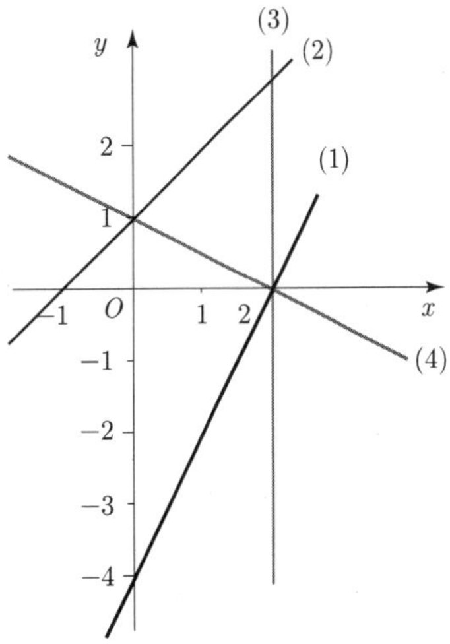

문제 3.2 다음 조건을 만족하는 직선의 방정식을 구하여라.

(1) 기울기는 3이고 y절편이 -1인 직선

(2) x축과 이루는 각의 크기가 $60°$이고, 점 $(0,\ 4)$를 지나는 직선

▶ 연습문제

1. $y=-x+6$의 그래프에 평행하며 점 $(-5,\ 3)$을 지나는 1차 함수를 구하여라.

2. 기울기가 3이며 점 $(-2,\ 1)$을 지나는 1차 함수를 구하여라.

3. 기울기가 $\frac{5}{2}$, y절편이 -3인 1차 함수를 구하여라.

4. 다음 각 1차 방정식의 해를 나타내는 직선을 그려라.

(1) $x-2y+4=0$ (2) $2x-y+6=0$

5. 연립부등식 $\begin{cases}|x-3|<6\\|x-3|>|x-1|\end{cases}$을 풀어라.

6. 연립방정식 $\begin{cases}ax+y\ =4\\4x-2y=b\end{cases}$의 해가 무수히 많을 수 있도록 a, b의 값을 결정하여라.

7. $f(x)=\frac{2}{5}x+a$, $g(x)=bx-4$에서 $f(3)=2$이고 $g(-3)=2$인 $a+b$를 구하여라.

8. $y=-2x$를 y축 방향으로 b만큼 평행이동하면 점 $(2,\ 1)$을 통과한다. b값을 구하여라.

9. 두 점 $(-3,\ 2a+1)$, $(a,\ -a+4)$를 지나는 직선이 x축에 평행할 때 a값을 구하여라.

3.2 데이터를 1차 직선으로

우선 가장 간단한 형태인 1차 직선식으로 표시될 수 있는 데이터를 살펴본다.

해양 생물이나 해양 지질 연구를 위해 스쿠버 다이버는 직접 바다 속을 탐사하게 된다. 이때, 스쿠버 다이버의 생명과 안전은 산소공급을 하는 산소통과 그것의 조절장치에 달려 있다. 다이버가 깊은 물속으로 들어 갈수록 높은 공기압을 필요로 할 것이다.

■ 문제 상황 1

스쿠버 다이버에 전달되는 공기압은 물속 깊이에 따라 비례식의 형태로 조절한다. 다이버가 물속 33 ft에 있을 때 조절장치는 29.4 psi(pounds/square inch)의 공기를 공급하며, 물속 66 ft에 있을 때는 44.1 psi를 공급한다. 이 조절장치가 물표면(0 ft)에서, 50 ft에서 그리고 130 ft(레크레이션 다이빙을 할 수 있는 가장 깊은 깊이)에서 전달할 수 있는 공기압을 알아보자.

■ 문제의 이상화 및 자료 수집

전달되는 공기압의 변화 형태는 직선 꼴이며, 33 ft일 때 29.4 psi와 66 ft일 때 44.1 psi의 데이터가 주어져 있다. 이것을 다음과 같은 순서쌍으로 표현할 수 있다.

$$(33,\ 29.4) \qquad (66,\ 44.1)$$

이 데이터는 두 개의 점으로 이루어져 있으므로 직선 그래프로 쉽게 표현할 수 있다.

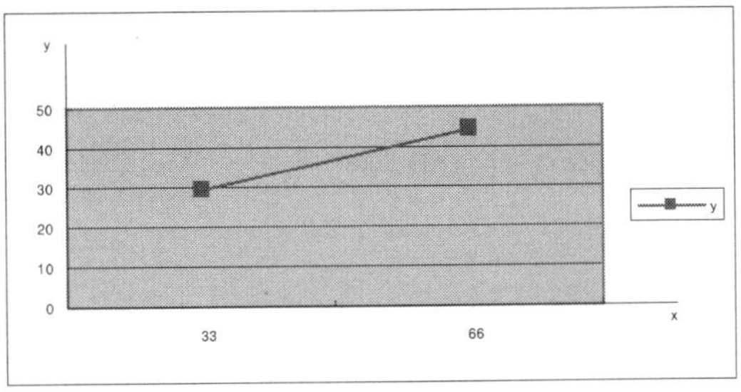

■ **수학적 모델 형성과 문제 풀이**

1차식(즉, 비례식)의 일반형을 $y = ax + b$이라 하자. x는 물속 깊이이고 y는 공기압이라고 하면 a는 깊이에 대한 공기압의 변화량을 나타내므로

$$a = \frac{y\text{변량}}{x\text{변량}} = \frac{44.1 - 29.4}{66 - 33} = \frac{14.7}{33} \approx 0.445$$

가 되어, 직선식

$$y = 0.445x + b$$

이다. 이제 b의 값을 구하기 위해 하나의 데이터 (33, 29.4)를 대입하면

$$y - 29.4 = 0.445(x - 33)$$

즉 $y = 0.445x + 14.7$을 얻는다. 따라서 다음과 같은 표를 만들 수 있다.

$x = 0$	50	130
$y = 0.445(0) + 14.7 = 14.7$	$y = 0.445(50) + 14.7 = 36.95$	$y = 0.445(130) + 14.7 = 72.55$

■ **재해석**

공기압을 직선식으로 모델화 하였으므로, 필요한 모든 데이터를 만들어낼 수 있다. 이 결과를 사용하여 다이버의 물속 위치에 따라 공기압을 적절히 조절할 수 있다.

■ 문제 상황 2

혈당치는 환자의 당 부하검사를 통해 측정된다. 검사 초기의 혈당치는 $g = 90$이며, 15분 후에 수치는 130으로 높아졌다. 시간 $t = 8.5$분일 때의 혈당치를 알아보자.

■ **문제의 이상화 및 자료수집**

실험수치는 순서쌍 (0, 90)과 (15, 130)으로 표현된다. 이를 토대로 간단한 1차 함수식 $g(t)=at+b$를 만들어 혈당치 g의 값을 추정한다.

■ **수학적 모델 형성과 문제 해결**

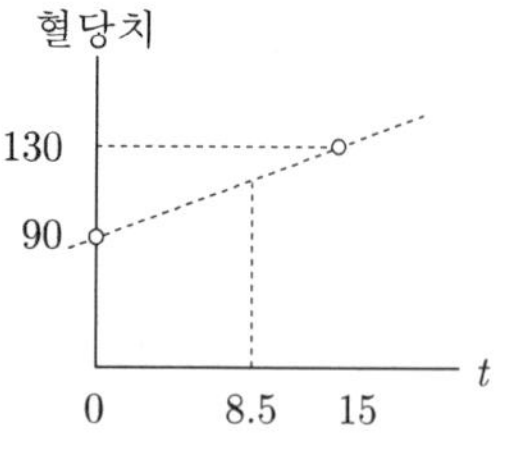

$t=0$일 때 $g=90$, 또한 $t=15$일 때 $g=130$이 되는 변화율이 1차 그래프의 기울기이다. 따라서 기울기

$$a=\frac{\text{혈당치변화}}{\text{시간변화}}=\frac{130-90}{15-0}=\frac{40}{15}=\frac{8}{3}$$

이며 함수식은 다음과 같다.

$$g(t)=\frac{8}{3}t+90$$

■ **재해석:** 해의 확인 및 현실 상황과 연계

그래프를 통해 시간의 변화에 따라 혈당치의 값을 예측할 수 있다. 즉, $t=8.5$일 때 혈당치는 $g=\frac{8}{3}\cdot 8.5+90=112.67$이다.

수학이야기 당뇨병

당뇨병은 인슐린이라는 호르몬의 분비량이 부족하거나 정상적인 기능이 이루어지지 않아 혈중 포도당의 농도가 높아지는 병으로서 요당은 그 하나의 증상으로 나타난다.

전 세계 당뇨병 환자 수가 3억 5천만 명 정도에 이를 정도로 많은 사람들이 이 병으로 고통을 받고 있으며 고령화 인구 증가와 비만 환자의 급증으로 인하여 매년 당뇨병 환자 수는 빠르게 늘고 있다. 우리나라에서도 국민 10% 이상이 앓고 있는 국민질환이며 고령화 사회가 될수록 더 많은 환자가 나올 것이다. 그러나 흔히 나이가 많은 노령인구에게 발생하는 질환으로 알고 있지만 최근에는 젊은 환자군도 늘어 지난 10년 동안 젊은 당뇨병 환자의 수는 10배가 넘게 증가했다고 한다.

당뇨병은 인슐린을 전혀 생산하지 못하거나 부족하여 발생한다고 하는데 과도한 음주나 비만, 스트레스가 당뇨병의 원인이 될 수 있다. 당뇨병은 초기에 치료하지 않으면 무서운 합병증을 불러올 수 있다. 하지만 초기 당뇨병 증상의 경우 별다른 자각 증상이 없어서 치료시기를 놓치는 경우가 많다. 갈증이 나서 물을 많이 마시거나, 식사 후에도 배가 고프거나, 몸이 쉽게 피곤함을 느끼고 손발이 저리는 증상이 나타나거나, 상처가 났을 경우 잘 아물지 않고 다리가 쉽게 붓는 등 몇 가지 증상을 들 수 있다. 당뇨병 치료는 당뇨병 초기부터 꾸준한 약물치료를 통한 적극적인 혈당 관리가 가장 중요하다.

그러나 무엇보다 중요한 것은 병을 예방하는 일이다. 규칙적인 식사와 꾸준한 운동이 당뇨병 예방의 최선의 방법이다. 균형 잡힌 음식 섭취와 일정한 식사 시간 지키기, 비만해지지 않도록 체중 관리, 인스턴트식품이나 청과음료, 튀긴 음식의 과다한 섭취를 피하는 대신 잡곡, 채소류, 해조류를 많이 섭취하기, 하루 1시간씩 주 5회 이상 운동하기 또한 평소에 걷는 습관들이기(엘리베이터보다 계단 이용) 등이 필요하다. 평균수명 100세로 가는 사회에서 젊은 청년기부터 건강을 지키는 것이 가장 중요하다.

3.3 데이터를 표현하는 적절한 직선 유형

주어진 데이터를 가장 간단한 수학의 모델인 직선식으로 표현되는 예제들을 살펴보았다. 그러나 앞의 예제에서는 단 두 개의 실험치(두 개의 점)만을 가지고 있으므로, 직선식을 만들기는 쉽지만 그다지 신뢰할 만한 데이터로 보이지는 않는다.

이제 여러 번의 실험을 통하여 데이터를 얻었으나, 그것이 가시적으로 직선의 형태를 갖지 않는 경우를 분석해보자.

■ 문제 상황 3

물질 반응의 시간을 10분, 20분, 30분, 40분으로 변화시킬 때 물질의 무게를 재어보았다.

x	10	20	30	40
gr	7130	4580	2420	810

이 자료를 그래프로 표시하고, 특별히 $x=42$, $x=50$일 때의 무게를 알아보자.

■ 문제의 이상화 및 자료수집

엑셀을 사용하여 이 자료를 그래프로 나타내보자.

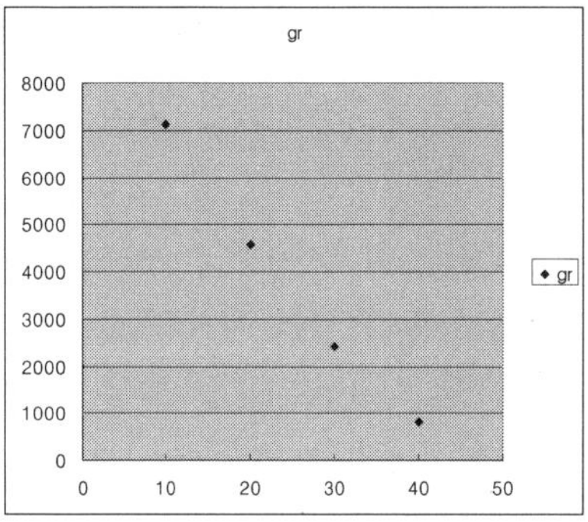

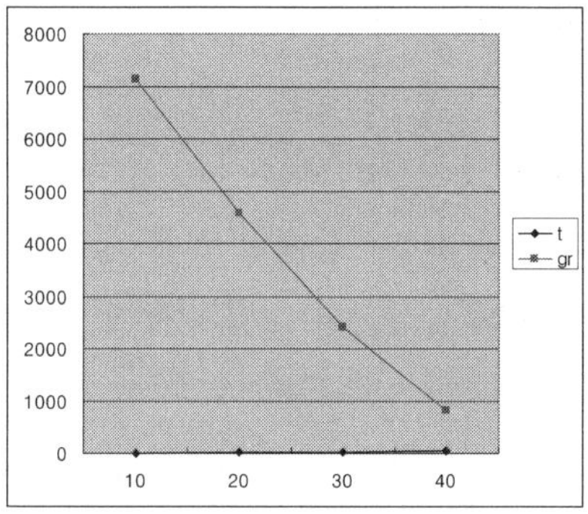

그래프에서 보듯이, 거의 직선 형태로 보이기는 하지만, 정확한 직선은 아니다. 이제 주어진 실험치를 바탕으로 이 데이터를 가장 잘 표현할 수 있는 최적의 직선모형을 알아보려고 한다. 이러한 방법은 제한된 영역에서 실험치를 예측하는데 효과적이다.

〈최적의 직선식〉 n개의 데이터

$$(x_1,\ y_1),\ (x_2,\ y_2),\ \cdots,\ (x_n,\ y_n)$$

가 있을 때, 이 데이터를 가장 잘 표현할 수 있는 직선식 $y(x)=ax+b$를 발견하기 위해, 기울기 a와 절편 b를 찾아내야 한다. 여기서 필요한 직선식은 각각의 점 x_i에서의 좌표값 y_i와 함수값 $y(x_i)$의 차이의 제곱의 합이 최소가 되는 직선이다(오른쪽 그림 참조). 즉

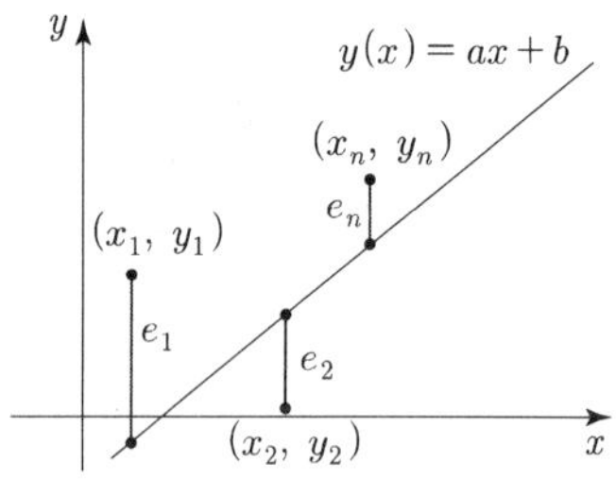

$$J(a,\ b)=e_1^2+e_2^2+\cdots+e_n^2=\sum_{i=1}^{n}e_i^2$$

$$(\text{여기서 } e_i=|y_i-y(x_i)|=|y_i-(ax_i+b)|)$$

이 가장 최소가 되는 경우이며, 이러한 식을 '**최적의 최소제곱직선**'이라고 부른다.

$J(a,\ b)$의 최솟값은 a와 b에 의해 결정되므로 $a,\ b$의 값을 찾는 열쇠가 된다.

■ **필요한 수학 내용:** 최적의 최소제곱직선을 만드는 순서

① n개의 데이터 $(x_1,\ y_1),\ (x_2,\ y_2),\ \cdots,\ (x_n,\ y_n)$를 가장 잘 표현하는 직선식

$$y(x)=ax+b$$

를 구성하는 기울기 a와 절편 b를 찾아내기 위해, $J(a, b)$의 최솟값을 계산한다.

$$J(a,\ b) = e_1^2 + e_2^2 + \cdots + e_n^2 = \sum_{i=1}^{n} e_i^2 \ (\text{이때 } e_i = |y_i - y(x_i)| = |y_i - (ax_i + b)|)$$

② x_i $(i = 1, \cdots, n)$들의 (산술)평균값 $\bar{x}$를 구한다.

$$\bar{x} = \frac{x_1 + \cdots + x_n}{n} = \frac{1}{n}\sum_{i=1}^{n} x_i$$

③ 직선식의 기울기 a는 다음과 같다(이것은 '재해석' 부분에서 다시 설명한다).

$$a = \frac{\sum_{i=1}^{n}(x_i - \bar{x})y_i}{\sum_{i=1}^{n}(x_i - \bar{x})^2}$$

④ 그러므로 절편 b는 다음처럼 계산할 수 있다.

$$b = \bar{y} - a\bar{x} = \frac{1}{n}\sum_{i=1}^{n} y_i - a\frac{1}{n}\sum_{i=1}^{n} x^i$$

■ **수학적 모델 형성과 문제 풀이**

위에서 소개한 단계에 따라, 데이터들의 평균값을 계산해보자.

$$\bar{x} = \frac{10 + 20 + 30 + 40}{4} = 25$$

그러면 기울기 a는

$$a = \frac{(10-25)7130 + (20-25)4580 + (30-25)2420 + (40-25)810}{(10-25)^2 + (20-25)^2 + (30-25)^2 + (40-25)^2}$$

$$= \frac{-105600}{500} = -211.2$$

이며, 이를 사용하여 절편 b를 구할 수 있다.

$$b = \frac{1}{4}\sum_{i=1}^{4} y_i - a\bar{x} = \frac{7130 + 4580 + 2420 + 810}{4} - (-211.2)25 = 9015$$

위에서 나온 값을 간단히 하기 위해, $a = -211$이라 하면 $b = 9010$이 되어, 직선식

$$y(x) = -211x + 9010$$

을 얻는다. 그러므로 $x = 42$이면 $y = 148$이고, $x = 50$이면 $y = -1540$이 된다(음수인 값은 무게로서는 의미가 없는 수치이다).

■ **재해석:** 기울기 $a = \dfrac{\sum_{i=1}^{n}(x_i - \bar{x})y_i}{\sum_{i=1}^{n}(x_i - \bar{x})^2}$의 의미를 알아보자.

만약 데이터가 단 두 개 (x_1, y_1), (x_2, y_2)라면, 두 점을 지나는 직선의 기울기는

$$a = \frac{y\text{의 증분}}{x\text{의 증분}} = \frac{y_1 - y_2}{x_1 - x_2}$$

이다. 한편, 최소제곱직선에서 나타난 기울기 a는 다음과 같다.

$$a = \frac{(x_1 - \bar{x})y_1 + (x_2 - \bar{x})y_1}{(x_1 - \bar{x})^2 + (x_2 - \bar{x})^2}$$

여기서 $\bar{x}$는 x_1과 x_2의 평균값인 $\bar{x} = \dfrac{x_1 + x_2}{2}$이다. 그런데

$$x_1 - \bar{x} = x_1 - \frac{x_1 + x_2}{2} = \frac{x_1 - x_2}{2}, \quad x_2 - \bar{x} = \frac{-x_1 + x_2}{2}$$

이므로

$$a = \frac{(x_1 - x_2)y_1/2 + (-x_1 + x_2)y_2/2}{(x_1 - x_2)^2/4 + (-x_1 + x_2)^2/4} = \frac{2(x_1 - x_2)(y_1 - y_2)}{2(x_1 - x_2)^2} = \frac{y_1 - y_2}{x_1 - x_2}$$

가 되어, 위에서 구한 기울기와 같다. 그러므로 주어진 데이터가 n개 있는 경우에 기울기를 구할 수 있는 적절한 형태임을 알 수 있다.

■ **재해석:** 컴퓨터 프로그래밍

엑셀 프로그램과 메이플 프로그램을 사용하여 가시적으로 표현해보자.

(1) 엑셀 프로그램을 사용하여 데이터를 그려보자.

(i) 차트를 열어 다음과 같이 데이터를 입력하자.

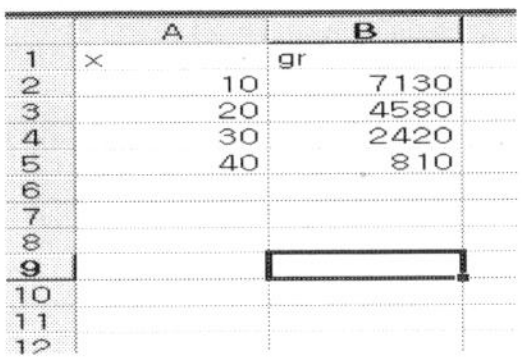

	A	B
1	x	gr
2	10	7130
3	20	4580
4	30	2420
5	40	810

(ii) 메뉴에서 차트 마법사: 분산형을 클릭하면 다음 왼쪽 그래프를 얻는다. 한편, 차트 마법사에서 꺾은선형을 선택하면 다음 오른쪽 꺾은선 그래프를 얻는다.

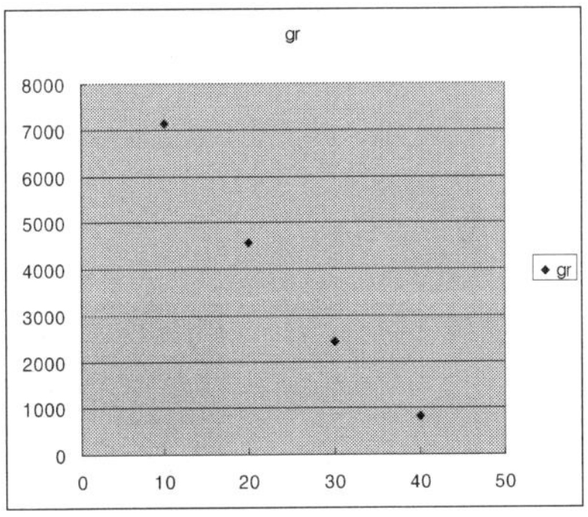

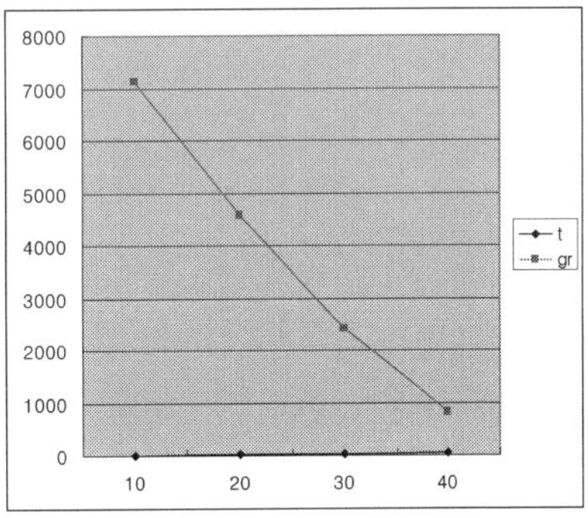

(2) 메이플 프로그램을 사용하여 데이터를 표시하자.

(i) 데이터를 입력하자.

```
> data1:=[10, 20, 30, 40]: data2:=[7130, 4580, 2420, 810]:
```

(ii) 그래프 그리는 명령어를 만들자(그림 1).

```
> plot(zip((x,y)->[x,y], data1, data2));
```

(3) 최소제곱법을 통해 모델링된 직선식 $y(x)=-211x+9010$과 함께 나타내자.

(i) 데이터 그래프와 모델식 그래프를 동시에 그리자(그림 2).

```
> plot([zip((x,y)->[x,y], data1, data2), -211*x+9010]);
```

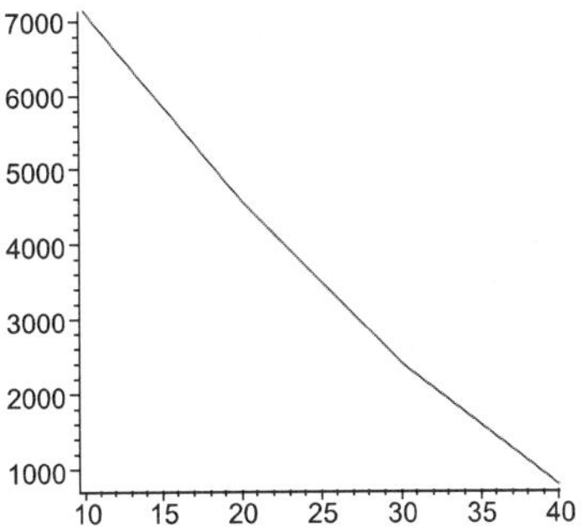

그림 1

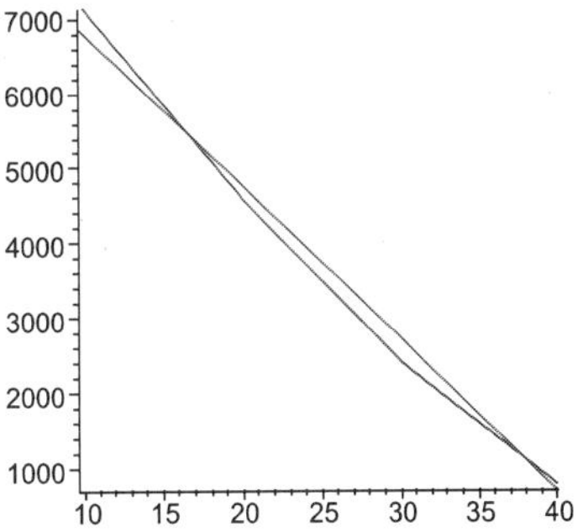

그림 2

(ii) 오차 제곱의 합 $J(a, b)$를 알아보자.

오차 $e_i = |y_i - y(x_i)|$ $(i = 1, 2, 3, 4)$를 계산하여 다음의 표를 만들 수 있다.

e_1	e_2	e_3	e_4
$\|7130-6900\|=230$	$\|4580-4790\|=210$	$\|2420-2680\|=260$	$\|810-570\|=240$

그러면 오차 제곱의 합은 다음과 같다.

$$J(-211,\ 9010) = 52900 + 44100 + 67600 + 57600 = 222200$$

수학이야기 최소제곱법과 가우스 그리고 소행성의 추적

가우스(K.F. Gauss: 1777~1855, 독일)는 수학의 천재로서 단연 첫 손가락으로 꼽힐 사람이다. 말을 배우기도 전에 숫자 계산에 능통했던 너무나 천재적인 가우스는 아르키메데스(BC 287?~BC 212, 시라쿠스)와 뉴턴(I. Newton: 1642~1727, 영국)과 함께 수학의 역사상 가장 위대한 업적을 남긴 사람으로 평가된다. 수학뿐만 아니라 물리학, 천문학을 포함하여 너무나 많은 분야에서 뛰어난 업적을 남긴 최고의 수학자이다. 여기서 배운 최소제곱법도 가우스의 수학적 발견 중 하나이다.

케레스 소행성의 궤도 측정

소행성은 무척 작기 때문에 맨 눈으로 볼 수 없어서 허셜(W. Herschel, 1789년)망원경이 발명되기 이전인 1800년도까지는 전혀 알려지지 못했다. 보데의 법칙에 의해 1781년 천왕성이 발견되자, 당시 천문학자들은 화성과 목성 사이에, 즉 태양으로부터 2.8 AU(천문단위) 되는 곳에 또 다른 행성이 존재할 것이라고 믿게 되었다.

1800년대 과학자들은 천문관측 도구의 기술적인 진보로 별의 위치를 표시한 천문도를 제법 믿을 만하게 만들 수 있었고, 수학적으로 정리된 자료가 쏟아져 나왔다. 1801년 이탈리아의 천문학자 피아치(G. Piazzi)는 보데의 법칙을 사용하여 케레스(Ceres)라는 소행성을 추적할 수 있었고, 당시 유럽은 이로 인해 흥분의 도가니에 빠져들었다. 얼마 후 케레스는 다시 태양 뒤로 사라졌고, 관찰을 통해 그것을 다시 찾아내기가 무척 어려워졌다.

당시 과학자들은 케레스의 궤도를 정밀하게 계산하여 출현 위치를 예측할 수 있기를

기대했다. 유럽의 많은 수학자들은 피아치가 넘겨준 몇 개 안 되는 데이터를 근거로 계산을 시작했는데, 여기에 불과 25살도 안 된 가우스가 있었다. 그는 단 몇 개의 데이터에 자신의 특별한 계산 방법을 사용하여 1801년과 1802년 섣달 그믐날 밤 케레스의 정확한 위치를 예측하였고 그것은 정확히 맞아 떨어졌다. 20대의 가우스는 단번에 유럽 최고의 명성을 얻게 되었고, 케레스 궤도결정의 공을 인정받아 1807년에 괴팅겐 대학 교수 겸 천문대장이 되었다. 여기서 가우스가 사용한 방법이 바로 최소제곱법이다.

당대 거장이었던 오일러, 람베르트, 라그랑즈, 라플라스 등도 궤도측정의 계산을 시도하였으나 모두 완전한 계산을 해내지 못하였으며, 천체역학의 대가인 라플라스조차 이 문제를 해결할 수 없다고 생각하였다. 가우스는 자신의 뛰어난 계산 능력과 창조적인 상상력을 발휘하여 새로운 방법을 도입해서 케레스 소행성의 궤도를 알아낸 후, 그 이듬해에는 '팰러스 소행성'의 궤도를 계산하는 등 새로운 행성이 발견되는 대로 궤도를 계산하였다.

실험을 통해 얻은 데이터를 분석하면 적절한 직선식으로 표현됨을 알았다. 그런데 실험 데이터가 충분히 많지 않을 때는 주어진 몇 개의 데이터를 사용하여 직선식을 예측하게 되며, 이제 문제는 예측된 식이 적절한지를 판정해야 한다. 소행성의 궤도에 관한 몇 개의 데이터를 넘겨받는 여러 학자들 중에서 가우스만이 케레스 행성의 위치를 정확히 계산할 수 있었던 것은 그의 모델링이 그만큼 적합한 것이었기 때문이다.

■ 문제 상황 4

두 명의 과학자 A와 B는 공동 실험으로 세 개의 데이터를 얻었다.

x	2	5	8
y	2	6	3

그러나 A와 B는 이 데이터에 합당한 모델로서 서로 다른 식을 주장하고 있다.

ⓐ $y=\frac{5}{9}x+\frac{8}{9}$ ⓑ $y=-\frac{2}{9}x+\frac{43}{9}$

두 사람의 모델식 중 어느 것이 더욱 적합한 것인지를 판정해보자.

■ 문제의 이상화 및 자료 수집

주어진 데이터 중에서 $(2, 2)$는 식 ⓐ를 만족하고, $(8, 3)$은 식 ⓑ를 만족한다. 즉

$$\left(\frac{5}{9}\right)2+\frac{8}{9}=\frac{18}{9}=2, \quad \left(-\frac{2}{9}\right)8+\frac{43}{9}=\frac{27}{9}=3$$

이다. 한편 데이터 (5, 6)은 식 ⓐ, ⓑ 어느 것도 만족하지 못한다. 이러한 상황을 그래프로 쉽게 확인할 수 있다.

데이터를 표시해보자. 또한, A와 B가 제안한 두 직선식을 함께 표시해보자.

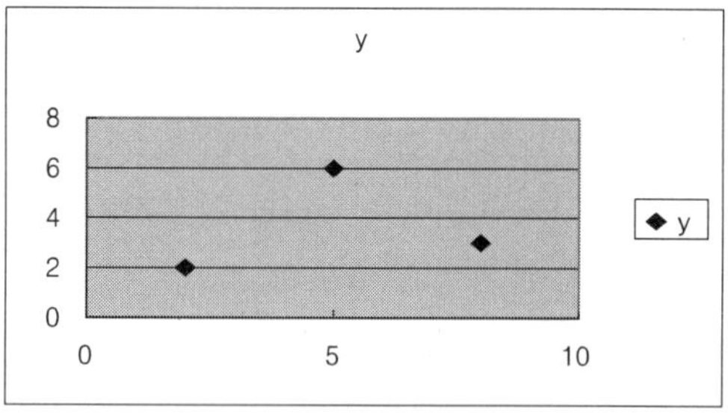

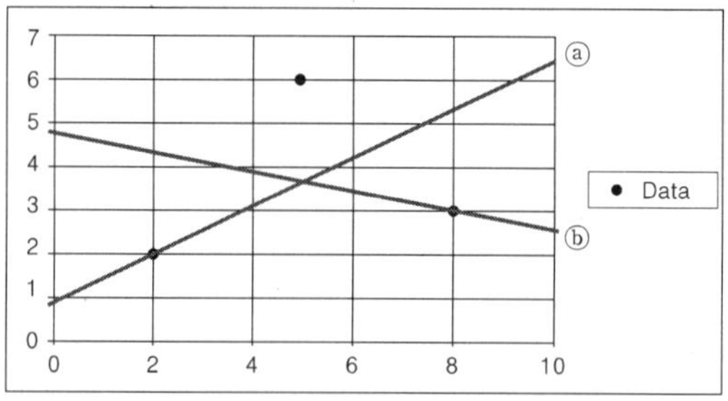

하나는 증가함수이고 또 하나는 감소함수인 것만큼, 이 둘은 극명한 차이를 보인다.

■ **수학적 모델 형성과 문제 풀이**

방정식 $y=ax+b$에서 절대오차는

$$e_i=|y_i-y(x_i)|=|y_i-(ax_i+b)|$$

이며, 절대오차의 합 $J(a,\ b)$이 작을수록 좋은 모델 식이다. $J(a,\ b)$를 계산하자.

식 A의 오차제곱의 합:

$$\begin{aligned} J_A &= e_1^2+e_2^2+e_3^2 \\ &= \left[2-\left(\frac{5}{9}(2)+\frac{8}{9}\right)\right]^2+\left[6-\left(\frac{5}{9}(5)+\frac{8}{9}\right)\right]^2+\left[3-\left(\frac{5}{9}(8)+\frac{8}{9}\right)\right]^2 \approx 10.89 \end{aligned}$$

식 B의 오차제곱의 합:

$$\begin{aligned} J_B &= e_1^2+e_2^2+e_3^2 \\ &= \left[2-\left(\frac{-2}{9}(2)+\frac{43}{9}\right)\right]^2+\left[6-\left(\frac{-2}{9}(5)+\frac{43}{9}\right)\right]^2+\left[3-\left(\frac{-2}{9}(8)+\frac{43}{9}\right)\right]^2 \approx 10.89 \end{aligned}$$

여기서 보듯이 $J_A=J_B$이므로, 두 개의 모델의 가치는 동등하다.

■ **재해석**

두 방정식은 증가와 감소가 엇갈리는 것으로서 각 식으로 분석하면 상당히 다른 결과를 만들 것이다. 가령 $x=9$일 때 A의 식은 $y=5+\frac{8}{9}=5.89$인 반면 B의 식은 $y=-2+\frac{43}{9}=2.78$이 된다. 그러나 절대오차 계산의 결과에 의하면 두 직선의 가치는 동등하다. 어느 것이 더 좋은 것도 없고 더 나쁜 것도 없다. 그러므로 이런 문제를 해결하기 위해서 과학자들은 조금 더 많은 실험 데이터를 만들어야 한다.

■ **컴퓨터 프로그래밍**

(1) 앞으로 체계적으로 배우겠지만, 이 3개의 데이터만을 가지고 구성할 수 있는 최적의 직선을 메이플을 사용하여 모델화해보자.

```
> with(CurveFitting):
> LeastSquares([[2,2], [5,6], [8,3]], x);
```
[1]

〈결과〉 $\frac{1}{6}x+\frac{17}{6}$

이 식을 C라 하고(식 C: $y=\frac{1}{6}x+\frac{17}{6}$), C의 그래프를 그리자.

```
> plot(1/6*x + 17/6, x, title = "C graph");
```

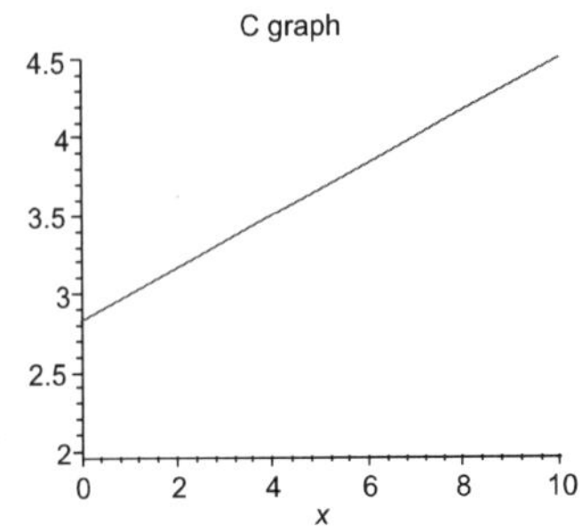

또한, 식 C의 절대오차의 합을 구해보자.

$$J_C=e_1^2+e_2^2+e_3^2$$
$$=\left[2-\left(\frac{1}{6}(2)+\frac{17}{6}\right)\right]^2+\left[6-\left(\frac{1}{6}(5)+\frac{17}{6}\right)\right]^2+\left[3-\left(\frac{1}{6}(8)+\frac{17}{6}\right)\right]^2\approx 8.1667$$

그런데 $J_C=8.1667<10.89=J_A=J_B$이므로 C가 A 또는 B보다 좋은 방정식이다.

(2) 직선 C와 더불어 위에서 제시된 직선 A, B를 평면에 함께 그려보자(그림 3).

```
> plot([5/9*x+8/9, -2/9*x+43/9, 1/6*x+17/6], x=0..10, title="A,B,C
  graphs", legend=["A", "B", "C"]);
```

---

1) 참고: least square는 최소제곱이라는 뜻이다. 즉 입력한 문장은 주어진 데이터 [2, 2], [5, 6], [8, 3]을 변수 x를 사용하여 직선으로 만들라는 명령어이다.

(3) 그러나 원래의 실험 데이터를 볼 때, 이 데이터를 직선의 형태로 표현하려는 시도는 그다지 바람직해 보이지 않는다(그림 4).

```
> with(plots): with(stats):
> PLOT(CURVES([[2,2], [5,6], [8,3]]));
```
2)

오히려 세 점을 잘 표현하는 그래프로서 2차 방정식(포물선의 형태)이 연상된다. 세 개의 데이터를 2차 방정식으로 표현할 수 있을까?

```
> LeastSquares([[2,2],[5,6], [8,3]],x, curve=a*x^2 + b*x +c);
```

〈결과〉 $\frac{-7}{18}x^2 + \frac{73}{18}x - \frac{41}{9}$

(4) 마지막으로, 방정식 A, B, C와 더불어 2차 곡선의 그래프를 모두 함께 표시해보자(그림 5).

```
> plot([5/9*x + 8/9, −2/9*x + 43/9, 1/6*x + 17/6, −7/18*x^2 + 73/18*x −
  41/9], x=0..10, title="A,B,C, 2 degree graphs", legend=["A", "B", "C", "2
  degree"]);
```

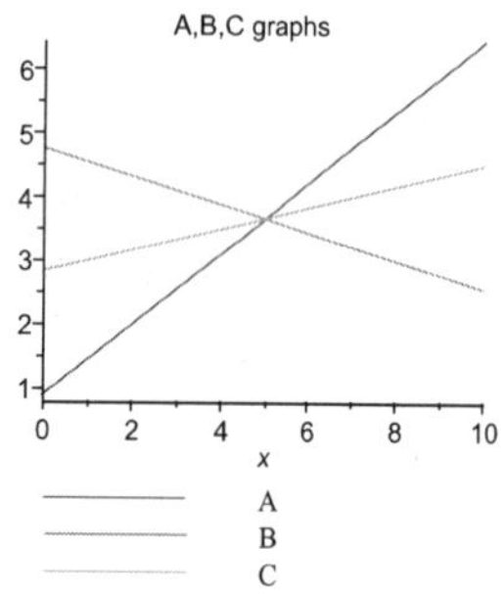

그림 3

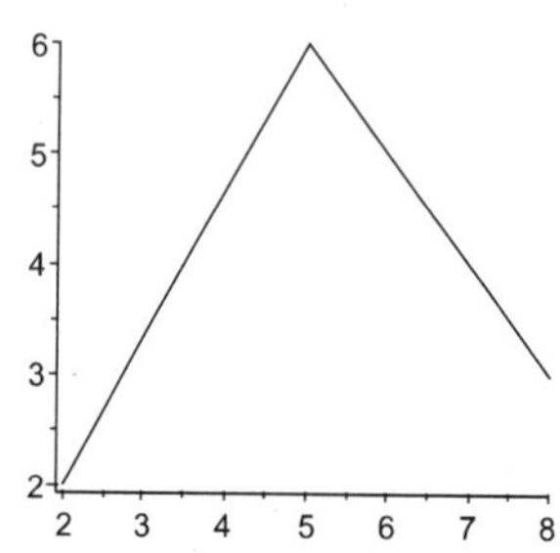
그림 4

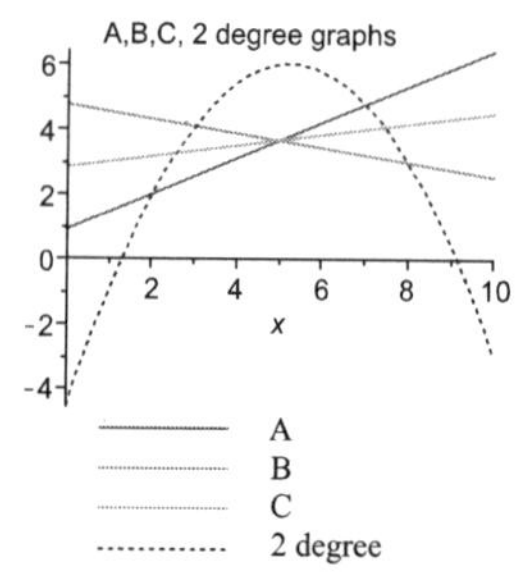

그림 5

참고 메이플 입력식에서
title =" ...": 그래프의 이름을 정한다.
color=[,]: 그래프 선분의 색깔을 지정한다. 입력한 순서에 따라 결정된다.
legend=[,]: 각각 직선의 이름을 정한다.

2) 입력한 문장은, 주어진 데이터 [2, 2], [5, 6], [8, 3]을 변수 x를 사용하여 2차 곡선으로 만들라는 명령어이다.

참고 데이터를 분석할 때 수식만 사용하는 것보다는 그래프를 볼 수 있으면 큰 도움이 된다. 이때 유용한 프로그램으로 여기서는 엑셀과 메이플 프로그램을 소개하였지만, 이것 외에서 매스메티카 또한 매트랩이 있다. 조금씩 차이는 있으나 기본 아이디어는 공통점이 많으므로 하나의 프로그램에 익숙해지면 나머지 것도 다룰 수 있다.

■ 문제 상황 5

제한된 데이터 네 개를 가지고 있다.

x	1	3	5	8
y	4	3	6	5

두 명의 과학자가 이 데이터를 보고 다음과 같은 모델을 제시하였다.

$$\text{A: } y = 0.4x + 2.6 \qquad \text{B: } y = -0.4x + 6.2$$

(1) 데이터를 표현하는데 더욱 적절한 식은 어느 과학자의 것인지 판정해보자.

(2) 최소제곱법에 의한 최적의 직선 $y = ax + b$는 $a = 0.234$이고 $b = 3.467$가 됨을 확인 한 후, 위의 두 모델링 식을 분석해보자.

■ 문제의 이상화 및 자료 수집

각각의 그래프를 그려보면서 두 사람의 모델링 식을 확인해보자.

```
> plot([0.4*x+2.6, -0.4*x+6.2], x=-10..10,
  title="A,B graphs", color=[red, blue],
  legend=["A", "B"]);
```

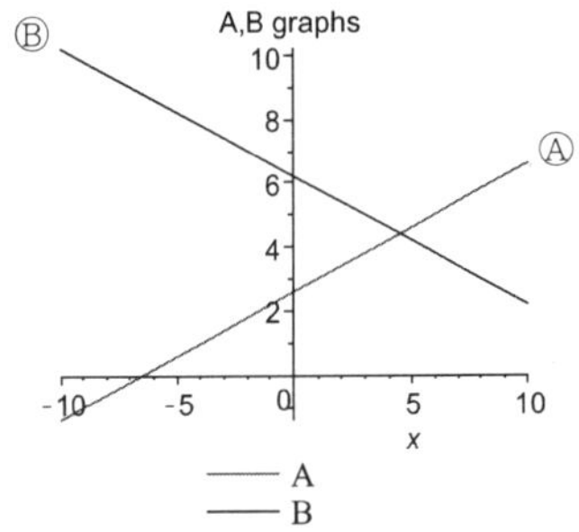

직선 A는 증가이고 직선 B는 감소인 함수이다. 오차의 제곱의 합을 구하여 어느 과학자의 것이 더 적절한 식인지 알아볼 수 있다.

■ 수학적 모델 형성과 문제 풀이

식 A의 오차제곱의 합

$$|4-0.4(1)-2.6|^2+|3-0.4(3)-2.6|^2+|6-0.4(5)-2.6|^2+|5-0.4(8)-2.6|^2=4.24$$

식 B의 오차제곱의 합

$$|4+0.4(1)-6.2|^2+|3+0.4(3)-6.2|^2+|6+0.4(5)-6.2|^2+|5+0.4(8)+6.2|^2=14.48$$

식 A의 오차가 식 B의 것보다 작으므로, A의 모델 식이 B의 것보다 좋다.

이제 주어진 데이터를 가장 잘 충족시키는 직선식을 만들어보자.

최소제곱직선을 만드는 과정에 따라, 우선 x_i들의 평균값을 계산한다.

$$\bar{x}=\frac{1+3+5+8}{4}=4.25$$

그러면 최적의 최소제곱법직선 $y=ax+b$가 되는 값 a, b는

$$a=\frac{(1-4.25)4+(3-4.25)3+(5-4.25)6+(8-4.25)5}{(1-4.25)^2+(3-4.25)^2+(5-4.25)^2+(8-4.25)^2}=\frac{6.5}{26.75}=0.243,$$

$$b=\frac{(4-0.243(1))+(3-0.243(3))+(6-0.243(5))+(5-0.243(8))}{4}=3.467$$

이다. 따라서 가장 좋은 직선 식은 다음과 같다.

$$y=0.234x+3.467$$

실제로 식 $y=0.234x+3.467$에 대한 오차제곱의 합은

$$J_y=|4-0.234(1)-3.467|^2+|3-0.234(3)-3.467|^2$$
$$+|6-0.234(5)-3.467|^2+|5-0.234(8)-3.467|^2\approx 3.428652$$

으로서 앞의 두 식 A, B보다 훨씬 작은 오차제곱을 보인다.

■ **재해석**

과학자 A의 모델 식은 B의 것보다 좋은 것이기는 하지만 가장 좋은 직선식은 아니다. 좋은 분석을 하기에는 더 많은 데이터를 필요로 한다.

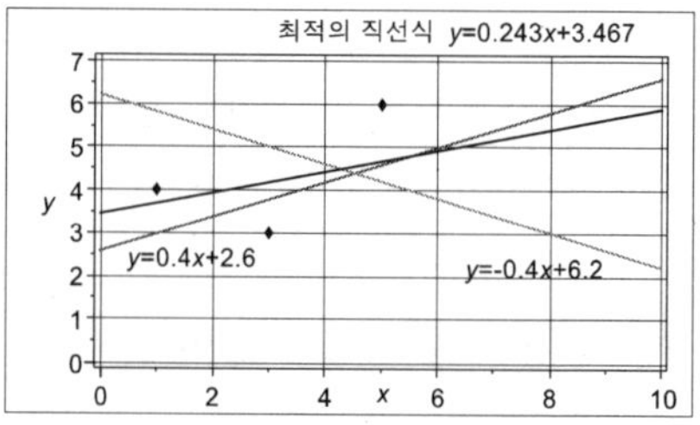

한편, 메이플을 사용하여 최적의 직선식을 구하면 위에서 계산한 식과 동일한 결과를 얻을 수 있다.

> LeastSquares ([[1,4], [3,3], [5,6], [8,5]], x);

〈결과〉 $\frac{26}{107}x+\frac{371}{107}=0.24x+3.467$

3.4 최소제곱법을 활용한 여러 문제

일정한 규칙이 잘 드러나 보이지 않는 형태로 생긴 데이터를 분석하여 어떠한 결과를 예측하기 위해, 직선의 형태 또는 곡선의 형태로 가시적 표현을 하는 방법이다. 앞서 최소제곱법을 사용했었는데, 이 장에서는 엑셀 프로그램이나 메이플 프로그램을 사용하여 데이터를 분석하는 방법을 확실히 이해해보자.

■ 문제 상황 6

다음과 같은 실험 데이터를 만들었다고 하자.

x	10	12	14	16
y	3	5	9	10

이 표를 분석하여 $x=30$일 때의 값을 예측해보자.

---

(1) 우선, 엑셀 프로그램을 사용해보자.

(ⅰ) 엑셀 프로그램을 연다.

(ⅱ) 데이터를 보이는 대로 입력한다.

(ⅲ) 마우스로 이 부분을 크게 읽어 들인 후, 메뉴바에서 "삽입-차트"를 클릭한다.

(ⅳ) 막대형, 꺾은선형, 원형, 분산형, … 중에서 원하는 그래프형을 선택한다.

(ⅴ) 분산형을 선택하면, 다음과 같은 그래프를 얻게 된다.

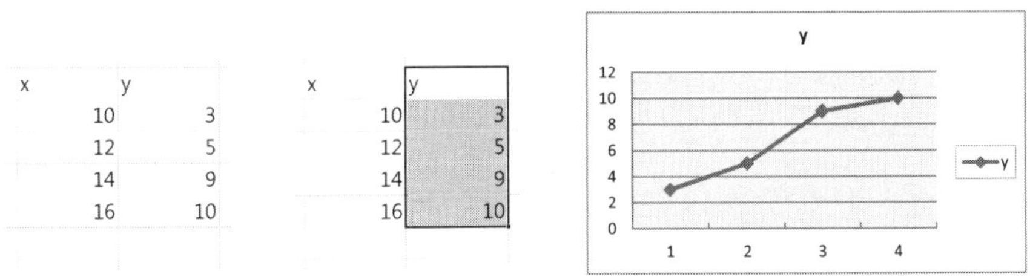

(2) 위에서 볼 수 있듯이, 이 데이터는 직선의 형태로 설명될 수 없다. 그러나 이 데이터를 표현할 수 있는 가장 좋은 직선식을 메이플 프로그램을 사용하여 찾아보자.

(ⅰ) 1차식으로 표현하는 방법:

```
> with(plots): with(stats):
> data:= [[10, 12, 14, 16], [3, 5, 9, 10]]:
```

```
> fit[leastsquare[[x,y], y= a*x + b, {a,b}]] (data);
```

〈결과〉 $y = \frac{5}{4}x - \frac{19}{2}$

메이플 설명3)

① 필요한 패키지로서 with(plots)를 불러온다.

② 실험을 통해 얻어진 데이터를 입력하는데, x데이터를 먼저하고 y데이터를 입력한다.

③ 최소제곱법을 위한 명령어를 입력한다.

④ 이제 Enter 키를 누르면, 답이 나온다.

⑤ 바로 이 결과가 데이터를 가장 잘 표현하는 직선식이다.

(ii) 다음과 같은 방법으로 하여 동일한 결과를 얻을 수도 있다.

```
> with(CurveFitting):
> LeastSquares([[10,3],[12,5],[14,9],[16,10]],x);
```

〈결과〉 $y = \frac{5}{4}x - \frac{19}{2}$

이 결과는 (i) 단계의 것과 동일하다. 이 경우에는,

① 필요한 패키지로서 CurveFitting을 불러온 후

② 순서쌍 $[x, y]$를 차례로 입력하게 된다.

③ 그 결과로는 동일한 식이 나옴을 볼 수 있다.

(iii) 2차식으로 표현하는 방법4):

주어진 데이터를 1차 직선의 형태로 표현하는 것이 항상 제일 좋은 방법은 아닐 수 있다. 이번에는 동일한 데이터를 2차 곡선의 형태로 나타내자.

```
> with(plots): with(stats):
> data:= [[10, 12, 14, 16], [3, 5, 9, 10]]:
```

3) 필요한 수학 내용: 1차 선형식의 모델화를 위한 메이플 명령어

```
> with(plot):with(stats):
> fit[leastsquare[[x,y]]] (data);
```

또는 > fit[leastsquare[[x,y], y=a*x+b,{a,b}]](data);

또는 > with(CurveFitting): LeastSquares([data]);

4) 필요한 수학 내용: 2차 곡선식의 모델화

```
> with(plot):with(stats):
> fit[leastsquare[[x,y], y=a*x^2 +b*x +c, {a,b,c} ]] (data);
```

또는 > with(CurveFitting):

```
> LeastSquares([data], x, curve=a*x^2+b*x+c);
```

```
> fit[leastsquare[[x,y], y=a*x^2 +b*x +c, {a,b,c}]](data);
```

〈결과〉 $y=-\frac{1}{16}x^2+\frac{23}{8}x-\frac{79}{4}$

또는

```
> with(CurveFitting):
> LeastSquares([[10,3], [12,5], [14,9], [16,10]], x, curve=a*x^2 +b*x +c);
```

〈결과〉 $y=-\frac{1}{16}x^2+\frac{23}{8}x-\frac{79}{4}$

(iv) 물론 위의 데이터를 3차식으로 표현할 수도 있어서, 다음과 같이 한다.[5)]

```
> with(plots): with(stats):
> data:= [[10,12,14,16], [3,5,9,10]]:
> fit[leastsquare[[x,y], y=a*x^3 +b*x^2 +c*x +d, {a,b,c,d}]](data);
```

〈결과〉 $y=-\frac{5}{48}x^3+4x^2-\frac{589}{12}x+198$

그러나 특별한 경우를 제외하고는 모델링의 식이 복잡해지면 그만큼 데이터를 분석하기 어려워지므로 대부분의 경우 1차식이나 혹은 2차식 정도로 제한하게 된다.

■ **재해석**

위에서 구한 방정식과 원래 데이터를 그래프를 사용하여 비교해보자.

(1) 원래 데이터를 직선으로 연결한 그래프(그림 6)

```
> with(plots): with(stats):
> PLOT(CURVES([[10,3], [12,5], [14,9], [16,10]]));
```

(2) 1차식으로 모델링한 그래프(그림 7)

```
> restart:
> with(Student[LinearAlgebra]):
> LeastSquaresPlot([[10,3], [12,5], [14,9], [16,10]], x);
```

비교: `> plot(5/4*x -19/2, x=10..16);`

---

5) 3차 곡선식의 모델화:

```
> fit[leastsquare[[x,y], y=a*x^3+b*x^2+c*x+d, {a,b,c} ]] (data);
```

(3) 2차식으로 모델링한 그래프(그림 8)

```
> plot(-1/16*x^2 + 23/8*x -79/4, x=-5..50);
```

(4) 3차식으로 모델링한 그래프(그림 9)

```
> plot(-5/48*x^3+4*x^2-589/12*x+198, x =10..16);
```

또한, 조금 넓은 범위 $-5 \le x \le 20$에서 다시 그려보자(그림 10).

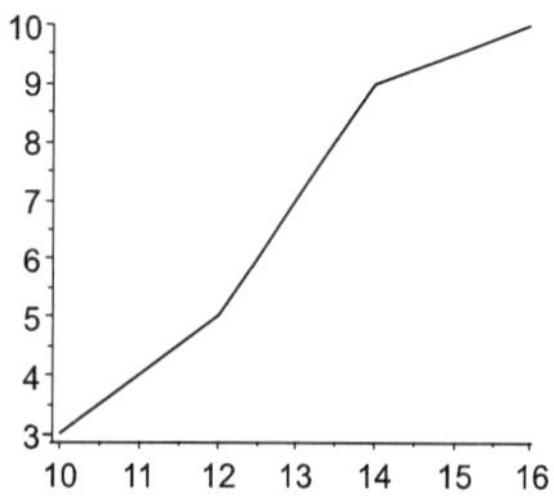

그림 6 원 데이터의 꺾은선 그래프

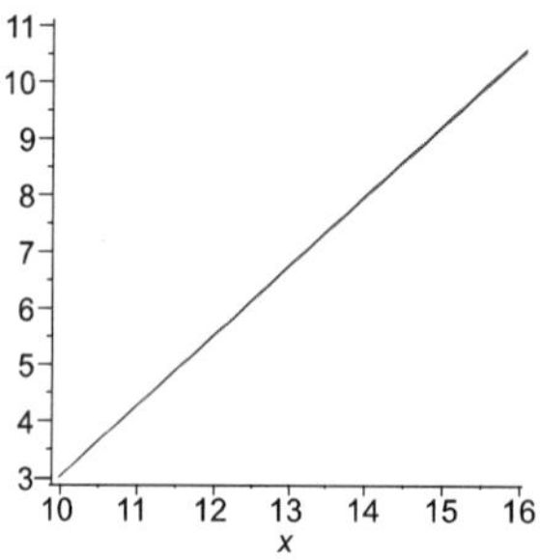

그림 7 1차식 모델링

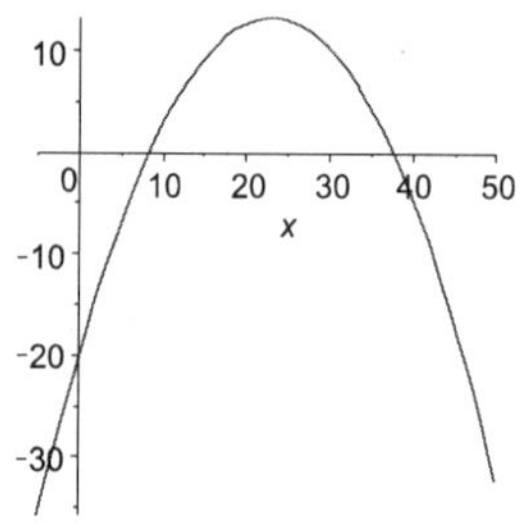

그림 8 2차식 모델링

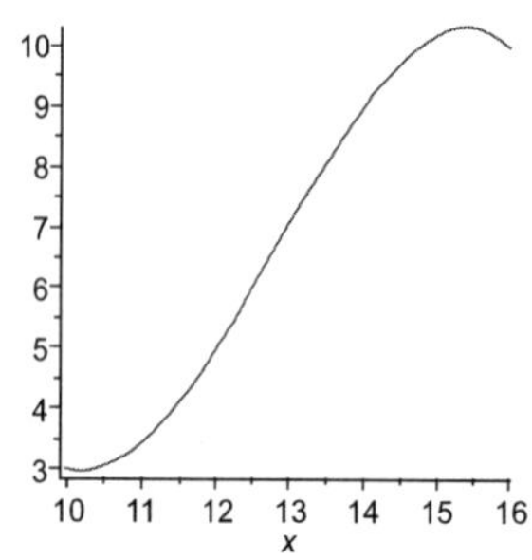

그림 9 3차식 모델링

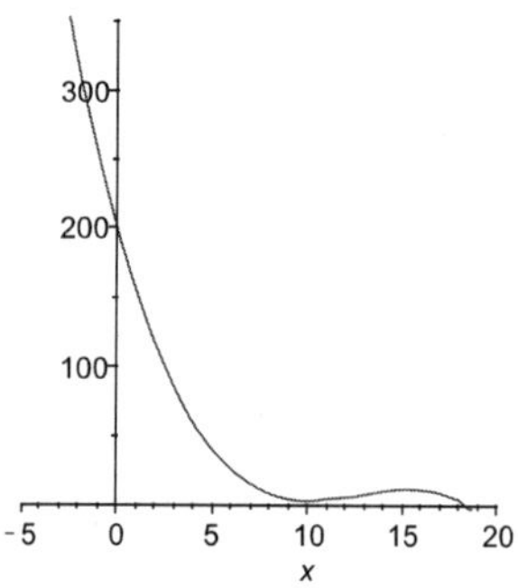

그림 10 3차식 모델링 범위 $-5 \le x \le 20$

(5) 이제, 위에서 분석한 세 가지 형태의 모델들

$$1\text{차식 모델: } f_1(x) = \frac{5}{4}x - \frac{19}{2},$$

$$2\text{차식 모델: } f_2(x) = -\frac{1}{16}x^2 + \frac{23}{8}x - \frac{79}{4},$$

$$3\text{차식 모델: } f_3(x) = -\frac{5}{48}x^3 + 4x^2 - \frac{589}{12}x + 198$$

중에서 어느 것이 더욱 유효한지는 절대오차의 합[6] $J(a,\ b)$를 구하여 비교하면 된다. 방정식 $y = ax + b$에서 절대오차는

$$e_i = |y_i - y(x_i)| = |y_i - (ax_i + b)|$$

이며, $J(a,\ b)$이 작을수록 좋은 식이다. $J(a,\ b)$를 계산하자.

- $f_1(x) = \frac{5}{4}x - \frac{19}{2}$에 대해:

$$\begin{aligned} J_1 &= e_1^2 + e_2^2 + e_3^2 + e_4^2 \\ &= \left|3 - \left(\frac{5}{4}(10) - \frac{19}{2}\right)\right|^2 + \left|5 - \left(\frac{5}{4}(12) - \frac{19}{2}\right)\right|^2 \\ &\quad + \left|9 - \left(\frac{5}{4}(14) - \frac{19}{2}\right)\right|^2 + \left|10 - \left(\frac{5}{4}(16) - \frac{19}{2}\right)\right|^2 \\ &= \frac{3}{2} \end{aligned}$$

- $f_2(x) = -\frac{1}{16}x^2 + \frac{23}{8}x - \frac{79}{4}$에 대해:

$$\begin{aligned} J_2 &= \left|3 - \left(-\frac{1}{16}(10^2) + \frac{23}{8}(10) - \frac{79}{4}\right)\right|^2 + \left|5 - \left(-\frac{1}{16}(12^2) + \frac{23}{8}(12) - \frac{79}{4}\right)\right|^2 \\ &\quad + \left|9 - (-\frac{1}{16}(14^2) + \frac{23}{8}(14) - \frac{79}{4})\right|^2 + \left|10 - (-\frac{1}{16}(16^2) + \frac{23}{8}(16) - \frac{79}{4})\right|^2 \\ &= \frac{5}{4} \end{aligned}$$

- $f_3(x) = -\frac{5}{48}x^3 + 4x^2 - \frac{589}{12}x + 198$에 대해:

$$\begin{aligned} J_3 &= \left|3 - \left(-\frac{5}{48}(10^3) + 4(10^2) - \frac{589}{12}(10) + 198\right)\right|^2 \\ &\quad + \left|5 - \left(-\frac{5}{48}(12^3) + 4(12^2) - \frac{589}{12}(12) + 198\right)\right|^2 \\ &\quad + \left|9 - \left(-\frac{5}{48}(14^3) + 4(14^2) - \frac{589}{12}(14) + 198\right)\right|^2 \\ &\quad + \left|10 - \left(-\frac{5}{48}(16^3) + 4(16^2) - \frac{589}{12}(16) + 198\right)\right|^2 \\ &= 0 \end{aligned}$$

6) 필요한 수학 내용: $J_A = e_1^2 + e_2^2 + e_3^2 + \cdots$이며 이때 $e_i = |y_i - f(x_i)|$이다.

J_3값이 가장 작으므로, 3차 곡선의 모형식이 가장 적절한 모델링이라고 판단된다.

(6) 실제로 3차 모델식 $f_3(x) = -\dfrac{5}{48}x^3 + 4x^2 - \dfrac{589}{12}x + 198$에 $x = 10,\ 12,\ 14,\ 16$을 대입하면

$$f_3(10) = 3,\ f_3(12) = 5,\ f_3(14) = 9,\ f_3(16) = 10$$

이 되어서 오차가 0이며, 주어진 데이터를 완벽히 표현하는 방정식임을 알 수 있다.

■ 한편, 엑셀 프로그램을 사용하여 직선의 방정식을 만들 수도 있다.

(i) 위에서 엑셀로 시작한 데이터를 마우스로 클릭한 후

(ii) [삽입-차크-분산형]을 선택하면 아래(왼쪽)와 같은 그래프를 얻는다.

(iii) 데이터 위의 한 점에 마우스를 대고 오른쪽 버튼을 사용하여 [추세선 추가-선형]을 선택하면 다음과 같은 직선(오른쪽)이 나온다.

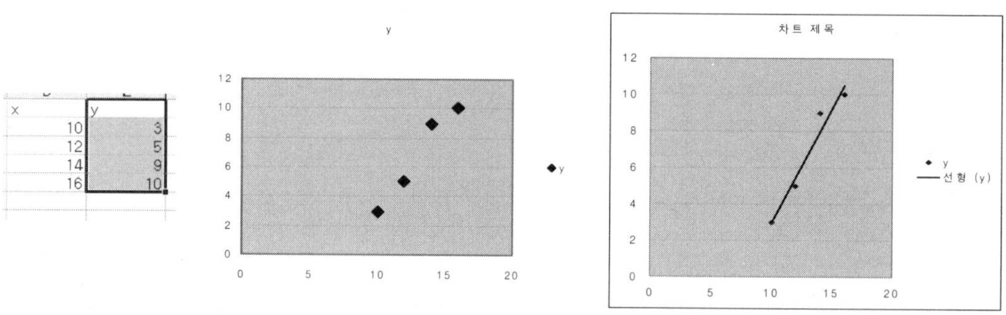

(iv) 다시 한 번, 직선 위에 마우스를 대고 오른쪽 버튼을 누르면 [추세선서식-선형-옵션-수식을 차트에 표기]를 차례로 선택하면 다음의 결과를 얻게 된다.

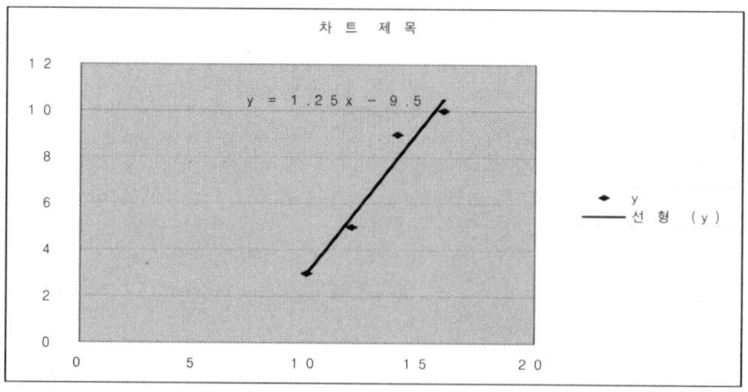

다시 말해 주어진 데이터를 직선의 식으로 분석하면

$$y = 1.25x - 9.5$$

가 된다는 것으로서, 이 결과는 메이플을 사용하여 계산한 직선식인

$$y = \frac{5}{4}x - \frac{19}{2} = 1.25x - 9.5$$

와 정확히 일치한다.

(v) 위에서 선택한 [추세선서식-선형] 대신 [추세선-다항식-차수 2-옵션-수식을 차트에 표시]를 순서대로 선택하면 다음과 같은 2차 모델링 식을 얻게 된다.

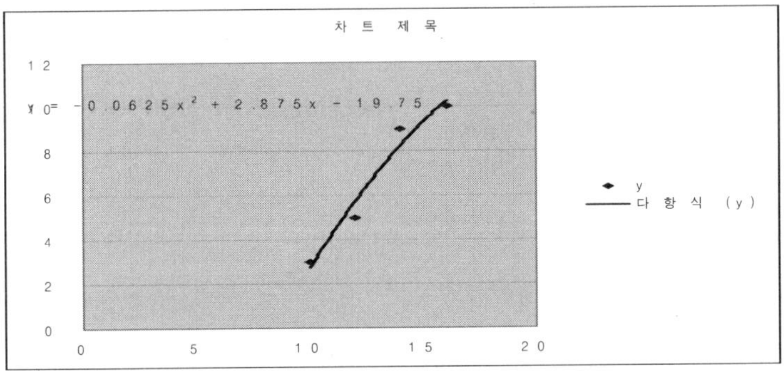

엑셀을 사용하여 얻은 2차 식은

$$-0.0625x^2 + 2.875x - 19.75$$

이다. 이 결과는 앞서 메이플을 사용하여 모델화한 2차 방정식의 식

$$y = -\frac{1}{16} + \frac{23}{8}x - \frac{79}{4} = -0.0625x^2 + 2.875x - 19.75$$

와 동일하다.

■ 문제 상황 7

1790년부터 1950년까지 한 지역의 인구수의 변화를 조사한 표이다.

x	1950	1940	1930	1920	1910	1900
y	150,697,000	131,669,000	122,775,000	105,711,000	91,972,000	75,995,000
x	1890	1880	1870	1860	1850	1840
y	62,948,000	50,156,000	38,558,000	31,443,000	23,192,000	11,069,000
x	1830	1820	1810	1800	1790	
y	12,566,000	9,638,000	7,240,000	5,308,000	3,929,000	

이 데이터를 바탕으로 1990년의 인구수를 예측해보자.

■ **문제의 이상화 및 자료수집**

이 데이터의 상황을 눈으로 확인하기 위해 메이플을 사용하여 그래프를 그려보자.

```
> data:= [[1950, 150697000], [1940, 131669000], [1930, 122775000],
[1920, 105711000], [1910, 91972000], [1900, 75995000],
[1890, 62948000], [1880, 50156000], [1870, 38558000], [1860, 31443000],
[1850, 23192000], [1840, 11069000], [1830, 12566000], [1820, 9638000],
[1810, 7240000], [1800, 5308000], [1790, 3929000]]:
> with(plots):
> plot(data, x=1780.. 1960, y= 3800000..160000000, style=point,
color=red);
```

눈으로 볼 때, 이러한 데이터는 2차 곡선으로 표현하는 것이 적절해 보인다(그림 11).

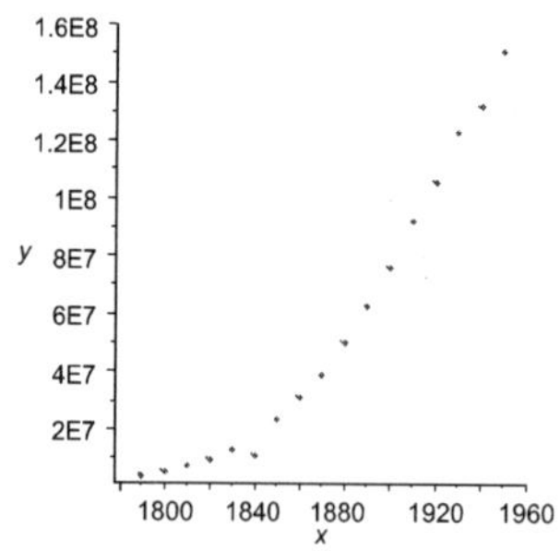

그림 11 데이터

■ **수학적 모델 형성과 문제 해결**

(1) 데이터를 1차식으로 표현해보자.

```
> data1:= [[1950, 1940, 1930, 1920, 1910, 1900, 1890, 1880, 1870, 1860,
1850, 1840, 1830, 1820, 1810, 1800, 1790], [150697000, 131669000,
122775000, 105711000, 91972000, 75995000, 62948000, 50156000,
38558000, 31443000, 23192000, 11069000, 12566000, 9638000, 7240000,
5308000, 3929000]]:
> with(stats):
> fit[leastsquare [[x,y]]] (data1);
```

〈결과〉 $y = \dfrac{96071825}{102}x - \dfrac{87022558375}{51}$

(2) 모델링식과 비교를 해보기 위해, 하나의 평면에 데이터(빨간색 점)와 직선 식(파란색 직선)을 함께 그려보자(그림 12).

```
> m1:= plot(data, x=1780.. 1960, y= 3800000..160000000, style=point,
color=red):
> m2:= plot(96071825/102*x -87022558375/51, x=1780.. 1960,
y= 3800000..160000000, color=blue):
> with(plots): display(m1, m2);
```

(3) 그런데 주어진 데이터(빨간 색 점들로 표시됨)는 1차 직선의 형태보다는 곡선으로 표현되는 것이 더욱 적당할 것으로 보인다. 데이터를 2차 식으로 표현해보자.

```
> fit[leastsquare[[x,y],y=a*x^200+b*x+c], {a,b,c}] (data);
```

〈결과〉 $y=\dfrac{1358165}{228}x^2-\dfrac{41350700675}{1938}x+\dfrac{6172509553000}{323}$

(4) 모델링된 식과 비교를 해보기 위해, 하나의 평면에 데이터(빨간색 점)와 1차 직선(파란색 직선), 그리고 2차 곡선(초록색 곡선)을 함께 그려보자(그림 13).

```
> m3:= plot(1358165/228*x^2 -41350700675/1938*x
  +6172509553000/323, x=1780.. 1960, y= 3800000 ..160000000,
  color= green):
> with(plots): display(m1, m2, m3);
```

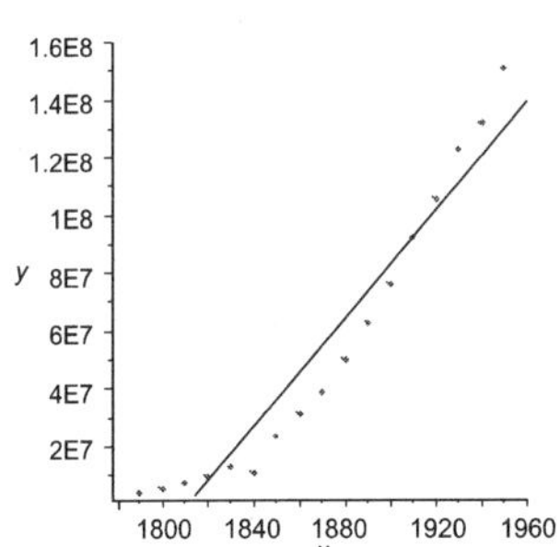

그림 12 데이터와 1차 식 모델링

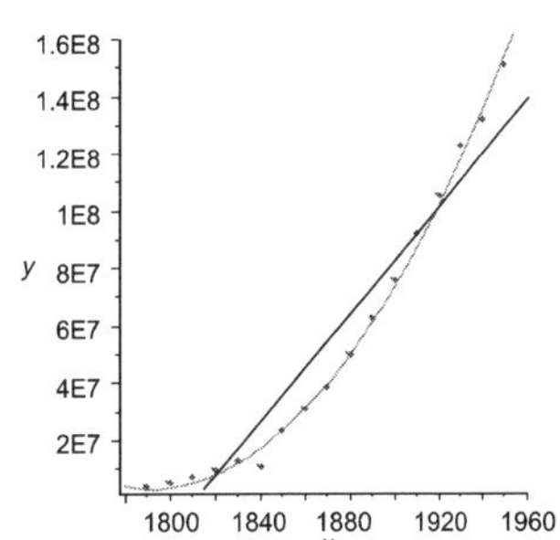

그림 13 데이터와 1, 2차 식 모델링

이 그래프에서 볼 수 있듯이, 주어진 데이터를 1차 식으로 표현하는 것 보다는 2차 식의 곡선 모양이 데이터의 특성을 더욱 잘 표현하고 있다고 판정할 수 있다.

(5) 동일한 데이터를 3차식으로 분석할 수도 있을까? 어떠한 차이가 있을까?

```
> fit[leastsquare [[x,y], y= a*x^3 + b*x^2 +c*x + d], {a,b,c,d}] (data);
```

〈결과〉 $y = -\dfrac{218339}{11628}x^3 + \dfrac{8458485}{76}x^2 - \dfrac{1268847146825}{5814}x + \dfrac{7229025104500}{51}$

(6) 데이터(빨간색 점)와 1차직선(파란색), 그리고 2차곡선(초록색), 그리고 3차곡선(검은색)을 하나의 평면에 함께 그려서 가장 적절한 모델링을 판정해보자(그림 14).

```
> m4:= plot(-218339/11628*x^3 +8458485/76*x^2
-1268847146825/5814*x+7229025104500/51,
x=1780.. 1960, y= 3800000..160000000,
color= black):
> with(plots): display(m1, m2, m3, m4);
```

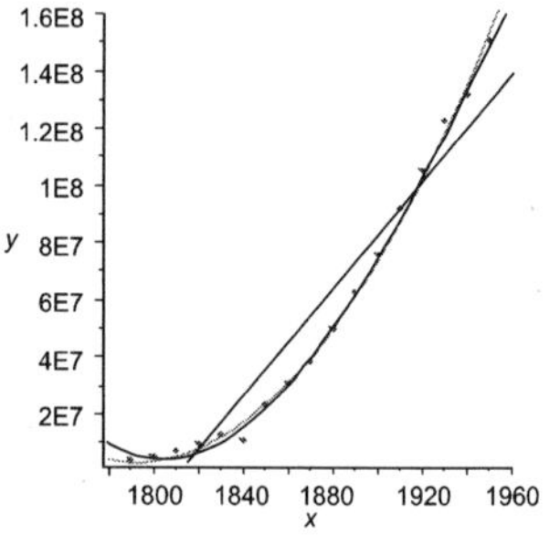

그림 14

이 결과로부터, 2차 식과 3차 식은 영역 $1780 \le x \le 1960$에서 거의 동일한 것으로 보인다.

(7) 참고

$$2\text{차 방정식: } y = \frac{1358165}{228}x^2 - \frac{41350700675}{1938}x + \frac{6172509553000}{323}$$

과

$$3\text{차 방정식: } y = -\frac{218339}{11628}x^3 + \frac{8458485}{76}x^2 - \frac{1268847146825}{5814}x + \frac{7229025104500}{51}$$

은 다음 그래프에서 보듯이 전혀 다른 유형이지만, 특별히 영역 $1780 \le x \le 1960$에서는 "거의 동일한 형태"인 것을 볼 수 있다.

두 곡선의 그래프를 각각 그려보자(그림 15, 그림 16).

```
> plot(1358165/228*x^2-41350700675/1938*x+6172509553000/323,
x=-10000..10000);
> plot(-218339/11628*x^3+8458485/76*x^2-1268847146825/5814*x
+7229025104500/51, x=-10000..10000);
```

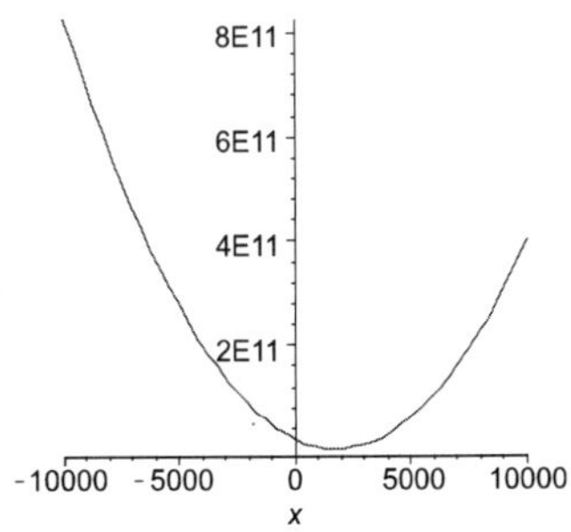

그림 15

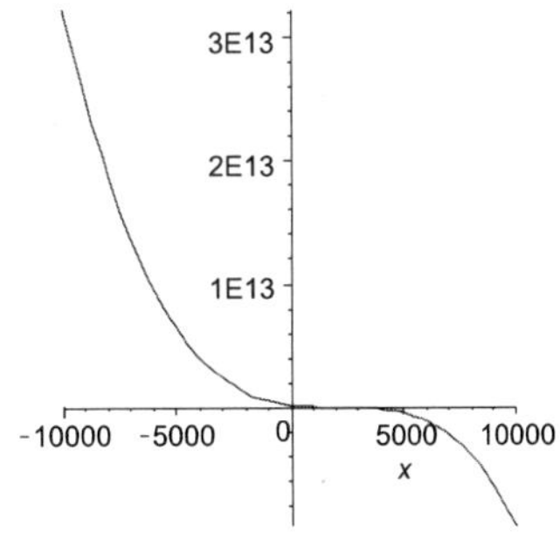

그림 16

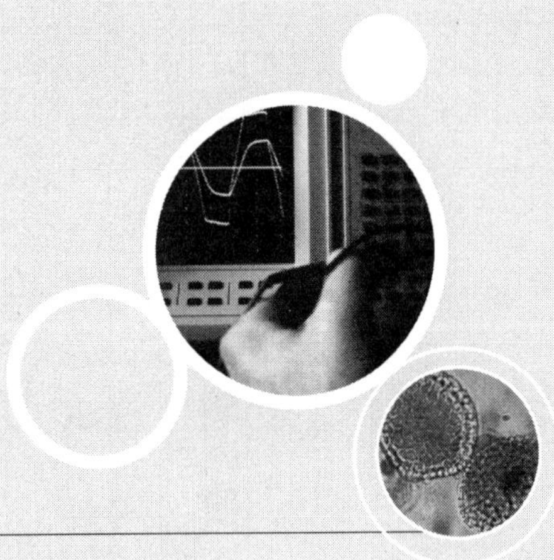

제4장

데이터 분석 – 비선형

4.1 기초 수학: 유리함수

분수함수 $y=\dfrac{1}{x}$ 그래프의 대응표를 엑셀을 이용하여 그려보자.

x	$\cdots$	-3	-2	-1	0	1	2	3	$\cdots$
y	$\cdots$	$-\dfrac{1}{3}$	$-\dfrac{1}{2}$	-1		1	$\dfrac{1}{2}$	$\dfrac{1}{3}$	$\cdots$

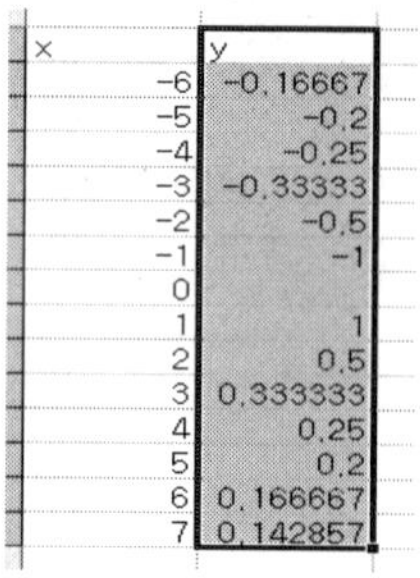

x	y
-6	-0.16667
-5	-0.2
-4	-0.25
-3	-0.33333
-2	-0.5
-1	-1
0	
1	1
2	0.5
3	0.333333
4	0.25
5	0.2
6	0.166667
7	0.142857

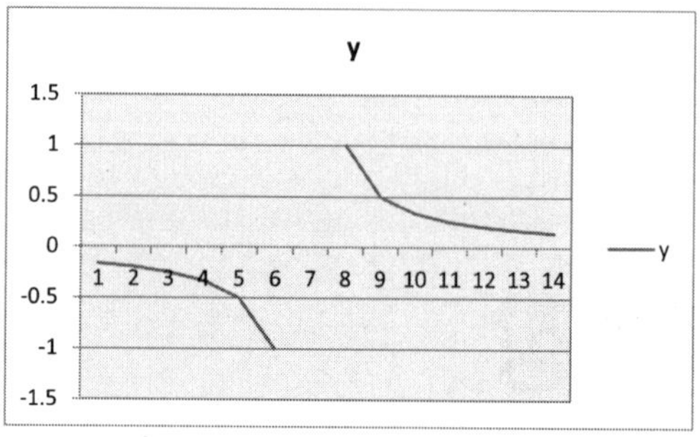

분수함수 $y=\dfrac{a}{x}$ $(a \neq 0)$의 그래프는 a의 부호에 따라 다음과 같이 된다.

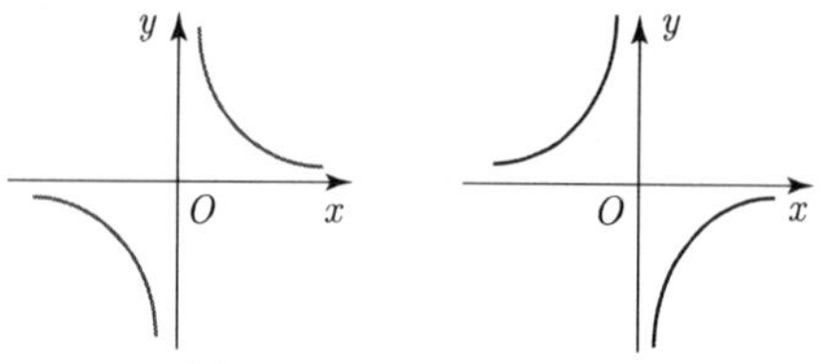

$a>0$ $\qquad$ $a<0$

위와 같은 유형의 곡선을 **쌍곡선**이라 하고, 쌍곡선이 점점 가까이 가는 일정한 직선을 **점근선**이라 한다(여기서는 $x=0$, $y=0$).

정리 4.1

$y=\dfrac{a}{x}$ $(a \neq 0)$의 그래프는 다음의 성질을 갖는다.

(1) 정의역과 치역은 모두 0을 제외한 실수 전체의 집합이다.

(2) 원점에 대하여 대칭이다.

(3) 점근선은 x축과 y축이다.

(4) $a>0$이면 그래프는 제1, 3사분면에 있고, $a<0$이면 그래프는 제2, 4사분면에 있다.
(5) $|a|$의 값이 클수록 그래프는 원점에서 멀어진다.

예제 4.1 다음 함수의 그래프를 좌표평면 위에 그려라.

(1) $y=\dfrac{1}{x}$ (2) $y=-\dfrac{1}{x}$

(3) $y=\dfrac{4}{x}$ (4) $y=\dfrac{1}{4x}$

풀이 ▸ (1)

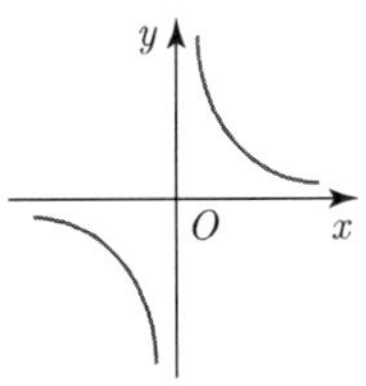

(2)

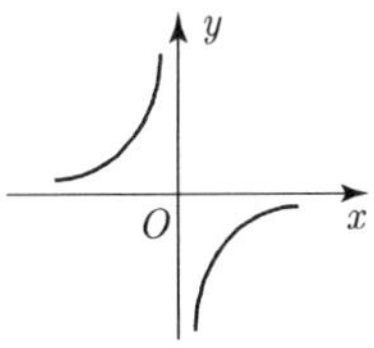

(3)

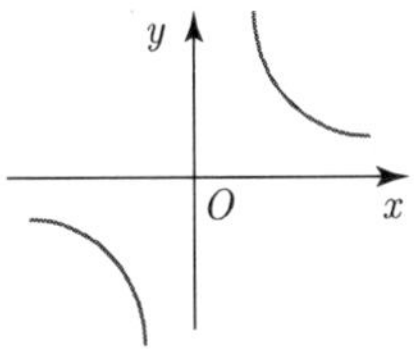

(4)

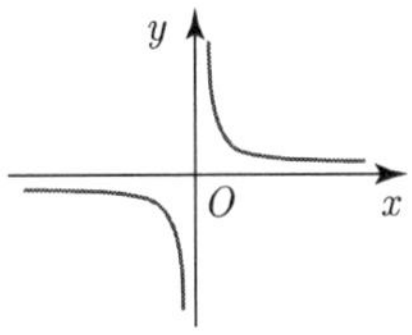

예제 4.2 $1\le x\le 2$일 때, 함수 $y=-\dfrac{2}{x}$에서 최댓값과 최솟값을 구하여라.

풀이 ▸ 범위 $1\le x\le 2$에서 그래프는 제4사분면에 있다(위의 그래프 중에서 두 번째 유형이다). $x=2$일 때 최댓값 -1, $x=1$일 때 최솟값 -2를 갖는다.

| 분수함수의 일반형 $y=\dfrac{a}{x-p}+q\ (a\ne 0)$의 그래프 |

정리 4.2

$y=\dfrac{a}{x-p}+q\ (a\ne 0)$의 그래프는 $y=\dfrac{a}{x}$의 그래프를 x축의 방향으로 p만큼, 또한 y축의 방향으로 q만큼 평행이동한 것이다. 이 그래프들은 다음과 같은 성질을 갖는다.
(1) 정의역은 $\{x|x\ne p$인 실수$\}$, 치역은 $\{y|y\ne q$인 실수$\}$이다.
(2) 점 (p, q)에 대하여 대칭이다.
(3) 점근선은 두 직선 $x=p$, $y=q$이다.

예제 4.3 다음 함수의 그래프를 그리고 점근선을 구하여라.

(1) $y=\dfrac{1}{x-2}+3$ (2) $y=\dfrac{-2}{x+3}+1$

풀이 ▸ (1) 점근선 $x=2,\ y=3$ (2) 점근선 $x=-3,\ y=1$

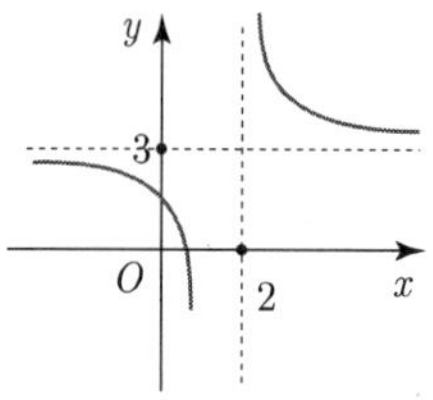

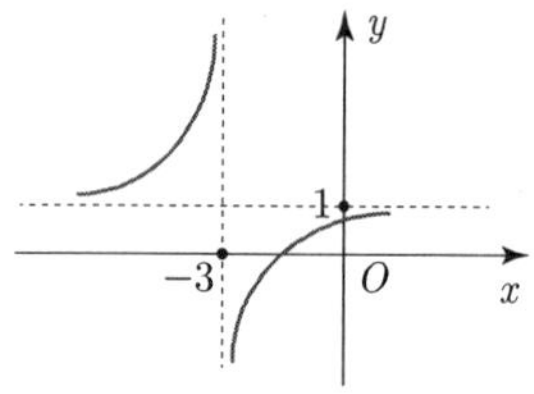

예제 4.4 다음 함수의 점근선을 말하여라.

(1) $y=\dfrac{3x-2}{x-1}$ (2) $y=\dfrac{-2x+3}{x-2}$ (3) $y=-\dfrac{4x+1}{x+2}$

풀이 ▸ (1) $y=\dfrac{3x-2}{x-1}=\dfrac{3(x-1)+1}{x-1}=\dfrac{3(x-1)}{x-1}+\dfrac{1}{x-1}=\dfrac{1}{x-1}+3$이므로 점근선은 $x=1,\ y=3$이다.

이와 유사하게 (2) $x=2,\ y=-2$, (3) $x=-2,\ y=-4$이다.

예제 4.5 $y=\dfrac{1}{x-3}-2$의 그래프는 $y=\dfrac{1}{x}$의 그래프와 어떤 위치에 있는가?

풀이 ▸ x방향으로 3만큼, 또한 y방향으로 -2만큼 평행이동한 것이다.

예제 4.6 $y=\dfrac{ax+1}{-x+b}$의 그래프의 점근선이 $x=2,\ y=-1$일 때, 상수 a, b의 값을 구하여라.

풀이 ▸ 점근선은 (분모)$=0$를 계산하여 $x=b=2$가 된다. 또한 분모와 분자의 계수 비교에서 $y=-a=-1$, 즉 $a=1$이 된다. 따라서 $a=1,\ b=2$이다.

또는 다음과 같이 계산할 수 있다.

$$y=\frac{ax+1}{-x+b}=-\frac{ax+1}{x-b}=-\frac{a(x-b)+ab+1}{x-b}$$
$$=-\left(\frac{a(x-b)}{x-b}+\frac{ab+1}{x-b}\right)=\frac{-(ab+1)}{x-b}-a$$

이므로 점근선 $x=b$이며 $y=-a$이다. 그런데 점근선이 $x=2$, $y=-1$이라고 했으므로 $x=b=2$이고 $y=-a=-1$이다. 따라서 $a=1$, $b=2$이다.

예제 4.7 $y=-\dfrac{1}{x-2}-1$의 그래프는 $y=\dfrac{a}{x}$의 그래프를 x축, y축의 양의 방향으로 각각 b, c만큼 평행이동한 그래프이다. 이때, a, b, c의 값을 구하여라.

풀이 ▸ $a=-1$, $b=2$, $c=-1$

예제 4.8 다음에 주어진 그래프와 $y=\dfrac{1}{x}$의 관계를 설명하라.

(1) $y=-\dfrac{1}{x}$ (2) $y=\dfrac{1}{x}+1$ (3) $y=\dfrac{1}{x-2}$ (4) $y=\dfrac{1}{x-2}+1$

풀이 ▸ (1) (2) (3) (4)

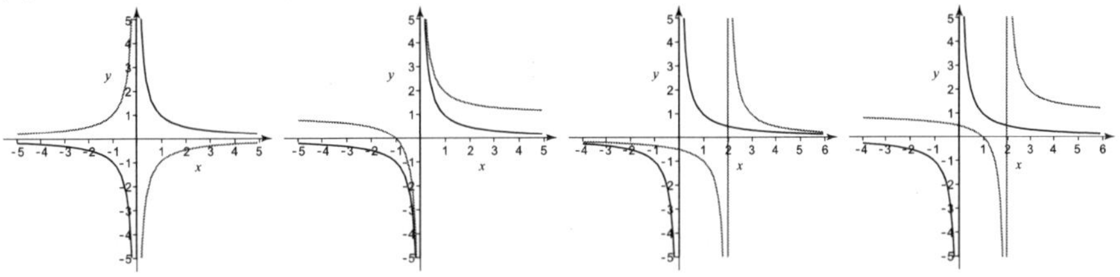

(1) $y=-\dfrac{1}{x}$는 $y=\dfrac{1}{x}$을 x축 대칭한 것으로, 점근선은 $x=0$, $y=0$이다. 또한 정의역과 치역은 0이 아닌 실수전체의 집합이다.

(2) $y=\dfrac{1}{x}+1$은 $y=\dfrac{1}{x}$을 y축으로 1 평행이동한 것으로, 점근선은 $x=0$, $y=1$이다. 정의역은 0이 아닌 실수전체의 집합이고, 치역은 $\{y \mid y \neq 1$인 실수$\}$이다.

(3) $y=\dfrac{1}{x-2}$는 $y=\dfrac{1}{x}$를 x축으로 2 평행이동 한 것으로, 점근선은 $x=2$, $y=0$이다. 정의역은 $\{x \mid x \neq 2$인 실수$\}$이고, 치역은 0이 아닌 실수전체의 집합이다.

(4) $y=\dfrac{1}{x-2}+1$는 $y=\dfrac{1}{x}$를 x축으로 2, y축으로 1 평행이동한 것으로, 점근선은 $x=2$, $y=1$이다. 정의역과 치역은 각각 $\{x \mid x \neq 2$인 실수$\}$, $\{y \mid y \neq 1$인 실수$\}$이다.

▶ **연습문제**

1. $f(x)=x^2+1$, $g(x)=x+3$에 대하여 $(f\circ g)(1)$과 $(g\circ f)(x)$를 구하여라.

2. $y=-2x^2+4x-7$의 그래프를 그리고, 꼭지점의 좌표와 축의 방정식을 구하여라.

3. 모든 실수값 x에 대하여 $(k+3)x^2+2(k+3)x+2>0$이 성립할 k값의 범위를 구하여라.

4. $y=x^2+ax+b$와 직선 $y=x$가 점 $(1, 1)$에서 접할 때, 상수 a, b를 구하여라.

5. $y=\dfrac{3x-1}{x-1}$의 그래프를 그리고 점근선의 방정식을 말하여라.

6. $f(x)=\dfrac{ax+b}{x+c}$의 역함수가 $f^{-1}(x)=\dfrac{4x-3}{-x+2}$일 때, 상수 a, b, c의 값을 구하여라.

7. $y=\dfrac{ax+b}{x-c}$의 그래프가 점 $(2, 1)$에 대하여 대칭이고, 점 $(1, -1)$을 지날 때, $a+b+c$의 값을 구하여라.

8. 함수 $f(x)=-x+3$, $g(x)=2x+1$에 대하여 $((f^{-1}\circ g)^{-1}\circ f^{-1})(3)$의 값을 구하여라.

9. $y=\dfrac{ax+b}{x+c}$의 그래프의 점근선이 $x=2$, $y=3$이고, 점 $(1, 2)$를 지날 때, $a+b+c$의 값을 구하여라.

수학이야기 쌍곡선

우리는 일상생활에서도 '희비의 쌍곡선'이라는 말을 종종 사용한다. 어떤 게임의 승자와 패자는 항상 기쁨과 슬픔의 쌍곡선을 그리게 된다는 뜻이다.

쌍곡선은 이차곡선의 한 종류인데, 타원도 또한 원도 이차곡선이다. 타원의 정확한 정의는 두 초점으로부터 거리의 합이 같은 점들의 집합이다. 그런데 이를 좌표평면 상에 함수식(방정식)으로 표현하면 x, y에 관한 이차식이 된다. 또한 원이란 평면상의 한 정점으로부터 동일한 거리에 있는 점들의 집합을 말하는데 이 경우도 x, y에 관한 이차방정식으로 표현된다. 그렇다면 왜 이차곡선이란 이름을 얻게 되었는지를 분명히 볼 수 있다. 실제로 이차곡선에는 원, 타원, 포물선, 쌍곡선이 있다.

그러나 이차곡선을 처음으로 엄밀하게 정의한 사람은 기원전 320년경의 고대 그리스 수학자 메나에크머스(Menaechmos, 375～325 기원전)이라고 한다. 그는 직원뿔을 한 모선에 수직인 평면으로 잘랐을 때의 단면의 모양이 직원뿔의 꼭지각의 크기에 따라 서로 다른 형태로 나온다는 것을 알아차렸다. 직원뿔의 꼭지각이 예각일 때 잘린 단면은 타원이며, 직각일 때는 포물선, 그리고 둔각일 때는 쌍곡선이 된다는 것이다. 이차곡선들이 하나의 원뿔로부터 만들어졌기 때문에 우리는 종종 원뿔곡선 또는 원추곡선이라고 부르기도 한다.

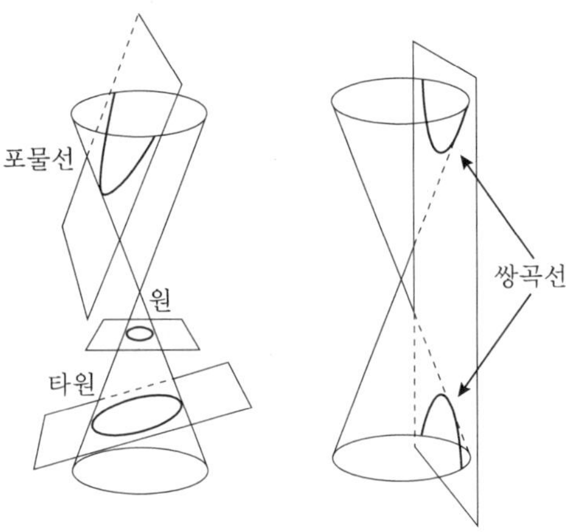

그후 100년경이 지나 아폴로니우스(Apollonios, 262～200 기원전)는 그림과 같이 여러 가지 기울기의 평면으로 잘라서 생기는 단면에서 메나에크머스의 원뿔곡선(타원, 포물선, 쌍곡선)을 얻었다. 아폴로니우스는 8권으로 된 그의 저서 《원뿔곡선론》에서 원뿔곡선의 정의와 축, 초점, 접선, 점근선 등에 대하여 논하였다. 그는 이 책에서 하나의 직원뿔을 여러 가지 평면으로 잘랐을 때, 이 평면이 밑면과 이루는 각이 모선과 밑면과 이루는 각보다 작은가, 같은가, 큰가에 따라서, 포물선은 '같다'는 뜻에서 'parabola'의 원어를 썼고, 타원은 '부족하다'는 뜻의 'ellipse', 쌍곡선은 '초과하다'는 뜻의 'hyperbola'를 썼다.

그러나 이런 용어들은 그 이전의 초기 피타고라스학파가 사용한 용어로서 넓이를 설명하기 위해서였다. 피타고라스학파는 한 선분 위에 직사각형의 한 변의 끝과 선분의 한 끝이 일치하도록 할 때, 갖다 댄 직사각형의 변의 길이가 선분의 길이보다 짧은 경우, 일치하는 경우, 긴 경우에 따라 그리스어로 ellipsis(부족하다), parabola(일치한다), hyperbola(초과한다)라고 하였는데, 이것이 타원(ellipse), 포물선(parabola), 쌍곡선(hyperbola)의 어원이 되었다.

4.2 비선형 곡선의 선형화

마이클리스-멘텐(Michaelis Menten kinetic)반응식은 생화학, 생리학, 생물학 등에서 효소 반응 속도를 표현하기 위해 사용되는 기본 관계로서 다음과 같다.

$$\text{반응속도 } v = \frac{VX}{K+X}$$

여기서 X는 기질농도이고, V와 K은 주어진 반응에 의해 결정되는 활동 상수이다.

이러한 분수함수 형태를 잘 이해하기 위해 몇몇 쉬운 함수로부터 시작해보자.

■ 그래프 예제 1

분수식 $v(X) = \dfrac{10X}{2+X}$에 대해, 함수의 정의역, X절편, v절편, 수평점근선 그리고 수직 점근선을 찾아보고, 함수의 그래프를 그려라.

■ 문제 해결:

(1) 메이플을 사용하여 $v = \dfrac{10X}{2+X}$의 그래프를 그려보자.

X와 v의 범위를 $-10 < X < 10$와 $-30 \le v \le 30$로 제한해보자.

```
> plot(10*X /(2+X), X=-10..10, v =-30..30);
```

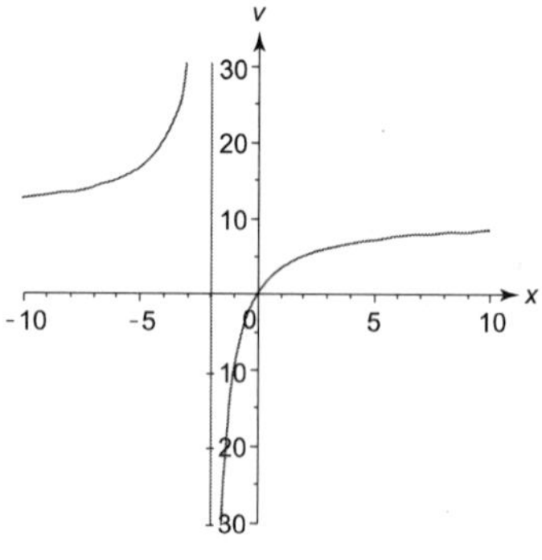

(2) 컴퓨터를 사용하지 말고 수학적 방법으로 그려보자.

우선 $y = f(x)$의 그래프를 그릴 때 필요한 정보들이 무엇인지 기억하자.

- 정의역 결정
- y축의 절편
- x축의 절편
- 수평점근선
- 수직점근선
- $x=\pm\infty$ 또는 $x=0$에서 y값 결정
- 정의역: $X=-2$일 때 분모가 0이므로 함수의 정의역은 $X=-2$를 제외한 전체 실수축인 $(-\infty, -2)\cup(-2, \infty)$이다.
- 절편: $v(0)=0$이다. $\frac{10X}{2+X}=0$일 때 $X=0$이므로, 원점 (0, 0)을 지난다.
- 점근선: $X=-2$근방에서 함수의 변화를 보기 위해, 극한을 계산한다.

$$\lim_{X\to-2^+}\frac{10X}{2+X}=\infty,\quad \lim_{X\to-2^-}\frac{10X}{2+X}=-\infty$$

  이므로, $X=-2$에서 수직점근선이 생긴다.

- 한편 $X=\infty$에서와 $X=-\infty$에서의 함수값은

$$\lim_{X\to\infty}\frac{10X}{2+X}=10=\lim_{X\to-\infty}\frac{10X}{2+X}$$

  이므로, $X=\pm\infty$에서 수평점근선 10이 생긴다.

그러므로 그래프는 다음의 쌍곡선 모양이 된다.

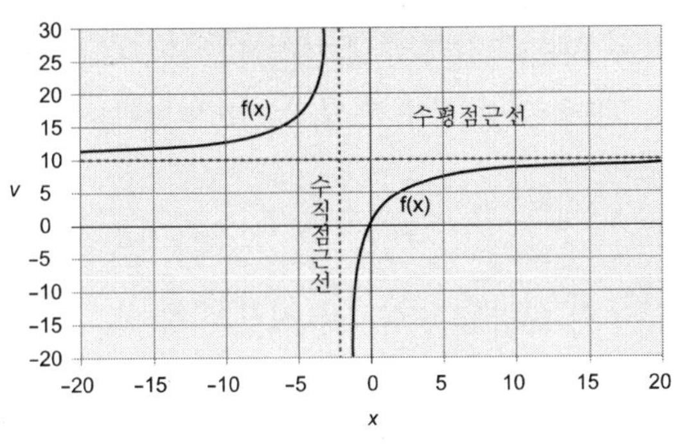

■ 그래프 예제 2

분수식 $v(X)=\frac{1}{X}$, $v(X)=\frac{1}{X-5}$ 그리고 $v(X)=\frac{5}{X-5}$의 그래프에 대해 알아보자. 또한 $v(X)=\frac{X}{X-5}$를 그려라.

■ **문제 해결:**

(1) $y=\dfrac{1}{X}$, $y=\dfrac{1}{X-5}$, $y=\dfrac{5}{X-5}$을 메이플로 그래프를 그려보자.

```
> plot(1/X, X=-10..10, y=-10..10);
> plot(1/(X-5), X=-5..15, y=-10..10);
> plot(5/(X-5), X=-5..15, y=-10..10);
```

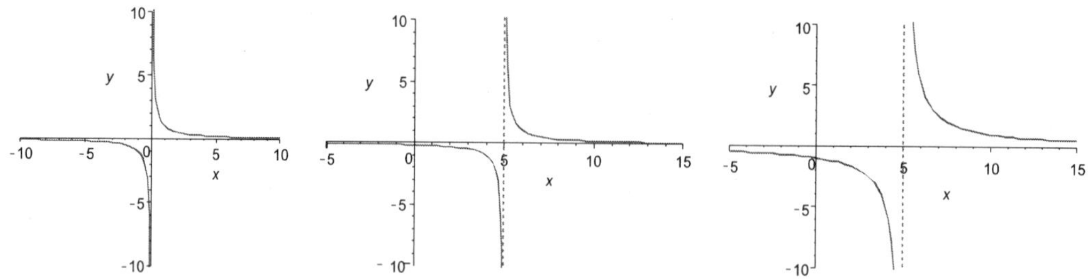

(2) 이제 $y=\dfrac{X}{X-5}$의 그래프를 수학의 형식적으로 그려보자.

$$\frac{X}{X-5}=\frac{(X-5)+5}{(X-5)}=1+\frac{5}{X-5}$$

이므로, $\dfrac{1}{X-5}$의 그래프에 5를 곱한 후, y축으로 1만큼 평행이동한 형태이다.

쌍곡선 함수를 분석하는 것은 직선 함수를 분석하는 것보다 복잡하다. 그러므로 쌍곡선 함수가 주어졌을 때 그것을 직선 함수의 형태로 변형하려는 노력을 하게 된다.

■ **그래프 예제 3**

쌍곡선 함수 $v=\dfrac{X}{X-5}$의 모양을 변형시켜 직선의 형태로 바꾸어라.
또한 함수 $v=\dfrac{5X}{X+5}$에 대해서도 해보자.

■ **문제 해결:**

(1) 식 $v=\dfrac{X}{X-5}$로부터, 양변의 역수를 취하자.

$$\frac{1}{v}=\frac{X-5}{X}=1-\frac{5}{X}$$

이제 $\frac{1}{v}=y$와 $\frac{1}{X}=x$로 치환하면, 1차 식 $y=-5x+1$이 된다.

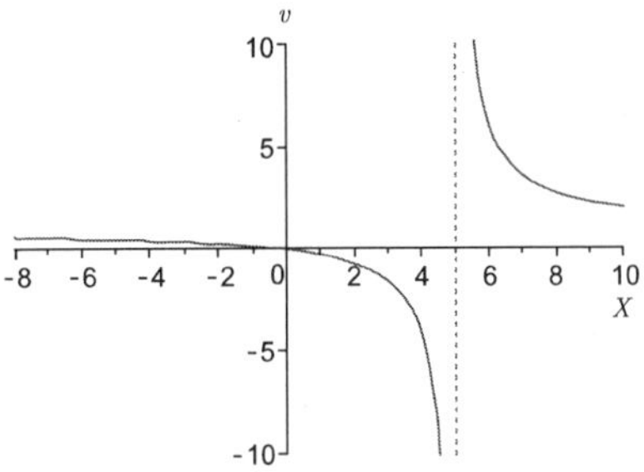

$v=\frac{X}{X-5}$

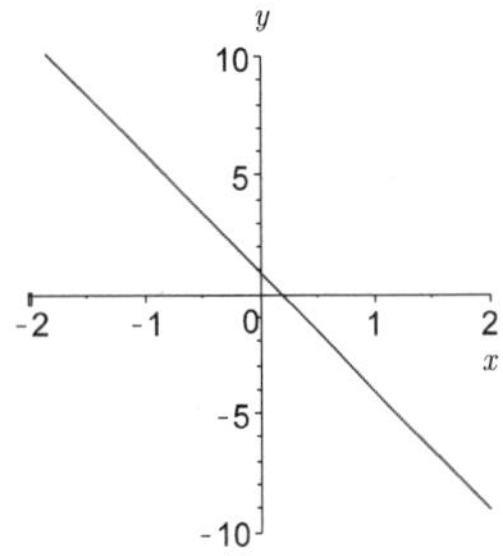

$y=-5x+1$

(2) 메이플을 사용하여 $v=\frac{5X}{X+5}$의 쌍곡선 그래프를 그리자.

```
> plot(5*X/(X+5), x=-20..10, v=-10..20);
```

주어진 식 $v=\frac{5X}{X+5}$를 역수 취한 후, $\frac{1}{v}=y$와 $\frac{1}{X}=x$로 치환하자.

$$\frac{1}{v}=\frac{X+5}{5X}=\frac{1}{5}+\frac{1}{X}$$

그러면 1차 식 $y=x+\frac{1}{5}$가 된다.

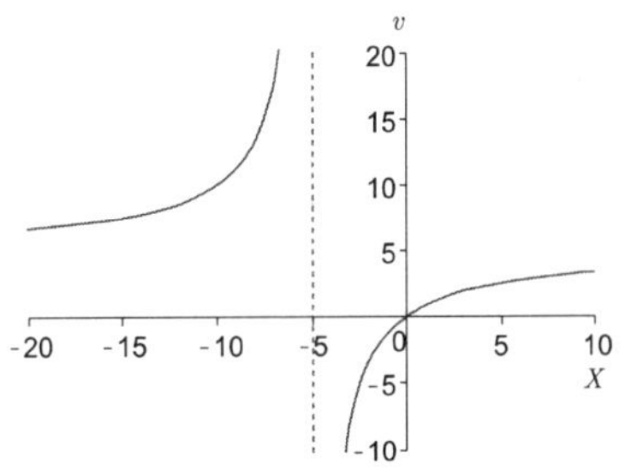

$v=\frac{5X}{X+5}$

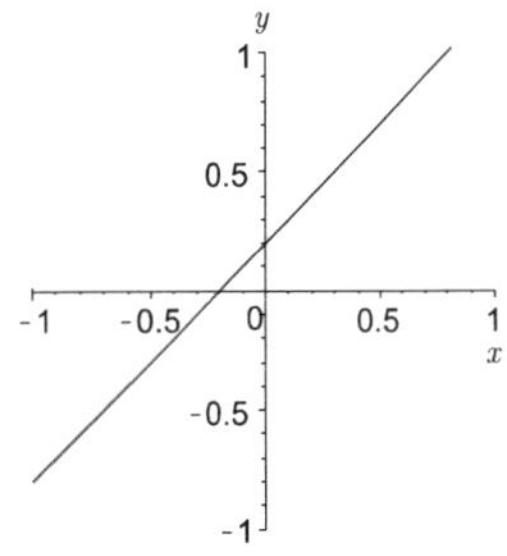

$y=x+\frac{1}{5}$

■ **재해석**

$\frac{1}{X}=x$로 치환하였으므로 다음 관계가 성립한다.

$$X=0 \Leftrightarrow \frac{1}{x}=0 \Leftrightarrow x \to \infty$$

이는 $v=\frac{5X}{X+5}$에서 $X \to \infty$(또는 $X \to 0$)인 값을 계산하는 대신, $y=x+\frac{1}{5}$에서 $x \to 0$ (또는 $x \to \infty$)인 값을 계산하여 역수를 취함으로서 얻을 수 있다.

> 화학반응 속도: 효소에 의해 촉매 작용되는 화학반응의 속도 v는 마이클리스-멘텐 반응 속도 식으로 표현된다.
>
> $$v=\frac{VX}{K+X}$$
>
> 이때 X는 기질의 농도이고, V와 K는 특정한 효소에 관계하는 양의 상수이다.

마이클리스-멘텐 반응 속도 $v=\frac{VX}{K+X}$는 위의 여러 예제를 통해 보았듯이 쌍곡선의 형태를 취한다. 이 식의 역수를 택하면

$$\frac{1}{v}=\frac{K+X}{VX}=\frac{1}{V}\left(\frac{K+X}{X}\right)=\frac{1}{V}\left(\frac{K}{X}+1\right)=\frac{K}{V}\frac{1}{X}+\frac{1}{V}$$

이며, 여기서 $\frac{1}{v}$과 $\frac{1}{X}$를 각각 y와 x로 치환하면 x에 관해 기울기가 $\frac{K}{V}$인 1차 식

$$y=\frac{K}{V}x+\frac{1}{V}$$

가 된다. 또한 각각의 x, y절편은 $-\frac{1}{K}$과 $\frac{1}{V}$이다. 이 직선식을 라인위버-버크 직선 (Lineweaver-Bulk Plot)라고 부른다.

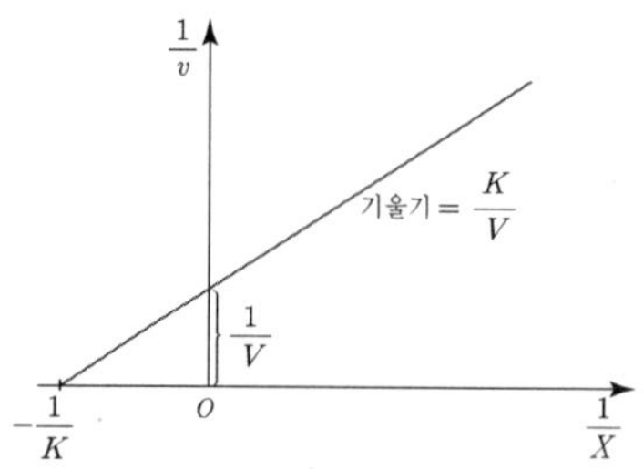

마이클리스-멘텐 식을 그대로 사용하면 쌍곡선 형태이기 때문에, 식을 분석하여 반응속도

가 더 이상 증가되지 않는 하나의 점을 결정하기가 어려울 뿐만 아니라, V와 K를 구하는 것도 어렵다. 일반적으로 곡선보다는 직선상에서 값을 구하는 것이 훨씬 쉽기 때문에, 쌍곡선으로 표현되는 마이클리스-멘텐 식의 변수를 역수로 취하여 얻은 직선식(라인위버-버크식)을 많이 이용한다.

■ 문제 상황 1

효소의 반응속도 식 $V=\dfrac{20[S]}{10+[S]}$에서 $y=\dfrac{1}{V}$와 $x=\dfrac{1}{[S]}$로 치환한 라인위버-버크 직선 $y=f(x)$를 만들어라. x, y절편과 직선의 기울기를 구하여라.

■ 문제의 이상화 및 자료 수집:

점근선을 찾기 위해, $[S]$를 무한히 크게 택하면 V는 대략 20의 근사값을 갖는다.

$$\lim_{[S]\to\infty}\frac{20[S]}{10+[S]}=20$$

따라서 수평 점근선은 $V=20$이다.

■ 수학적 모델 형성과 문제 풀이

라인위버-버크 직선을 구해보자.

$x=\dfrac{1}{[S]}$, $y=\dfrac{1}{V}$이므로 $[S]=\dfrac{1}{x}$와 $V=\dfrac{1}{y}$을 식 $V=\dfrac{20[S]}{10+[S]}$에 대입하면

$$\frac{1}{y}=\frac{20(1/x)}{10+(1/x)}=\frac{20}{10x+1}$$

가 되어, 다음의 직선식을 얻는다.

$$y=\frac{10x+1}{20}=\frac{1}{2}x+\frac{1}{20}$$

■ 재해석

$[S]$가 무한히 커질 때는 $x=0$인 때이므로, 식 $y=\dfrac{1}{2}x+\dfrac{1}{20}$에서 구하면 $y=\dfrac{1}{20}$이 된다. 그런데 $V=\dfrac{1}{y}$이므로, $V=20$이 되어 앞에서 계산한 것과 동일한 결과를 얻었다.

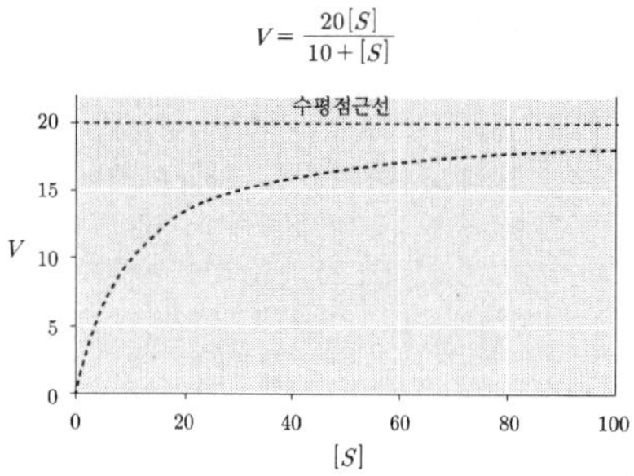

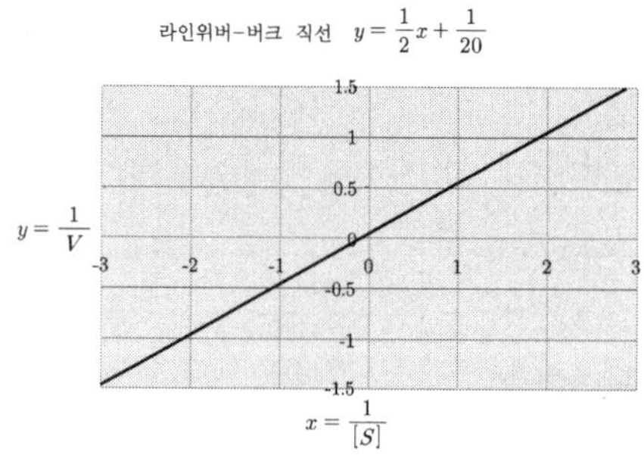

■ 문제 상황 2

화학자가 실험을 구상하기 위해 기질농도 c의 값에 여러 변화를 주어 속도 $v = \dfrac{K_{\max} c}{k_n + c}$를 측정하여 아래의 표를 얻었다고 하자. 상수값 $K_{\max}$와 k_n를 찾아보자.

기질농도 $c(nM)$	5.	10.	20.	40.	50.	100.
반응속도 $v(nM/\mathrm{min})$	0.068	0.126	0.218	0.345	0.39	0.529

■ 문제의 이상화 및 자료수집

마이클러스-멘텐 반응 속도식에서 효소의 속도 v대 기질의 농도 c의 관계를 그래프로 그려보라.

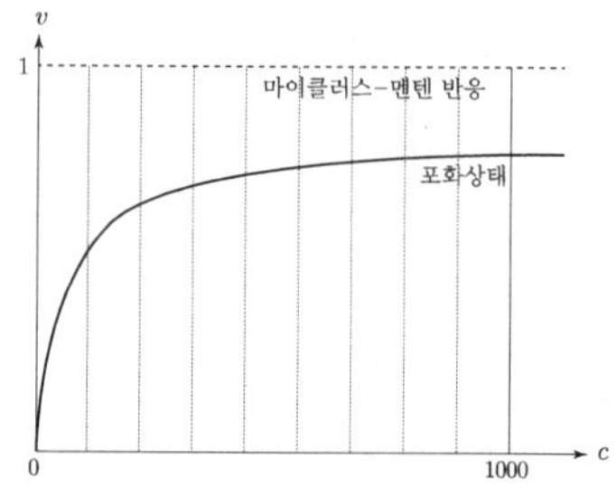

그래프로 보듯이, 이 방정식은 선형(1차 식)이 아니며, 기질의 양이 적은 곳에서 증가하면 반응 속도도 증가한다. 그러나 무작정 계속 증가하는 것은 아니어서 기질 농도가 아주 높은 단계까지 증가하면 반응 속도는 포화된다.

■ 수학적 모델 형성과 문제 해결

원래의 관계식 $v = \dfrac{K_{\max} c}{k_n + c}$을 변형시키기 위해, 역을 택하면

$$\frac{1}{v} = \frac{k_n + c}{K_{\max} c} = \frac{k_n}{K_{\max} c} + \frac{c}{K_{\max} c} = \left(\frac{k_n}{K_{\max}}\right)\frac{1}{c} + \frac{1}{K_{\max}}$$

이 된다. 변수 치환 $y = \dfrac{1}{v}$, $x = \dfrac{1}{c}$을 하면

$$y=\left(\frac{k_n}{K_{\max}}\right)x+\frac{1}{K_{\max}}$$

을 얻는다. 다시 한 번의 치환

$$a=\frac{k_n}{K_{\max}},\quad b=\frac{1}{K_{\max}}$$

을 통해, x에 관한 직선의 식(라인위버-버크 직선식)을 얻는다.

$$y=ax+b$$

이제 그래프를 통해 y절편에 해당하는 b의 값과 기울기 $a=\frac{k_n}{K_{\max}}$를 먼저 구하면, 원하는 상수값 $K_{\max}$와 k_n는 다음과 같이 된다.

$$K_{\max}=\frac{1}{b},\quad k_n=aK_{\max}=\frac{a}{b}$$

배위체와 수용체의 결합(UBC)

살아있는 세포막은 **수용체**(receptor)라고 불리는 분자 모형들로 둘러 싸여 있다. 수용체들은 각 세포 환경의 특성을 감지할 수 있는 다양한 크기와 형태를 갖는다. **배위체**(ligand)라고 불리는 작은 분자들은 자신의 특정한 수용체와 결합하여(가령 자물쇠와 열쇠처럼), 세포 내에서 반응을 한다. 가령 인슐린 수용체는 신체 내의 여러 세포에서 발견되는데 인슐린과 결합하여 세포가 포도당을 대사할 수 있도록 영향을 미친다.

배위체와 자신의 수용체의 결합은 가역 작용도 한다. 어떤 경우에든 몇몇 개의 배위체는 결합하며, 조금 후에 여러 개의 자유 배위체들이 결합된 배위체의 개수에 대한 평형상태에 도달한다. 수용체와 그것의 배위체 사이의 친화도를 조사하며 또한 특정한 형태의 세포에서의 수용체의 평균 개수를 계산하는 것은 생물학적으로 흥미로운 문제이다.

■ 문제 상황 3

실험을 통해 자유 배위체의 개수와 결합 배위체의 개수를 다음처럼 측정하였다.

자유 배위체 개수	10	60	110	160	360
결합 배위체 개수	169	540	690	750	890

데이터를 분석하여 수용체의 개수와 그들 사이의 상관관계를 그래프로 나타내보자.

세포막의 **수용체**(receptors)가 **배위체**(ligands)라는 작은 분자와 결합을 하는지 안하는지를 보여주는 그림으로서, k_{on}과 k_{off}는 결합과 비결합의 비율과 관계있는 상수이다.

■ 문제의 이상화 및 자료수집

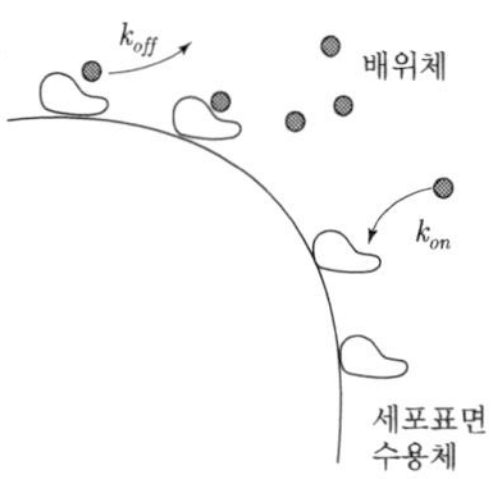

우선 필요한 기호를 정하자.

c = 자유 배위체(즉, 어떠한 수용체와도 결합하지 않은)의 개수. 이 값은 직접 측정될 수 있다.

R = 세포표면 수용체의 총 개수. 이 값을 미리 알 수는 없지만, 실험 데이터를 사용하여 알 수 있다.

r = 세포면의 자유 수용체의 개수. 일반적으로 이 값을 구하는 것이 문제이다.

x = 세포면의 배위-수용 결합체의 개수. 실험을 통해 x는 측정될 수 있다. 만약 하나의 배위체가 하나의 수용체와 매 시간 결합을 한다면 x는 결합한 수용체의 개수가 된다. 즉 수용체의 총 개수는 자유로운 것과 결합한 것의 개수의 합 $R = r + x$이 된다.

배위-수용 결합체가 형태를 이루기 위해, 두 분자들이 반드시 서로를 찾아낸 후 결합을 형성해야 한다. 만약 배위체가 많이 있다면 충돌 현상이 빈번히 일어난다. 마찬가지로 수용체가 많은 경우라면 결합되는 비율이 높아진다. 이것은 (생)화학반응에 많이 적용되는 하나의 가정을 만들게 된다.

> **질량작용의 법칙**(Law of Mass Action): 반응물질이 복합체를 만들기 위해 결합하는 화학반응에서, 결합하는 비율은 반응물의 농도의 생성물에 비례한다.

배위-수용 결합의 경우, 질량작용의 법칙은 배위체가 수용체에 결합하는 비율은 가능한 배위체 분자의 개수 r과 자유로운 수용체 분자의 개수 c의 곱에 비례한다.

$$\text{결합된 분자의 개수의 비율} = k_{on}rc \quad (k_{on}\text{: 비례상수})$$

결합하지 않은 배위체는 위의 관계식과 반대되는 화학 작용식으로 표시된다. 즉 결합하지 않은 배위체의 비율은 복합체의 개수에 관계지만 자유로운 분자의 개수에는 아무 상관이 없

다. 결합하지 않은 것의 비율은 결합된 수용-배위 복합체의 개수 x에 비례하여,

$$\text{비결합된 분자의 개수의 비율} = k_{off}\, x \quad (k_{off}\text{: 비례상수})$$

이다. 여기서 각 상수들 k_{on}과 k_{off}는 양수이며, 그 비율

$$K_D = \frac{k_{off}}{k_{on}}$$

는 평형 결합상수(equilibrium binding constant)라고 부른다. 실제로 평형상태에서는 결합된 비율과 비결합된 비율의 값이 같아져서

$$\begin{aligned} 0 &= \text{결합된 분자의 개수의 비율} - \text{비결합된 분자의 개수의 비율} \\ &= k_{on} rc - k_{off} x \end{aligned}$$

■ 수학적 모델 형성과 문제 해결

주어진 식 $k_{on}rc - k_{off}x = 0$과 $r = R - x$ 그리고 $K_D = \dfrac{k_{off}}{k_{on}}$를 사용하여

$$x = \frac{k_{on}}{k_{off}} c\, r$$

즉,

$$\frac{x}{c} = \frac{k_{on}}{k_{off}} r = \frac{1}{K_D}(R - x)$$

가 된다. 여기서 $\dfrac{x}{c} = y$로 변수 치환하면 다음의 1차 식을 얻는다.

$$y = \frac{1}{K_D}(R - x) = -\frac{1}{K_D}x + \frac{R}{K_D}$$

주어진 실험 데이터

자유 배위체 개수 c	10	60	110	160	360
결합 배위체 개수 x	169	540	690	750	890

로부터 $y = \dfrac{x}{c}$를 계산하면,

비율=(결합/자유) $y = x/c$	16.900	9.000	6.272	4.687	2.472

를 얻는다. 그러므로 식 $y=\frac{1}{K_D}(R-x)=-\frac{1}{K_D}x+\frac{R}{K_D}$에 다시 대입하면 1차 방정식의 기울기와 y절편을 계산할 수 있다. 연립방정식

$$\begin{cases} 16.9K_D = R-169 \\ 9.0K_D = R-540 \end{cases}$$

을 풀면 $K_D=46.96$이며 $R=962.65$이다. 따라서

$$\text{기울기 } -\frac{1}{K_D}=-0.021\text{이며 } y\text{절편 } \frac{R}{K_D}=20.49$$

가 되어 다음과 같은 직선의 그래프로 표시할 수 있다.

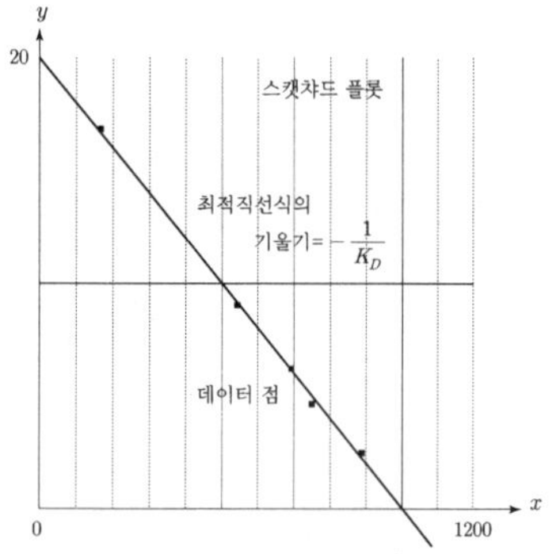

그래프에서 Y축은 자유 배위체에 대한 결합 배위체의 비율 $y=\frac{x}{c}$이며, X축은 결합 배위체의 개수 x이다. 기울기 $-\frac{1}{K_D}$는 배위-수용체의 친화도에 관계하며, X축 절편은 수용체의 총 개수 R이다.

‖ 비선형 곡선의 점근선 ‖

■ 문제 상황 4

이스트 배양 성장을 측정하는 실험을 통해 단위 넓이 당 이스트의 밀도 P가 만족하는 방정식을 알아냈다.

$$P(t)=\frac{10+0.2t^2}{1+0.001t^2} \quad (t\text{: 시간})$$

$P(t)$의 그래프를 그리고, 점근선이 있는지 확인하라.

■ 문제의 이상화 및 자료 수집

구체적으로 $t=0$과 10시 사이에서 이스트 배양의 밀도를 구할 수 있다.

$t=0$일 때 밀도는 $P(0)=\frac{10}{1}=10$이며, $P(10)=\frac{10+0.2(100)}{1+0.001(100)}=\frac{30}{1.1}=27.27$이다.

또한 메이플로 그래프를 그려보자.

```
> plot((10+0.2*t^2)/(1+0.001*t^2), t=0..60);
```

한편, 엑셀로도 그래프를 그려보자.

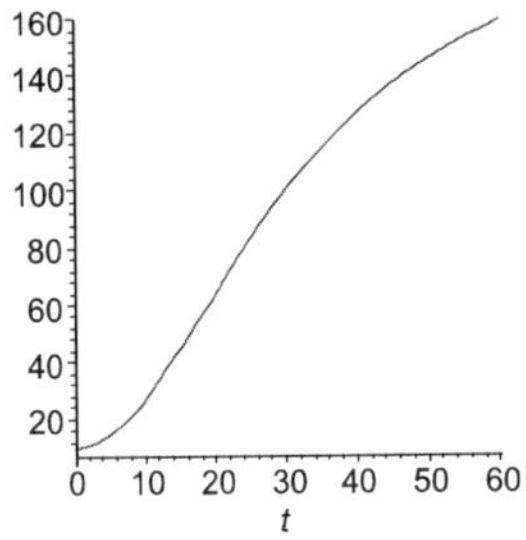

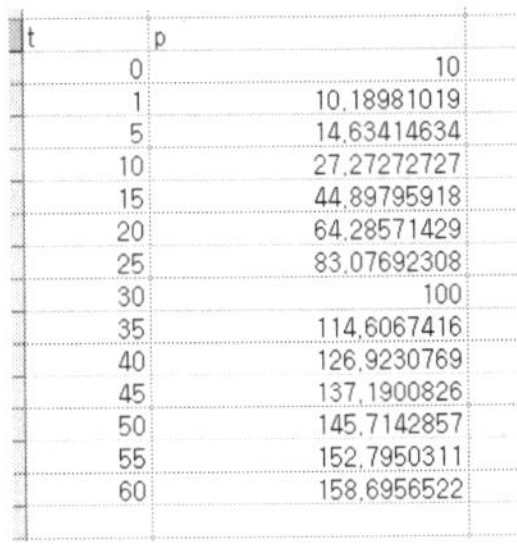

t	p
0	10
1	10.18981019
5	14.63414634
10	27.27272727
15	44.89795918
20	64.28571429
25	83.07692308
30	100
35	114.6067416
40	126.9230769
45	137.1900826
50	145.7142857
55	152.7950311
60	158.6956522

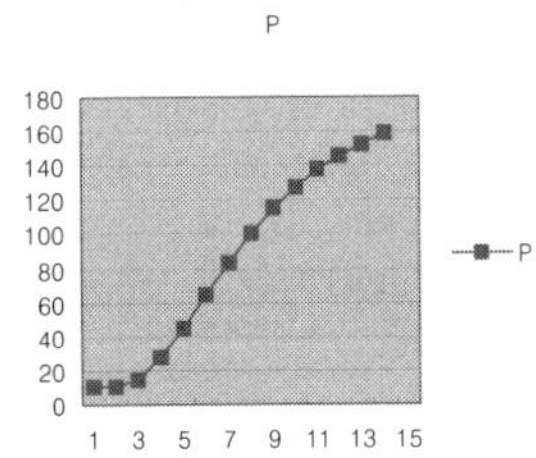

■ **수학적 모델 형성과 문제 풀이**

점근선을 찾기 위해 $t \to \infty$일 때의 극한값을 계산하자.

$$\lim_{t \to \infty} P(t) = \frac{0.2t^2}{0.001t^2} = \frac{0.2}{0.001} = 200$$

이므로 수평 점근선은 $P = 200$이며, 그래프는 다음과 같다.

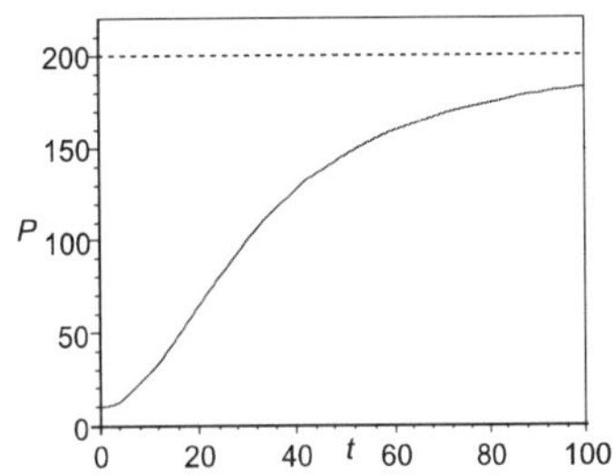

■ **재해석**

이스트는 시간이 흐름에 따라 빠른 속도로 증가하다가 약 100시간쯤 지나면 대략 일정한 밀도값 200을 갖는다.

4.3 비선형 데이터의 분석

앞에서 보았던 것처럼, 어떤 데이터들은 그것들을 설명하기 위해 직선식보다는 곡선의 형태가 더욱 적절한 경우도 있다.

통신사들은 전화통화할 때 깨끗하고 선명한 음질을 전송하기 위해 많은 연구를 하고 있다. 음량이 네트워크를 통해 전달되는 과정에서 어느 정도의 거리를 지나게 되면 그 음량의 크기가 줄어든다. 이러한 문제를 해결하기 위해 적합한 위치에 중계소를 건설해야 한다.

■ 문제 상황 5

통신망을 1km 지날 때마다 최초의 음량 크기가 1% 감소한다. 원활한 통화를 위해, 음량의 세기가 처음 세기의 $\frac{1}{2}$이 되는 곳에 중계소를 설치하는 것이 바람직하다고 판단된다고 할 때, 처음 신호를 보내는 곳으로부터 몇 km 지점에 중계소를 세워야 할까?

■ 문제의 이상화 및 자료 수집

통신망 1km 지날 때마다 음량의 크기는 1km 이전 크기의 99%가 된다. 간단히 하기 위해 최초의 음량을 100이라고 가정하고, 5km 지점까지 음량의 변화를 그래프로 표현해 보자.

거리	1km	2km	3km	4km	5km
음량	0.99×100	$0.99\times(0.99\times100)$ $=(0.99)^2\times100$	$0.99\times((0.99)^2\times100)$ $=(0.99)^3\times100$	$(0.99)^4\times100$	$(0.99)^5\times100$

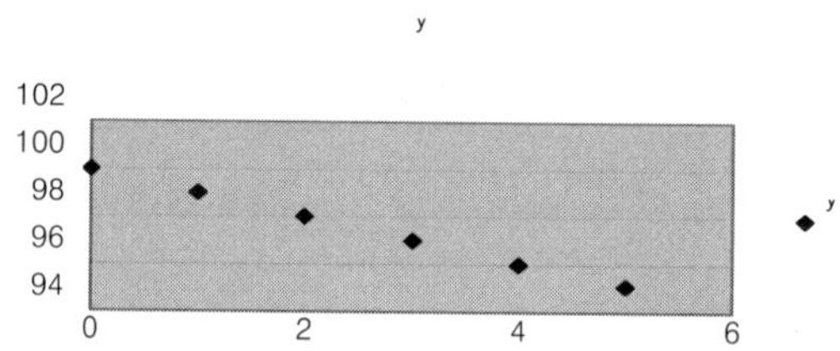

■ 수학적 모델 형성과 문제 풀이

처음 신호의 세기를 a라 하고 표를 만들자.

거리	1km	2km	3km	4km	5km	…	$x$km
음량	$(0.99)a$	$(0.99)^2a$	$(0.99)^3a$	$(0.99)^4a$	$(0.99)^5a$		$(0.99)^xa$

$x$km떨어진 지점에서의 음량의 세기가 최초 것의 $\frac{1}{2}$, 즉 $\frac{1}{2}a$가 되는 것은

$$(0.99)^xa=\frac{1}{2}a$$

을 만족한다. 위의 식 양변에 로그를 취하면,

$$\ln\left((0.99)^x\right)=\ln\left(\frac{1}{2}\right),\ \text{즉}\ x\log 0.99=\log\frac{1}{2}$$

이다. $\log 2 \approx 0.3010$, $\log 9.9 \approx 0.9956$이므로,

$$x=\frac{-\log 2}{\log 0.99}=\frac{-\log 2}{\log\frac{9.9}{10}}=\frac{-\log 2}{\log 9.9-1}=\frac{-0.3010}{0.9956-1}\approx 68.4$$

■ **필요한 수학 내용**

로그의 성질 $\ln(A^B)=B\ln A$ (지수로그에 관한 내용은 제8장에서 자세히 배운다.)

■ **재해석: 해의 확인 및 현실 상황과의 연계**

음량이 크기가 처음의 반으로 줄어드는 곳은 통신망의 길이가 약 68km인 지점이다. 이 모델은 함수 $y=k(0.99)^x$로 표현되는 것으로서, 넓은 범위에서 보면 함수의 유형은 $y=a^x$인 지수함수의 형태이다.

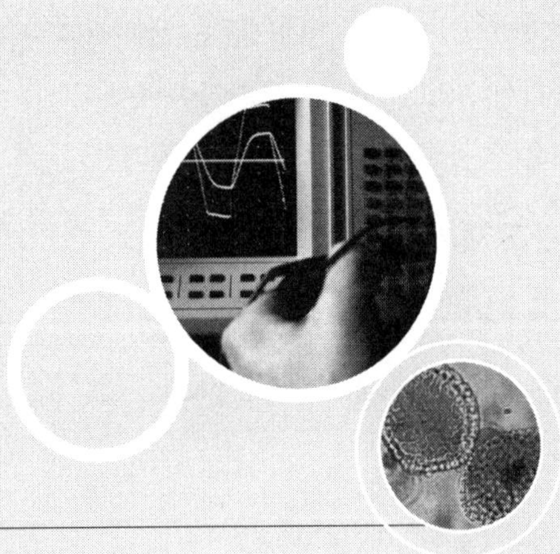

제5장

삼각함수와 급수

5.1 기초 수학: 삼각함수와 급수

자연계의 많은 현상들은 순환한다. 이러한 현상들은 하나 혹은 몇 개의 간단한 주기 함수로 표현될 수 있는데, 그 때 가장 효과적인 것이 사인 sine 함수와 코사인 cosine 함수이다. 여기서 원하는 현상을 표현하기 위해 필요한 것이 주기와 크기 그리고 축 이동을 타당성 있게 결정하는 것이다. 사인과 코사인 함수 등을 포함하여 **삼각함수**라고 부르는데, 이 장에서는 삼각함수의 기본 성질을 알아보자.

‖ 각도재기 ‖

반지름의 길이 r인 원 O에서, 호 AB의 길이가 r이 되는 부채꼴을 만들었을 때 그 중심각 θ를 1라디안(radian)이라 한다.

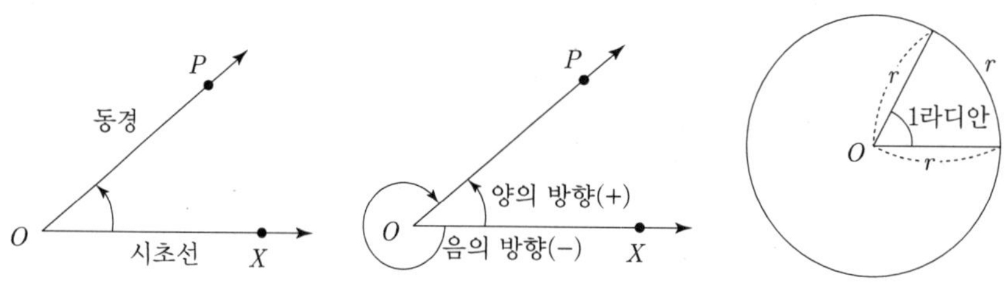

그 부채꼴의 중심각 θ를 도(degree)로 나타내면 다음과 같은 비율 관계가 생긴다.

$$\theta^\circ : 360^\circ = r : 2\pi r$$

그러므로 $\theta^\circ = \dfrac{180^\circ}{\pi}$가 되어,

$$1\text{라디안(radian)} = \frac{180^\circ}{\pi}$$

이다. 라디안을 **호도각**이라고도 부른다.

육십분법	45°	60°	120°	150°	180°	240°	270°	360°	-135°	-300°
호도법	$\frac{1}{4}\pi$	$\frac{1}{3}\pi$	$\frac{2}{3}\pi$	$\frac{5}{6}\pi$	π	$\frac{4}{3}\pi$	$\frac{3}{2}\pi$	2π	$-\frac{3}{4}\pi$	$-\frac{5}{3}\pi$

삼각함수에는 사인(sine), 코사인(cosine), 탄젠트(tangent), 코시컨트(cosecant), 시컨트(secant), 코탄젠트(cotangent)함수의 여섯 종류가 있다.

‖ 삼각함수의 기본 형태 ‖

삼각함수 값의 부호는 각 θ를 나타내는 동경 OP가 몇 사분면에 위치하는지, 즉 θ가 몇 사분면의 각인지에 따라 삼각함수 값의 부호가 결정된다.

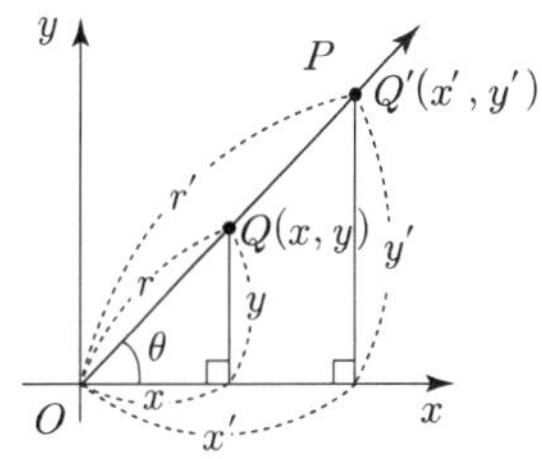

$$\sin\theta = \frac{y}{r},\quad \cos\theta = \frac{x}{r},\quad \tan\theta = \frac{\sin\theta}{\cos\theta} = \frac{y}{x}\ (x \neq 0)$$

$$\operatorname{cosec}\theta = \frac{r}{y}\ (y \neq 0),\quad \sec\theta = \frac{r}{x}\ (x \neq 0),\quad \cot\theta = \frac{x}{y}\ (y \neq 0)$$

예제 5.1 원점 O와 점 $P(4,\ 3)$을 지나는 동경이 나타내는 각을 θ라 할 때 $\sin\theta$, $\cos\theta$, $\tan\theta$, $\operatorname{cosec}\theta$, $\sec\theta, \cot\theta$의 값을 각각 구하여라.

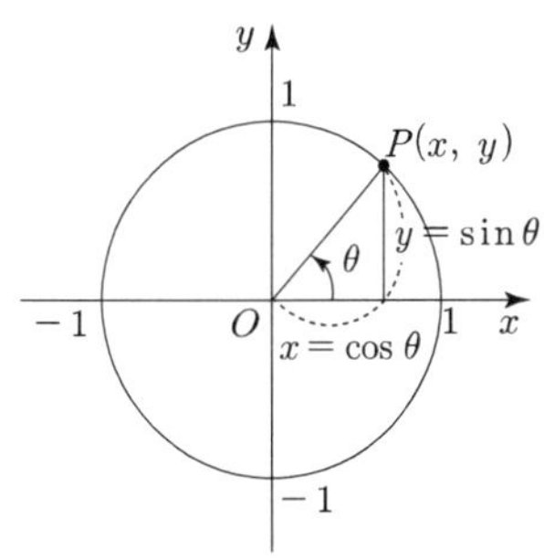

한편, $x^2 + y^2 = r^2$이므로 $\cos^2\theta + \sin^2\theta = 1$이다. 다음을 얻을 수 있다.

$$\sin^2\theta + \cos^2\theta = 1,\ 1 + \tan^2\theta = \sec^2\theta,\ 1 + \cot^2\theta = \operatorname{cosec}^2\theta$$

‖ 삼각함수의 그래프 ‖

좌표평면 위에 원점 O를 중심으로 하는 단위원이 있다. 각이 x인 동경과 단위원이 만난 점 P가 단위원 위를 움직일 때 점 P의 y좌표값의 변화로서 $\sin x$를 정의한다. 그러므로

(1) $y = \sin x$의 정의역은 실수의 집합 $\mathbb{R}$ 이고, $\{y \mid -1 \leq y \leq 1\}$이 치역이다.

(2) $\sin(-x) = -\sin x$이므로 이 함수의 그래프는 원점에 대하여 대칭이다.

(3) 함수의 최댓값은 1이며 최솟값 -1이다. 즉, $-1 \leq \sin x \leq 1$이다.

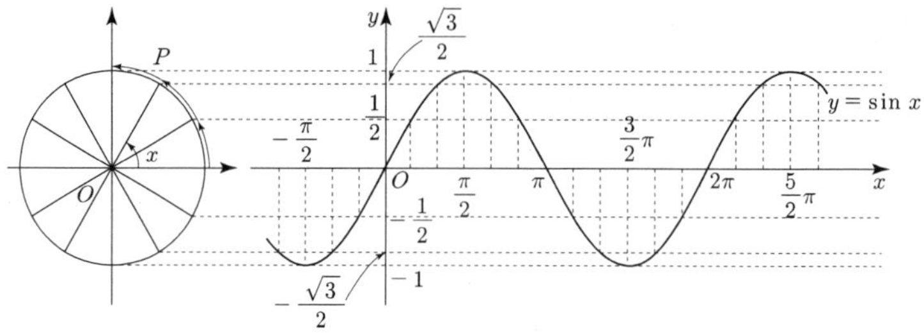

함수 $y=\cos x$의 그래프도 $y=\sin x$의 그래프와 같이 얻을 수 있는데, 단위원의 좌표축을 양의 방향으로 90° 만큼 회전시켜 그린다. 그러므로

(1) $y=\cos x$의 정의역과 치역은 함수 $y=\sin x$와 같다.

(2) 또한 $\cos(-x)=\cos x$이므로 이 함수의 그래프는 y축에 대하여 대칭이다.

(3) 함수의 최대값은 1이며 최소값 -1이다. 즉, $-1 \le \cos x \le 1$이다.

$\sin\left(\dfrac{\pi}{2}+\theta\right)=\cos\theta$이므로 $y=\sin x$의 그래프를 x축 방향으로 $-\dfrac{\pi}{2}$ 만큼 평행이동한 것이 $y=\cos x$의 그래프다.

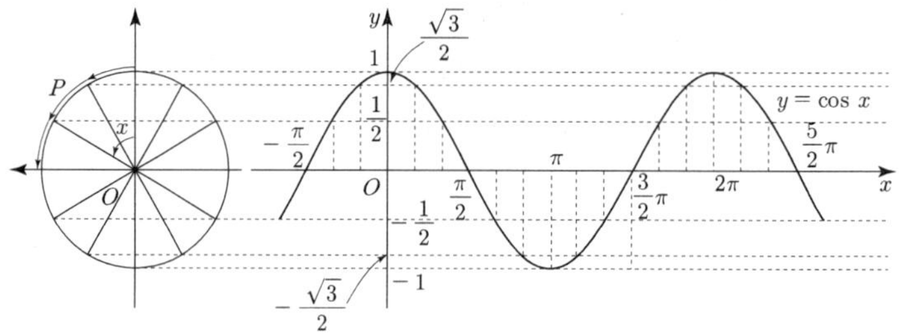

좌표평면 위에 원점 O가 중심인 단위원이 있다. 각이 x인 동경과 단위원이 만나는 점을 P라고 하자. 단위원 위의 점 $(1,\ 0)$에 이 원에 그린 접선과 $\overline{OP}$의 연장선이 만나는 점을 T라 할 때, 점 T의 y 좌표값의 변화로서 $\tan x$를 정의한다. 따라서 함수 $y=\tan x$의 그래프는 다음과 같이 그릴 수 있다.

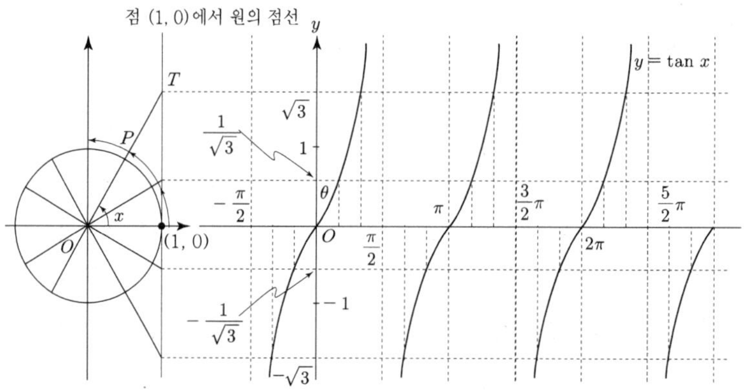

$x=\pm\dfrac{\pi}{2}$, $x=\pm\dfrac{3\pi}{2}$, $\cdots$, 즉 정수 n에 대하여 $x=\dfrac{\pi}{2}+n\pi$에서 $\tan x$의 값은 정의되지 않는다. 그러므로

(1) 정의역은 $\left\{x \,\middle|\, x\neq\dfrac{\pi}{2}+n\pi,\ n:\ \text{정수}\right\}$이고, 치역은 실수의 집합 $\mathbb{R}$ 이다.

(2) 직선 $x=\dfrac{\pi}{2}+n\pi$는 점근선이다.

(3) $\tan(-x)=-\tan x$이므로 이 그래프는 원점에 대하여 대칭이다.

‖ 삼각함수의 주기 ‖

함수 $y=f(x)$에서 정의역의 임의의 원소 x에 대하여

$$f(x+p)=f(x)\quad(p\neq 0)$$

를 만족하는 최소의 상수 p를 $f(x)$의 **주기**(period)라 부르고, 이러한 성질을 만족하는 $f(x)$를 **주기함수**라 한다. 삼각함수는 주기함수 중에서 가장 대표적인 예제이다. 실제로

$$\sin(x+2n\pi)=\sin x,\ \cos(x+2n\pi)=\cos x,\ \tan(x+n\pi)=\tan x\ \ (n\in\mathbb{Z})$$

인데, $2n\pi$ 중에서 최소의 양수는 2π이므로 $y=\sin x$와 $y=\cos x$는 주기가 2π인 함수이다. 마찬가지로 $n\pi$ 중에서 최소의 양수는 π이므로 $y=\tan x$는 주기가 π인 함수이다.

주기와 최댓값, 최솟값에 관해 다음과 같이 정리할 수 있다.

정리 5.1

사인함수의 일반꼴 $y=A\sin(kx+\alpha)+B$에서, 주기는 $p=\dfrac{2\pi}{|k|}$이며, 최댓값은 $|A|+B$ 또한 최솟값은 $-|A|+B$이다.

여기서 A를 **진폭**(amplitude)이라 부르며 정지점에서 최고 높이까지의 거리를 뜻한다.

예제 5.2 $y=\cos 4x$의 주기를 구하여라.

풀이 ▸ $f(x)=\cos 4x$의 주기를 p라 하자. 그러면 $f(x+p)=f(x)$, 즉

$$\cos 4(x+p)=\cos 4x$$

이다. 다시 말해 $\cos(4x+4p)=\cos 4x$이며, $4x=\theta$로 치환하면 $\cos(\theta+4p)=\cos\theta$이다. 그런데 $\cos\theta$의 주기가 2π이므로, $4p=2\pi$가 되어 $p=\frac{2\pi}{4}=\frac{\pi}{2}$이다.

일반적으로 $y=\sin kx$, $y=\cos kx$이면

$$\sin(kx+kp)=\sin kx, \quad \cos(kx+kp)=\cos kx$$

를 만족하는 p는 $|k|p=2\pi$, 즉 $p=\frac{2\pi}{|k|}$이다. 마찬가지로 $y=\tan kx$는 주기가 $\frac{\pi}{|k|}$이다.

예제 5.3 $y=4\sin x$의 최댓값, 최솟값을 구하고 그 그래프를 그려라.

풀이 ▸ $y=4\sin x$의 그래프는, $4\sin x$가 임의의 x에 대하여 $\sin x$의 4배이므로 $y=\sin x$의 그래프를 y축 방향으로 4배 확대한 것이다. 또 $-1\le\sin x\le 1$이므로 $-4\le 4\sin x\le 4$이다. 따라서 최댓값은 4, 최솟값은 -4이다.

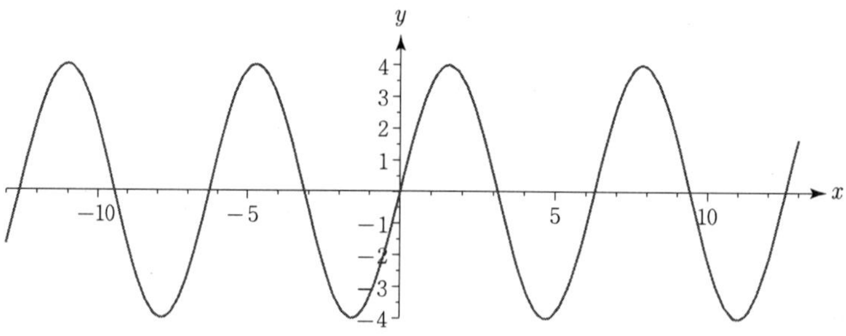

예제 5.4 $y=\tan\frac{1}{2}x$의 최댓값, 최솟값을 구하고 그 그래프를 그려라.

풀이 ▸ 함수 $y=\tan\frac{1}{2}x$의 최댓값과 최솟값은 없다. 그리고 점근선의 방정식 $\frac{1}{2}x=\frac{1}{2}\pi+n\pi$에서 $x=\pi+2n\pi$이다.

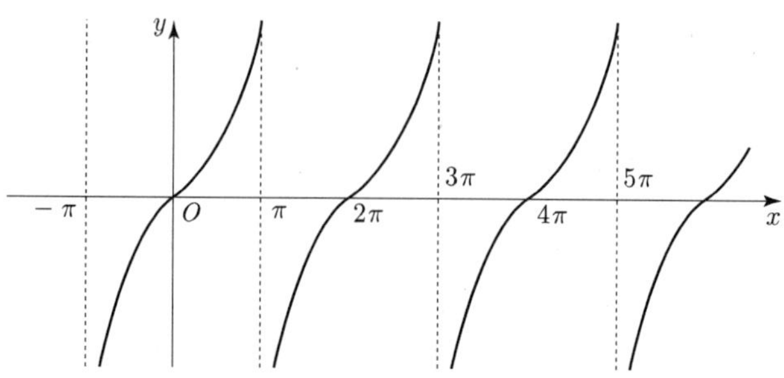

그러므로 삼각함수의 주기와 최대, 최소에 관해 다음과 같이 요약할 수 있다.

(1) $y = a\sin(bx+c)+d$ 또는 $y = a\cos(bx+c)+d$의 형태일 때,

$$\text{최댓값 } |a|+d, \text{ 최솟값 } -|a|+d, \text{ 주기 } \frac{2\pi}{|b|}$$

(2) $y = a\tan(bx+c)+d$의 형태일 때,

$$\text{최댓값과 최솟값 없음, 주기 } \frac{\pi}{|b|}$$

다음은 삼각함수와 관련된 여러 공식들이다. 반드시 외워야 할 필요는 없지만 필요할 때마다 참고하면 유용하다.

삼각함수들의 관계

$\tan A = \dfrac{\sin A}{\cos A}$	$\cot A = \dfrac{1}{\tan A}$	$\sec A = \dfrac{1}{\cos A}$	$\csc A = \dfrac{1}{\sin A}$
$\sin^2 A + \cos^2 A = 1$	$\sec^2 A - \tan^2 A = 1$	$\csc^2 A - \cot^2 A = 1$	

음각 함수

$\sin(-A) = -\sin A$	$\cos(-A) = \cos A$	$\tan(-A) = -\tan A$
$\csc(-A) = -\csc A$	$\sec(-A) = \sec A$	$\cot(-A) = -\cot A$

덧셈 뺄셈 공식

$\sin(A+B) = \sin A\cos B + \cos A\sin B$	$\sin(A-B) = \sin A\cos B - \cos A\sin B$
$\cos(A+B) = \cos A\cos B - \sin A\sin B$	$\cos(A-B) = \cos A\cos B + \sin A\sin B$
$\tan(A+B) = \dfrac{\tan A + \tan B}{1 - \tan A\tan B}$	$\tan(A-B) = \dfrac{\tan A - \tan B}{1 + \tan A\tan B}$
$\cot(A+B) = \dfrac{\cot A\cot B - 1}{\cot B + \cot A}$	$\cot(A-B) = \dfrac{\cot A\cot B + 1}{\cot B - \cot A}$

반각과 배각 공식

$\sin\left(\dfrac{A}{2}\right) = \sqrt{\dfrac{(1-\cos A)}{2}}$ $(\leftarrow \dfrac{A}{2}$: 1, 2사분면), $= -\sqrt{\dfrac{1-\cos A}{2}}$ $(\leftarrow \dfrac{A}{2}$: 3, 4분면)
$\cos\left(\dfrac{A}{2}\right) = \sqrt{\dfrac{1+\cos A}{2}}$ $(\leftarrow \dfrac{A}{2}$: 1, 4사분면), $= -\sqrt{\dfrac{1+\cos A}{2}}$ $(\leftarrow \dfrac{A}{2}$: 2, 3분면)
$\tan\left(\dfrac{A}{2}\right) = \sqrt{\dfrac{1-\cos A}{1+\cos A}}$ $(\leftarrow \dfrac{A}{2}$: 1, 3사분면), $= -\sqrt{\dfrac{1-\cos A}{1+\cos A}}$ $(\leftarrow \dfrac{A}{2}$: 2, 4분면)

$\sin 2A=2\sin A\cos A$	$\cos 2A=\cos^2 A-\sin^2 A$ $=1-2\sin^2 A=2\cos^2 A-1$	$\tan 2A=\dfrac{2\tan A}{1-\tan^2 A}$
$\sin 3A=3\sin A-4\sin^3 A$	$\cos 3A=4\cos^3 A-3\cos A$	$\tan 3A=\dfrac{3\tan A-\tan^3 A}{1-3\tan^2 A}$

삼각함수의 거듭제곱

$\sin^2 A=\dfrac{1}{2}-\dfrac{1}{2}\cos 2A$	$\cos^2 A=\dfrac{1}{2}+\dfrac{1}{2}\cos 2A$
$\sin^3 A=\dfrac{3}{4}\sin A-\dfrac{1}{4}\sin 3A$	$\cos^3 A=\dfrac{3}{4}\cos A+\dfrac{1}{4}\cos 3A$

삼각함수의 합, 차, 곱

$\sin A+\sin B=2\sin\dfrac{1}{2}(A+B)\cos\dfrac{1}{2}(A-B)$	$\sin A-\sin B=2\cos\dfrac{1}{2}(A+B)\sin\dfrac{1}{2}(A-B)$
$\cos A+\cos B=2\cos\dfrac{1}{2}(A+B)\cos\dfrac{1}{2}(A-B)$	$\cos A-\cos B=2\sin\dfrac{1}{2}(A+B)\sin\dfrac{1}{2}(B-A)$
$\sin A\sin B=\dfrac{1}{2}\cos(A-B)-\cos(A+B)$	$\cos A\cos B=\dfrac{1}{2}\cos(A-B)+\cos(A+B)$
$\sin A\cos B=\dfrac{1}{2}\sin(A-B)+\sin(A+B)$	

역삼각함수들의 관계

$\sin^{-1}x+\cos^{-1}x=\dfrac{\pi}{2}$	$\tan^{-1}x+\cot^{-1}x=\dfrac{\pi}{2}$	$\csc^{-1}x=\sin^{-1}\dfrac{1}{x}$
$\sec^{-1}x=\cos^{-1}\dfrac{1}{x}$	$\cot^{-1}x=\tan^{-1}\dfrac{1}{x}$	$\sin^{-1}(-x)=-\sin^{-1}x$
$\cos^{-1}(-x)=\pi-\cos^{-1}x$	$\tan^{-1}(-x)=-\tan^{-1}x$	$\cot^{-1}(-x)=\pi-\cot^{-1}x$
$\sec^{-1}(-x)=\pi-\sec^{-1}x$	$\sec^{-1}(-x)=\pi-\sec^{-1}x$	

▶ 연습문제

1. 다음 함수의 그래프를 그리고 최댓값, 최솟값, 주기를 구하여라.

   (1) $y=2\sin\left(x-\dfrac{\pi}{4}\right)$　　(2) $y=\cos 2x+1$　　(3) $y=\tan 2x$

2. $y=a\sin bx+c\ \ (a,\ b>0)$의 최댓값이 6, 최솟값이 -2, 주기가 π일 때 $a,\ b,\ c$를 구하여라.

5.2 삼각함수를 활용한 모델링

■ 문제 상황 1 규칙적인 순환 현상

하지와 동지는 일 년 중 낮의 길이가 가장 길 때와 가장 짧은 때이다. 일반적으로 12월 22일은 낮의 길이가 가장 짧아 일조시간이 8시간이며, 6월 22일은 낮의 길이가 가장 길어 16시간이다. 사인함수를 사용하여 사계절 일조시간의 변화 사이클을 표현해보자.

■ 문제의 이상화 및 자료수집

일조량이 규칙적인 순환을 한다고 할 때, 일조시간을 표로 표시해보자.

날짜	3월 22일(춘분)	6월 22일(하지)	9월 22일(추분)	12월 22일(동지)
낮 길이	12시간	16시간	12시간	8시간
밤 길이	12시간	8시간	12시간	16시간

즉, 3월 22일과 9월 22일에 낮과 밤의 길이가 같아서, 12시간이 일조시간이다. 주기를 갖고 순환하는 형태이므로 삼각함수의 모형을 사용할 수 있다.

$$y = A\sin(kx+\alpha)+B$$

으로 나타낼 수 있다. 여기서 주기는 $p=\dfrac{2\pi}{|k|}$, A는 진폭이며, 최댓값은 $A+B$, 최솟값은 $-A+B$이다.

■ 수학적 모델 형성과 문제 해결

3월 22일을 1년 일조시간 사이클의 시작점으로 하자. 사이클의 완전 주기는 $p=365$이므로 $k=\dfrac{2\pi}{p}=\dfrac{2\pi}{365}$이 된다. 주야가 바뀌는 점은 8시간과 16시간으로 12 ± 4이므로 사이클의 진폭은 4시간이다. 순환은 평균 12시간이다.

3월 22일부터 시작하는 날의 수를 t라 하면, 일조시간이 12시간이 되는 때를 사이클의 첫 출발로 하였으므로, t에 따른 일조량을 나타내는 함수 D는 다음과 같이 표현할 수 있다.

$$D(t) = 12+4\sin\left(\frac{2\pi}{365}t\right)$$

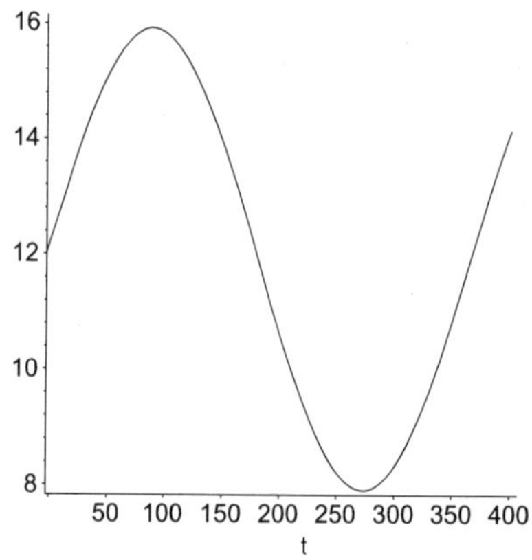

■ 문제 상황 2

혈중 어떤 호르몬의 수치가 오전 7:00시에는 검출할 수 없는 수치를 보였으나, 오후 19:00에는 100 ng/ml이 측정되었다. 또한 하루 종일 파동의 형태로 수치가 나타남을 알았다. 호르몬의 수치를 표현할 수 있는 적절한 주기 삼각함수를 만들어서 수치를 예측해 보자.

■ 문제의 이상화 및 자료수집

0:00시부터 하루 동안의 시각을 t로 내타내자. 모델링을 위해 필요한 자료를 정리해보면, 사이클의 한 주기는 24시간이며, 호르몬 수치 $H(t)$는 0과 100ng 사이에서 진동한다.

■ 수학적 모델 형성과 문제 해결

위의 자료를 통해 주파수(도수)는

$$k = \frac{2\pi}{p} = \frac{2\pi}{24} = \frac{\pi}{12}$$

임을 알 수 있다. 변화량이 0부터 100ng/ml이므로, 50 ± 50 ng/ml로 나타내자. 또한 최저치와 최고치를 만든 시간의 중간 지점인 13:00시에 중간값을 갖는 것으로 하여 sin 함수를 구성한다.

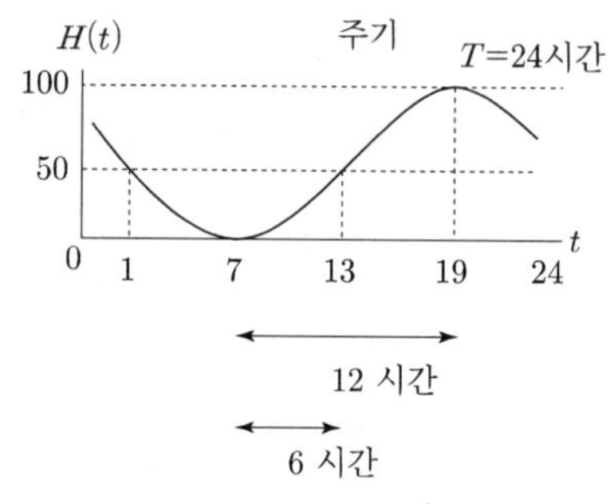

그러면 그래프는 다음과 같으며, 이때 함수는

$$H(t) = 50 + 50\sin\left(\frac{\pi}{12}(t-13)\right)$$

가 된다.

수학이야기 삼각함수

삼각함수는 주기성을 갖는 다양한 현상을 설명하는데 유용하게 사용된다. 가령 우주계의 수많은 현상이나 우리 신체 내의 심장박동의 포함하여 대부분이 주기를 지닌 운동을 하고 있으므로 사인과 코사인을 적당히 결합하여 설명할 수 있다. 이와 관련하여 푸리에(J. B. Fourier, 1768～1830)는 임의의 함수를 사인, 코사인과 같은 삼각함수의 합으로 나타낼 수 있다는 '푸리에의 정리'를 통해 삼각함수 이론의 발전에 크게 기여했다. 그뿐만 아니라 소리는 음의 고저, 음의 세기, 음색이라는 세 가지 특징으로 구분되는데, 이 중 음색은 사인과 코사인의 모양과 관련된다. 모든 악기의 소리는 사인과 코사인 같은 삼각함수의 합성으로 나타낼 수 있다.

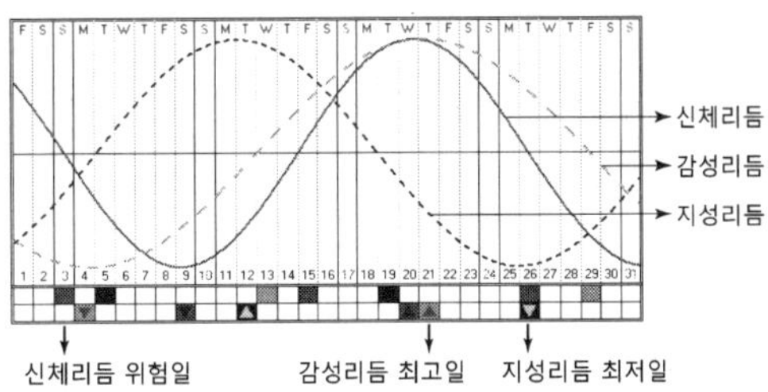

우리 주변에서 쉽게 볼 수 있는 그래프로서 바이오리듬이라는 것이 있다. 이는 20세기 초 독일의 의사 프리츠가 환자의 상태가 주기적으로 변하는 것을 관찰하다가 만든 것이라고 한다. 신체리듬을 위주로 하는 남성인자는 23일을 주기로 하고, 감정리듬을 위주로 하는 여성인자는 28일을 주기로 한다는 것을 알아냈다. 초기에는 남녀가 각기 다른 주기를 갖는 것으로 구분했지만, 후에 남녀 모두 23일과 28일의 신체주기와 감정주기를 갖는 것으로 바뀌었다. 여기에 오스트리아의 의사 텔쳐가 33일 주기의 지성리듬을 추가했다. 이들은 사람은 태어날 때부터 신체, 감정, 지성의 세 가지 바이오리듬을 따른다고 했다.

바이오리듬의 형태는 일종의 사인곡선의 유형인데, 세 가지 리듬의 주기가 서로 다르기 때문에 그래프의 모양은 약간씩 차이가 있다. 사인곡선이 가로축 위에 있으면 상태가 양호하고 아래에 있으면 침체된 시기라고 한다.

5.3 수열과 급수 이용

어떤 일정한 법칙에 따라 차례로 얻어지는 수를 순서대로 나열한 것을 **수열**이라고 부르며, 일반적으로 $\{a_n\}=a_1,\ a_2,\ \cdots,\ a_n,\ \cdots$로 표시한다. 그러므로 수열 $\{a_n\}$은 정의역을 $\{1,\ 2,\ 3,\ \cdots,\ n,\ \cdots\}=\mathrm{N}$ 자연수집합으로 하고, 공역을 실수집합으로 하는 하나의 함수

$$\{a_n\} : \mathrm{N} \to \mathbb{R}, \quad n \mapsto a_n$$

로 이해할 수 있다. 한편 수열의 각 항들의 합을 **급수**라고 부른다.

정의 5.1

수열 $\{a_n\}$에 대해서, 무한수열의 합

$$\sum_{i=1}^{\infty} a_i = a_1 + a_2 + a_3 + \cdots$$

을 **무한급수**(간단히 **급수**)라고 한다. 또한 S_n을 급수 $\sum_{i=1}^{\infty} a_i$의 n번째 항까지의 **부분합**이라고 한다.

특별한 경우를 제외하고는 무한 번 합하는 것은 불가능하므로 무한급수를 구할 때는 n번째 항까지 합 S_n의 극한값 $S=\lim_{n\to\infty} S_n$을 구하면 된다.

정의 5.2

무한급수 $\sum_{n=1}^{\infty} a_n$의 부분합을 각 항으로하는 수열 $\{S_n\}$이 S에 수렴할 때, 급수는 S에 **수렴**한다고 한다. 이때 S는 급수의 합이며

$$S=\lim_{n\to\infty} S_n = \lim_{n\to\infty}\left(\sum_{k=1}^{n} a_k\right)=\sum_{k=1}^{\infty} a_k$$

와 같이 표시한다. 수열 S_n이 수렴하지 않을 때를 무한급수는 **발산**한다고 한다.

여러 종류의 수열(혹은 급수)들 중에서 등차수열과 등비수열은 가장 많이 이용된다.

등차수열이란 일정한 수를 차례로 더하여 만들어진 것으로서, 그 일정한 수를 **공차**라 한다. 첫째항을 a, 공차를 d라 하면 수열의 형태는 다음과 같이 된다.

$$a,\ a+d,\ a+2d,\ \cdots,\ a+(n-1)d,\ \cdots$$

그러므로 다음의 성질이 성립한다.

정리 5.2

첫째항이 a이며 공차가 d인 등차수열에서
(1) n번째 일반항은 $a_n = a+(n-1)d$이며 공차는 $d = a_n - a_{n-1}$이다.
(2) n번째 부분합, 즉 처음부터 n번째 항까지의 급수는 $S_n = \dfrac{n(2a+(n-1)d)}{2}$이다.

증명 ▸ 첫째항 a, 공차 d, 그리고 제 n번째 항이 l인 등차수열은 두 방법으로 표시된다.

$$a,\ a+d,\ a+2d,\ \cdots,\ l-d,\ l \qquad (n\text{개 항})$$
$$a,\ a+d,\ \cdots,\ l-3d,\ l-2d,\ l-d,\ l \qquad (n\text{개 항})$$

그러므로 n개 항의 합 S_n은

$$S_n = a+(a+d)+(a+2d)+\cdots+(l-d)+l$$

또는

$$S_n = l+(l-d)+(l-2d)+(l-3d)+\cdots+(a+d)+a$$

로 된다. 위의 두 식을 각각 대응하는 항끼리 더하면, $2S_n = (a+l)n$, 즉

$$S_n = \frac{n(a+l)}{2}$$

이 된다. 한편, n번째 항 l은 $l = a+(n-1)d$이고 이것을 위의 결과 S_n에 대입하면

$$S_n = \frac{n(a+l)}{2} = \frac{n(a+a+(n-1)d)}{2} = \frac{n(2a+(n-1)d)}{2}$$

를 얻는다.

등비수열이란 일정한 수를 차례로 곱하여 만들어진 것으로서, 그 일정한 수를 **공비**라 한다. 첫째항을 a, 공비를 r라 하면 수열의 형태는 다음과 같다.

$$a,\ ar,\ ar^2,\ \cdots,\ ar^{n-1},\ \cdots$$

정리 5.3

첫째항이 a이며 공비가 r인 등비수열에서

(1) n번째 일반항은 $a_n = ar^{n-1}$이며 공비는 $r = \dfrac{a_n}{a_{n-1}}$이다.

(2) n번째 부분합, 즉 처음부터 n번째 항까지의 급수는 $S_n = \dfrac{a(1-r^n)}{1-r}$ $(r \neq 1$일 때) 이다. 만약 $r=1$이면 $S_n = na$이다.

증명 ▸ 첫째항에서 제n항까지의 합 S_n과, S_n의 양변에 r을 곱하여 식 두 개를 만든다.

$$S_n = a + ar + ar^2 + ar^3 + \cdots + ar^{n-1}$$
$$rS_n = ar + ar^2 + ar^3 + \cdots + ar^{n-1} + ar^n$$

두 식을 차이를 계산하면 다음과 같다.

$$(1-r)S_n = a - ar^n = a(1-r^n)$$

만약 $r \neq 1$이면, $S_n = \dfrac{a(1-r^n)}{1-r}$이며, $r=1$이면 $S_n = a+a+a+\ldots+a = na$ 이다.

예제 5.3 제3항이 6, 제10항이 -15인 등차수열의 일반항 a_n을 구하여라.

풀이 ▸ 3항이 6이며, 10항이 -15이므로, 다음의 두 관계식을 얻는다.

$$a+2d=6,\ a+9d=-15$$

그러므로 두 식을 연립하여 $a=12$와 $d=-3$을 구할 수 있다. 따라서 $a_n = 12+(n-1)(-3) = -3n+15$이다. 그러므로 $a_n = -3n+15$이 된다.

예제 5.4 수열 $\{a_n\}$의 S_n이 n^2+5n일 때 $\{a_n\}$의 일반항을 구하여라.

풀이 ▸ $n \geq 2$일 때,

$$a_n = S_n - S_{n-1} = n^2+5n-\{(n-1)^2+5(n-1)\} = 2n+4$$

이다. 한편 $n=1$일 때, $a_1 = S_1$이므로 $a_1 = 6$ ($2n+4$의 n에 1을 대입한 것과

같음)이다. 따라서 수열 $\{a_n\}$의 일반항 a_n은 $2n+4$이다.

무한급수는 어떠한 수열의 처음 n번째 항까지의 합을 제 n항으로 가지는 새로운 수열을 생성한다. 예를 들면, 수열

$$\{a_n\}=\left\{1,\ \frac{1}{2},\ \frac{1}{4},\ \frac{1}{8},\ \cdots\right\}$$

에서 새로운 수열 $\{S_n\}$을 다음과 같이 만든다.

$$S_1 = a_1 = 1,$$

$$S_2 = a_1 + a_2 = 1 + \frac{1}{2},$$

$$\vdots$$

$$S_n = a_1 + a_2 + \cdots + a_n = 1 + \frac{1}{2} + \cdots + \frac{1}{2^n}$$

‖ 급수의 기본적인 성질들 ‖

연속된 N개 정수의 합, 정수 제곱의 합 그리고 정수 세제곱의 합은 자주 사용되므로 기억해두는 것이 좋다.

$$S = 1+2+3+\cdots+N = \sum_{k=1}^{N} k = \frac{N(N+1)}{2}$$

$$S = 1^2+2^2+3^2+\cdots+N^2 = \sum_{k=1}^{N} k^2 = \frac{N(N+1)(2N+1)}{6}$$

$$S = 1^3+2^3+3^3+\cdots+N^3 = \sum_{k=1}^{N} k^3 = \left(\frac{N(N+1)}{2}\right)^2$$

거듭제곱의 형태로 표시된 N개 정수의 합은

$$S = 1+r+r^2+r^3+\cdots+r^{N-1} = \sum_{k=0}^{N-1} r^k = \frac{1-r^N}{1-r}$$

이다. 이러한 형태를 기하급수의 합이라고 부르며, r은 공비가 된다.

정리 5.4

처음 N개의 연속하는 홀수의 세제곱의 합 S는 $N^2(2N^2-1)$이다.

증명 ▸ 모든 홀수는 $2t-1$ (t: 임의의 정수) 형태로 표현된다. 따라서 처음 N개의 연속하는 홀수들은

$$1,\ 3,\ 5,\ \cdots,\ 2N-1$$

인데, 이들 숫자를 일반형으로 표현하면 $2t-1$ ($t=1,\ \cdots,\ N$)이 된다. 그러므로 연속하는 N개 홀수의 세제곱의 합 S는 다음과 같이 된다.

$$\begin{aligned}
S &= \sum_{t=1}^{N}(2t-1)^3 = \sum_{t=1}^{N}(8t^3-12t^2+6t-1) \\
&= 8\sum_{t=1}^{N}t^3 - 12\sum_{t=1}^{N}t^2 + 6\sum_{t=1}^{N}t - \sum_{t=1}^{N}1 \\
&= 8\left(\frac{N(N+1)}{2}\right)^2 - 12\frac{N(N+1)(2N+1)}{6} + 6\frac{N(N+1)}{2} - N \\
&= 2N^4 - N^2 = N^2(2N^2-1)
\end{aligned}$$

거듭제곱의 형태로 표시된 N개 정수의 합의 형태

$$S_N = 1 + r + r^2 + r^3 + \cdots + r^{N-1} = \sum_{k=0}^{N-1} r^k = \frac{1-r^N}{1-r}$$

로부터 거듭제곱의 형태로 표시되는 무한히 많은 정수들의 합은, 특별히 $r<1$일 때 다음처럼 생각할 수 있다.

$$S = 1 + r^2 + r^3 + \cdots + r^{N-1} + \cdots = \sum_{k=0}^{\infty} r^k = \frac{1}{1-r}$$

(한편, $r \geq 1$일 때는 합의 모양이 결정되지 않는다. 즉 발산한다.)

예제 5.5 급수 $1-\frac{1}{2}+\frac{1}{4}-\frac{1}{8}+\cdots+(-1)^{n+1}\frac{1}{2^{n-1}}+\cdots$ 의 합을 구하여라.

풀이 ▸ 주어진 급수는 첫째항이 1, 공비가 $-\frac{1}{2}$인 기하급수이므로 합은 $\frac{1}{1-\left(-\frac{1}{2}\right)}=\frac{2}{3}$이다.

예제 5.6 $0.684684684\cdots$를 분수로 나타내어라.

풀이 ▸ 주어진 수는

$$0.684684684\cdots = 0.684+0.000684+0.000000684+\cdots$$

로 표시되므로, 첫째항 0.684, 공비 0.001인 기하급수로 이해할 수 있다. 무한 기하급수의 합에 의해 $0.684684684\cdots = \dfrac{0.684}{1-0.001} = \dfrac{0.684}{0.999} = \dfrac{684}{999}$이다.

소수 $0.684684684\cdots$은 소수점 아래의 6, 8, 4의 숫자 배열이 한없이 되풀이 되는 형태로서 **무한순환소수**라고 부른다. 이런 경우 684를 순환마디라고 부르며 다음과 같이 표현한다.

$$0.684684684\cdots = 0.\overline{684} = 0.\dot{6}8\dot{4}$$

▶ 연습문제

1. 다음의 극한값을 구하여라.

(1) $\lim\limits_{n\to\infty}\dfrac{1+2+3+\cdots+n}{n^2}$ (2) $\lim\limits_{n\to\infty}\dfrac{1^2+2^2+3^2+\cdots+n^2}{n^3}$

(3) $\lim\limits_{n\to\infty}\left(1-\dfrac{1}{2}\right)\left(1-\dfrac{1}{3}\right)\cdots\left(1-\dfrac{1}{n}\right)^2(1+2+3+\cdots+n)$

(4) $\lim\limits_{n\to\infty}\left\{\sqrt{1+2+3+\cdots+(n+1)}-\sqrt{1+2+3+\cdots+n}\right\}$

2. 다음 극한값을 구하여라.

(1) $\lim\limits_{n\to\infty}\dfrac{4^{n+1}+3^{n+1}}{4^n+3^n}$ (2) $\lim\limits_{n\to\infty}\dfrac{1}{1+(-2)^n}$

(3) $\lim\limits_{n\to\infty}\dfrac{3\cdot 2^n+1}{2^n-1}$

3. (1) 수열 a_n에서 제n항까지의 합을 S_n이라 하고, $S_1=10$, $S_{n+1}=\dfrac{1}{2}S_n+1$인 관계가 성립할 때, $\lim\limits_{n\to\infty}a_n$의 값을 구하여라.

(2) 수열 a_n에서 제n항까지의 합이 $S_n=n\cdot 2^n$일 때, $\lim\limits_{n\to\infty}\dfrac{S_n}{a_n}$의 값을 구하여라.

4. 다음의 합을 구하여라.

(1) $1^2+3^2+5^2+\cdots+(2n-1)^2$

(2) $\dfrac{1}{2 \cdot 5}+\dfrac{1}{5 \cdot 8}+\dfrac{1}{8 \cdot 11}+\cdots+\dfrac{1}{(3n-1)(3n+2)}$

5. 다음 순환소수를 분수로 나타내어라.

(1) $0.\dot{1}\dot{3}$　　　　(2) $0.3\dot{2}\dot{1}$

(3) $0.\dot{5}1\dot{3}$　　　　(4) $1.2\dot{3}\dot{4}$

6. $a,\ b,\ c$는 $1<a<b<c<9$인 정수이고, 세 수 $0.\dot{a}$, $0.0\dot{b}$, $0.00\dot{c}$가 등비수열을 이룰 때, $a,\ b,\ c$의 값을 구하여라.

7. 무한등비수열 $\{a_n\}$에서 $a_1=0.\dot{2}$, $a_2=0.0\dot{5}$일 때, $\sum_{n=1}^{\infty} a_n$을 순환소수로 나타내어라.

8. 첫째항이 $0.\dot{4}$, 넷째항이 $0.0\dot{5}$이고 각 항이 실수인 무한등비급수의 합을 구하여라.

수학이야기 제논의 역설

그리스 철학자 제논(Zeno, 기원전 490～425)은 그 당시 반박하기 어려운 여러 가지 역설을 내놓아 많은 사람들을 당황하게 했다. 그의 역설들 가운데 가장 유명한 것이 '아킬레스와 거북이'로서, "거북이가 먼저 출발한 상황에서 아킬레스는 아무리 빨리 달려도 거북이를 따라 잡을 수 없다"는 것이다.

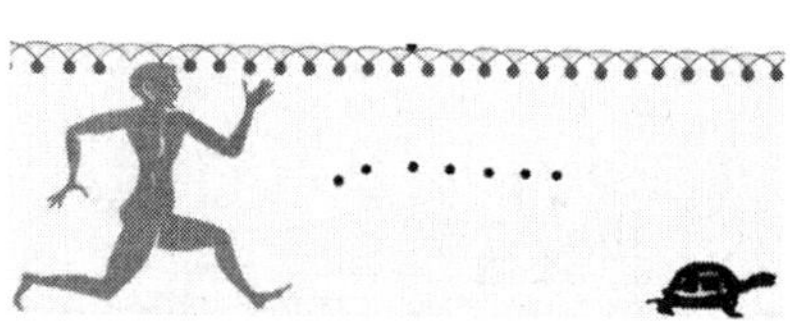

앞서가는 거북이를 쫓아 아킬레스가 뛰고 있다. 거북이의 걸음이 아무리 늦더라도 아킬레스가 원래 거북이가 있던 곳까지 따라왔을 때 그 동안 거북이는 얼마쯤은 전진해 있다. 다음에 아킬레스가 다시 거북이가 있던 두 번째 지점에 왔을 때도 거북이는 또 얼마쯤은 전진해 있다. 이렇게 계속되기 때문에 아킬레스는 절대로 거북이를 추월할 수 없다는 것이 제논의 역설이다.

제논의 결론이 틀렸다는 것을 분명히 알고 있으나, 그의 논증 중 어디가 잘못되었는지 반박하기란 쉽지 않다. 제논의 패러독스는 시간과 공간이 무한히 분할될 수 있다는 이론인 것이다. 당시 사회는 이를 궤변으로 치부하여 버렸으며, 당대의 대표적 사상가인 아리스토텔레스도 제논의 논증을 궤변으로 낙인찍어 버렸다. 제논은 그 사회의 이단아로 몰리면서 그의 위대한 사유는 조롱받았는데, 제논의 역설을 이해하고 해결하는 데는 무려 2천 5백년의 세월이 필요하였다.

제논은 이 이론 외에도 당시 반박하기 어려운 여러 역설을 내놓아 상식에 도전하였으며 많은 사람을 당혹하게 하였다. 이러한 역설들이 얼마나 당혹스러웠던지 제논은 왕에게까지 미움을 받아 무참히 처형되었다고 한다. 처형 당시 그는 형장에서 마지막으로 왕에게 직접 전해야 할 중대한 비밀이 있다며 왕에게 가까이 가서 왕의 귀를 물어뜯었는데, 왕을 호위하던 병사의 칼로 목이 잘려진 뒤에도 그의 목이 왕의 귀를 물고 있었다는 전설이 남아 있을 정도니 그가 얼마나 집념이 강한 사람인가.

많은 수학자들을 괴롭혀오던 제논의 역설은 코시(A. L. Cauchy, 1789~1857)와 칸토어(G. Cantor, 1845~1918) 등의 수렴이론과 무한이론으로 극복되기에 이르렀다. 코시가 내놓은 수렴의 개념은 양의 정수의 무한 합은 무한히 커질 것이라는 예측과 상식의 틀을 깼다. 비율로 변하는 무한급수의 합은 유한하다는 것이다.

식으로 표현해보자. 아킬레스가 뛰는 거리를 모두 합하면 애초 떨어진 100미터 외에

$$10+1+\frac{1}{10}+\frac{1}{100}+\frac{1}{1000}+\cdots$$

이다. 이 무한개의 수를 더하면 다음과 같다.

$$\begin{aligned} 10+1+\frac{1}{10}+\frac{1}{100}+\cdots &= 10\left(1+\frac{1}{10}+\frac{1}{100}+\frac{1}{1000}+\cdots\right) \\ &= \frac{10}{1-1/10}=\frac{10}{9/10}=\frac{100}{9} \end{aligned}$$

결국 100미터에다 $\frac{100}{9}$미터를 더 달리면 아킬레스는 거북이를 따라 잡게 되는 것이다. 결국 제논의 역설은 '무한급수의 수렴'이라는 새로운 개념을 탄생시켰다.

질병치료를 위해 우리 몸에 투약된 약물은 신체의 신장 대사로 인해 일정 부분 배설된다. 신장은 대사과정의 최종 산물이나 외부물질들을 배설하여 체액의 양, 삼투압, 전해질 양과 농도, 산성도 등을 조절하는 역할을 한다. 그러므로 환자에게 처방을 내릴 때는 약물의 효용도와 더불어 신장의 기능을 고려하게 된다.

■ 문제 상황 3

어떤 사람이 운동 경기 중에 다리를 다쳤다. 치료를 담당한 의사는 앞으로 10일 동안 매 8시간마다 220mg의 알약 2개를 복용하도록 처방하였다. 이 사람의 신장은 체내에서 8시간마다 60%를 걸러내는 기능을 한다고 하자.

(1) 10일 후 이 사람의 몸에는 잔여 약물이 얼마나 있겠는가?

(2) 1년 동안 약을 계속 복용한다면 이 사람 몸에는 약이 얼마나 남아 있겠는가?

(3) 이 약을 장기 투약하면 어떻게 될까?

■ 문제의 이상화 및 자료 수집

n번째 투약 이후의 몸에 남아 있는 약의 양을 a_n이라 하자. 처음 3번째 투약까지의 상황을 알아보자.

0시 1회 투약 mg		8시 2회 투약		16시 3회 투약	
투약 440	체내 약물 440	잔여량 440(0.4) 투약 440	체내 약물 616	잔여량 616(0.4) 투약 440	체내 약물 686.4

즉, 3회 투약 후 체내에 남아 있는 약물은 686.4mg이며, 이 계산은 다음과 같다.

$$440+440(0.4)+440(0.4)^2=686.4$$

■ 수학적 모델과 추론

10일 동안(즉, 총 240시간 동안) 매 8시간마다 복용하므로 모두 $1+\dfrac{240}{8}=31$번 약을 먹게 된다. 일반화시키면

$$a_1=440,$$
$$a_2=440+a_1(0.4)=440+440(0.4)=616.0,$$
$$a_3=440+a_2(0.4)=440+(440+440(0.4))(0.4)=440+440(0.4)+440(0.4)^2=686.4$$
$$\vdots$$
$$a_{n+1}=440+a_n(0.4)\quad(1\le n\le 31)$$

이다. 4, 5, 6, 7회 투약 후, 약물의 양은

$$a_4=714.560,\quad a_5=725.820,\quad a_6=730.329,\quad a_7=732.131$$

이다. 그러므로 임의의 n번째 약을 먹으면 체내에 남아 있는 약의 양은 다음과 같다.

$$a_n = 440 + 440(0.4) + 440(0.4)^2 + \cdots + 440(0.4)^{n-1}$$

이제 수열의 성질(첫 번째항 440, 공비 0.04)을 사용하여 계산을 하면

$$\begin{aligned} a_n &= 440 + 440(0.4) + 440(0.4)^2 + \cdots + 440(0.4)^{n-1} \\ &= 440\left(\frac{1-0.4^n}{1-0.4}\right) = 733.33(1-0.4^n) \end{aligned}$$

이다. 그러므로

(1) 10일 후 몸속에 있는 약의 양은, 총 31번 투약을 하게 되므로 다음과 같다.

$$a_{31} = 733.33(1-0.4^{31}) \approx 733.333\text{mg}$$

(2) 1년(365일) 동안 계속하여 약을 복용하였을 때, 몸속에 남아 있는 약의 양은 $n = 365 \cdot 3 + 1 = 1096$에 대해 a_n을 구하면 되고, 이 값은 다음과 같다.

$$a_{1096} = 733.33(1-0.4^{1096}) = 733.33$$

(이 값은 메이플을 사용하여 '> 733.33*(1−0.4^(1096));'으로 계산하였다.)

(3) 이 약을 장기 투약한다고 하면 어떤 일이 벌어질 것인가를 예측해보자.

n의 값을 무한히 큰 값으로 하면, 다음과 같은 극한값을 계산할 수 있다.

$$\lim_{n\to\infty} a_n = \lim_{n\to\infty}(733.33(1-0.4^n)) = 733.33$$

따라서 약을 아무리 오래 복용하여도 몸속에 잔여량은 대략 733.33으로 일정하다.

■ **재해석**

항염증 약을 계속 투여하였을 때, 체내대사 과정을 통하여 약이 조금씩 걸러지는데 약을 계속 투여하더라도 몸속의 약의 양은 733.33mg를 넘지 않는다.

메이플 프로그램을 사용하여 쉽게 해보자.

```
> a[1]:=440; for i from 1 by 1 to 31 do
  a[i+1]:= 440 + 0.4*a[i] end do;
```

설명: 메이플 명령어는 첫째항 a[1]을 440으로 지정한다. 변수 i를 1부터 시작하여 31이 될 때까지 1씩 증가시킨다. 일반적으로 명령문 for i from x by y to z do는 변수 i를 x부터 시작하여 z가 될 때까지 y씩 증가시키라는 뜻이 된다.

결과:

$a_1 = 440$　$a_2 = 616.0$　$a_3 = 686.40$　$a_4 = 714.560,$

$a_5 = 725.8240$　$a_6 = 730.32960$　$a_7 = 732.131840$　$a_8 = 732.8527360,$

$a_9 = 733.1410944$　$a_{10} = 733.2564378$　$a_{11} = 733.3025751$　$a_{12} = 733.3210300,$

$a_{13} = 733.3284120$　$a_{14} = 733.3313648$　$a_{15} = 733.3325459$　중략

$a_{25} = 733.3333332$　$a_{26} = \cdots = a_{30} = 733.3333333$

이 과정을 통해, n의 값이 얼마 이상이면 이미 733.33이 되는지를 쉽게 볼 수 있다. 실제로 $n = 14$부터 그렇게 되는데, 이것을 그래프를 통해 쉽게 볼 수 있다.

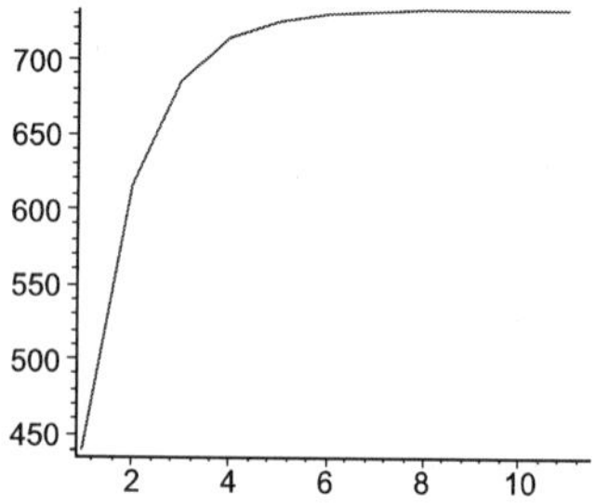


```
> dose = [[1,440], [2,616.0], [3,686.4],
  [4,714.560], [5,725.820],
  [6,730.329], [7,732.131], [8,732.825],
  [9,733.141], [10,733.256], [11,733.302]]: plot([op(dose)]);
```

만일 약의 사용을 중단한다면 몸속의 잔여 약물이 모두 사라지는데 얼마나 걸릴지를 알아보자.

수열의 합에 관한 유용한 공식을 기억해두면 편하다.

합	기호	공식	설명
$1+2+\cdots+N$	$\sum_{k=1}^{N} k$	$\frac{N(N+1)}{2}$	가우스 형태
$1^2+2^2+\cdots+N^2$	$\sum_{k=1}^{N} k^2$	$\frac{N(N+1)(2N+1)}{6}$	제곱의 합
$1^3+2^3+\cdots+N^3$	$\sum_{k=1}^{N} k^3$	$\left(\frac{N(N+1)}{2}\right)^2$	세제곱이 합
$1+r+r^2+\cdots+r^N$	$\sum_{k=0}^{N} r^k$	$\frac{1-r^{N+1}}{1-r}$	기하급수

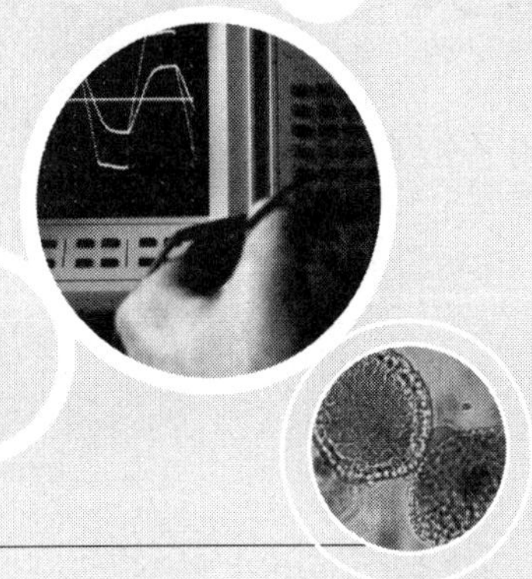

제6장

미 분

6.1 기초 수학: 미분의 기본개념

‖ 미분의 정의 ‖

어떤 상황의 변화 정도를 변화율이라 한다. 변화율에는 '평균변화율'과 '순간변화율'이 있는데 **평균변화율**은 일정한 기간에 함수가 변화한 값을 그 기간으로 나눈 값을 뜻한다. 다시 말하면 구간 $[x,\ x+\Delta x]$에서 함수 $f(x)$ 변화의 평균값이며 다음과 같이 표시된다.

$$\frac{\Delta f}{\Delta x} := \frac{f(x+\Delta x)-f(x)}{\Delta x}$$

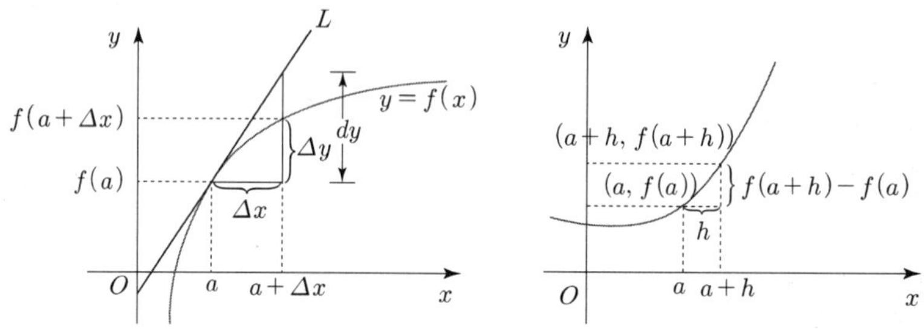

한편, **순간변화율**은 평균변화율을 측정하는 구간의 크기가 무한히 작은 때이다. 그러므로 바로 어느 한 순간의 변화량을 나타내는 것으로서, 구간의 크기가 무한히 작은 값(dx)일 때를 뜻한다. 점 x에서 함수 $f(x)$의 순간변화율은 $f'(x)$ 또는 $\frac{d}{dx}f(x)$ 또는 더욱 간단히 $\frac{df}{dx}$로 표시된다. 그러므로

$$f'(x)=\frac{df(x)}{dx}=\frac{f(x+dx)-f(x)}{dx}=\lim_{\Delta x\to 0}\frac{f(x+\Delta x)-f(x)}{\Delta x}$$

바로 이 순간변화율을 **미분** 또는 **도함수**라고 부른다.

‖ 기본 미분법 ‖

기본적인 함수에 관한 미분법이다.

정리 6.1

(1) 상수 함수의 미분은 0이다. 즉, $\frac{d}{dx}(\text{상수})=0$

(2) 1차 식 $y=x$의 미분은 1이다. 즉, $\frac{d}{dx}(x)=1$

(3) 덧셈(또는 뺄셈)의 미분법: $(f(x)\pm g(x))'=f'(x)\pm g'(x)$

(4) 곱셈의 미분법: $(f(x)\cdot g(x))'=f'(x)\cdot g(x)+f(x)\cdot g'(x)$

(5) 나눗셈(분수)의 미분법: $\left(\frac{f(x)}{g(x)}\right)'=\frac{f'(x)\cdot g(x)-f(x)\cdot g'(x)}{g(x)^2}$

(6) 거듭제곱 $f(x)=x^n$의 미분법: $f'(x)=nx^{n-1}$이다.

(7) 합성함수 $y=f(u)$, $u=g(x)$의 미분법(또는 연쇄법칙): $\frac{dy}{dx}=\frac{dy}{du}\cdot\frac{du}{dx}$

(8) 매개변수 t를 갖는 함수 $x=f(t)$, $y=g(t)$의 미분법: $\frac{dy}{dx}=\frac{dy/dt}{dx/dt}=\frac{g'(x)}{f'(x)}$

증명은 생략하고 (6), (7), (8)의 거듭제곱, 합성함수, 매개변수함수에 대해 자세히 알아보자.

거듭제곱 미분법에 의하면

$f(x)=x$일 때 $f'(x)=1$, $f(x)=x^2$일 때 $f'(x)=2x$, $f(x)=x^3$일 때 $f'(x)=3x^2,\cdots$

이다. 또한, n이 음수일 때는 다음과 같다.

$$f(x)=\frac{1}{x}=x^{-1}\text{일 때 } f'(x)=-x^{-2}=-\frac{1}{x^2}$$

$$f(x)=\frac{1}{x^2}=x^{-2}\text{일 때 } f'(x)=-2x^{-3}=-\frac{2}{x^3}$$

$$f(x)=\frac{1}{x^3}=x^{-3}\text{일 때 } f'(x)=-3x^{-4}=-\frac{3}{x^4}$$

한편 합성함수 미분은 **연쇄법칙**이라고도 부른다. $y=f(u)$는 u를 변수로 하는 함수이며, $u=g(x)$는 x를 변수로 하는 함수라고 할 때, y를 x로 미분하여 $\frac{dy}{dx}$를 구하는 것은 변수들 사이의 연쇄고리(chain)

$$y \frown u \frown x$$

를 사용하여 다음과 계산할 수 있다.

$$\frac{dy}{dx} = \frac{dy}{du} \cdot \frac{du}{dx}$$

즉, 연쇄고리에서 전체의 미분은 각 부분의 미분들의 곱이다.

참고 만일 $\frac{dy}{du}$와 $\frac{du}{dx}$가 비율(분수)이라면, 일상적으로 하는 '약분'에 의해 좌변과 우변이 동일함을 볼 수 있다. 그러나 $\frac{dy}{du}$와 $\frac{du}{dx}$는 분수의 개념이 아니므로 '약분'이라는 생각은 잘못된 것이지만, 연쇄법칙의 결과를 기억하는데는 도움이 될 수 있다.

∥ 접선과 미분 ∥

$f(x)$의 한 점 $x = x_0$에서의 도함수 $f'(x_0)$는 그래프 위의 점 $(x_0, f(x_0))$에서의 접선의 기울기를 뜻한다.

한 점 $x = x_0$에서 곡선 $f(x)$의 접선과 법선의 방정식이다.

접선: $y - f(x_0) = f'(x_0)(x - x_0)$

법선: $y - f(x_0) = -\frac{1}{f'(x_0)}(x - x_0)$

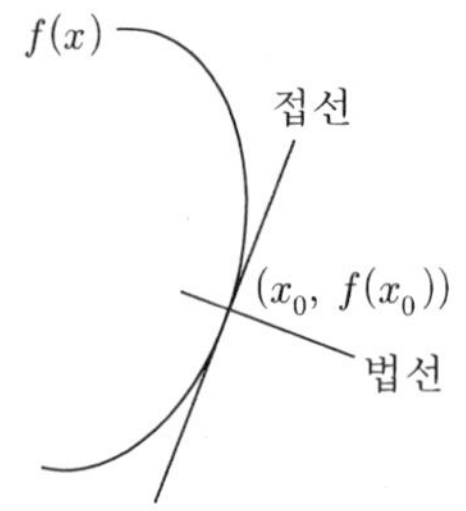

그러므로 $y = f(x)$의 접선식 만드는 단계를 다음과 같이 정리할 수 있다.

① 접점 (x_0, y_0)이 주어졌을 때 ⇒ 기울기 $f'(x_0)$를 구한다.

② 기울기 m이 주어졌을 때 ⇒ $f'(x) = m$이 되는 접점의 좌표를 구한다.

③ 곡선 밖의 한 점 $(x_{1,} y_1)$이 주어졌을 때 ⇒ 우선 $(t, f(t))$을 접점이라 하자. 그러면 접선식은 $y - f(t) = f'(t)(x - t)$이 되며, 여기에 점 $(x_{1,} y_1)$을 대입하여 t 값을 결정한다.

음함수의 미분법

함수를 표현할 때 우리가 주로 사용하는 형태는 $y = f(x)$이다. 예를들어

$$y = 2x + 5 \text{ 또는 } y = \sqrt{1 - x^2}$$

와 같이 나타낸다. 이러한 함수는 다른 형태로 표현할 수도 있는데

$$2x-y+5=0 \text{ 또는 } x^2+y^2=1 \ \ (y \geq 0)$$

이다. 주로 사용하는 형태의 함수를 **양함수**라 하고 후자의 함수를 **음함수**라고 한다.

참고 양수와 음수의 영어표현은 positive와 negative이다. 여기서 양함수와 음함수는 각각 explicit와 implicit라는 뜻으로서, 양수 또는 음수와는 관계가 없다. 단지 함수를 표현하는 방법이 직접적인지 혹은 간접적인지에 따라 양함수 혹은 음함수라고 부른다.

음함수 미분법은 다음의 예제를 통해 알아보자.

예제 6.1 $y^3+2y=3x+1$에서 $\dfrac{dy}{dx}$를 구하여라.

풀이 ▸ 좌변과 우변을 각각 x에 관하여 미분하면

$$3y^2\frac{dy}{dx}+2\frac{dy}{dx}=3$$

이다. 따라서 함수의 미분인 $\dfrac{dy}{dx}$는 다음과 같다.

$$\frac{dy}{dx}=\frac{3}{3y^2+2}$$

음함수의 미분을 이용하면, 함수가 어떠한 형식으로 표현되었는지에 관계없이 자유롭게 미분을 할 수 있다.

예제 6.2 원 $x^2+y^2=9$ 위의 점 $(2\sqrt{2},\ 1)$에서 접선의 식과 법선의 식을 구하여라.

풀이 ▸ 음함수 미분법에 의해 $x^2+y^2=9$의 양변을 x로 미분하면

$$\frac{d}{dx}(x^2+y^2)=0,\ \text{즉}\ 2x+2y\frac{dy}{dx}=0$$

이므로,

$$\frac{dy}{dx}=-\frac{x}{y}$$

이다. 점 $(2\sqrt{2},\ 1)$에서의 접선의 기울기는 그 점에서의 도함수 $\dfrac{dy}{dx}$와 같으므로,

$$\text{접선의 기울기} = -2\sqrt{2}$$

이다. 따라서 점 $(2\sqrt{2},\ 1)$에서 접선의 식은

$$y-1=-2\sqrt{2}(x-2\sqrt{2})$$

즉

$$y=-2\sqrt{2}x+9$$

이다. 또한

$$\text{법선의 기울기} = \frac{-1}{-2\sqrt{2}}=\frac{1}{2\sqrt{2}}$$

이므로 법선의 식은 다음과 같다.

$$y-1=\frac{1}{2\sqrt{2}}(x-2\sqrt{2}),\ \text{즉}\ y=\frac{1}{2\sqrt{2}}x$$

‖ 도함수를 사용하여 증가, 감소 판정 ‖

정리 6.2

함수 $f(x)$의 증가와 감소는 도함수 $f'(x)$의 부호로서 판정한다.
(1) 어떤 구간에서 단조증가이면 그 구간에서 항상 $f'(x) \geq 0$이다.
(2) 어떤 구간에서 단조감소이면 그 구간에서 항상 $f'(x) \leq 0$이다.
역의 성질도 성립한다.
(3) 어떤 구간에서 항상 $f'(x)>0$이면 $f(x)$는 그 구간에서 단조증가이다.
(4) 어떤 구간에서 항상 $f'(x)<0$이면 $f(x)$는 그 구간에서 단조감소이다.

‖ 2계도함수를 사용하여 극대, 극소 판정 ‖

극점에서 극대 혹은 극소의 판정은 2계도함수 $f''(x)$를 사용한다.

정리 6.3

함수 $f(x)$와 정의역의 한 점 a에서

(1) $f''(a) > 0$일 필요충분조건은 $f(x)$가 점 a에서 아래로 볼록(즉, 위로 오목)이다. 즉 $x = a$에서 $f(x)$는 극솟값을 갖는다.

(2) $f''(a) < 0$일 필요충분조건은 $f(x)$가 점 a에서 위로 볼록(즉, 아래로 오목)이다. 즉 $x = a$에서 $f(x)$는 극댓값을 갖는다.

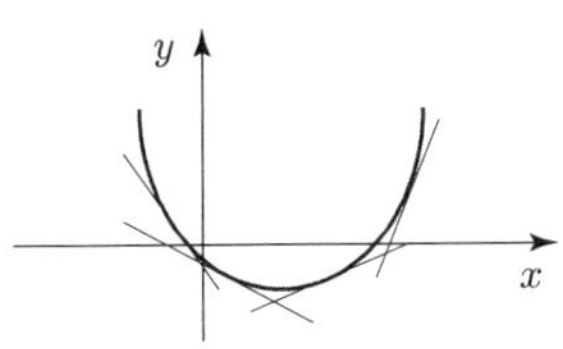

$f''(a) > 0$

$\Leftrightarrow$ 아래로 볼록, 즉 $x = a$에서 극솟값

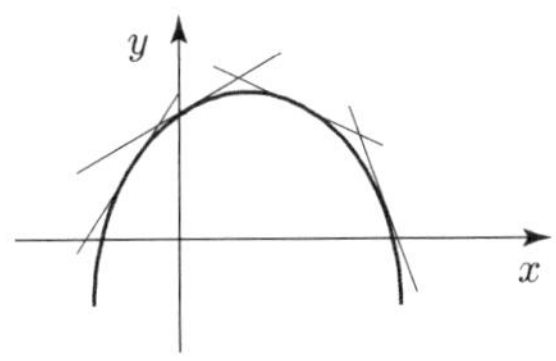

$f''(a) < 0$

$\Leftrightarrow$ 위로 볼록, 즉 $x = a$에서 극댓값

정리 6.2와 6.3에 대한 설명은 생략한다. 자세한 내용은 미적분학에 대한 여러 책에서 볼 수 있다.

‖ 삼각함수의 극한과 미분 ‖

제5장에서 배운 삼각함수의 극한과 미분의 성질을 알아보자.

정리 6.4

$\lim_{x \to 0} \frac{\sin x}{x} = 1$이다(단, x는 호도각(라디안)이다).

증명 ▸ 반지름이 r이고 중심각이 x(rad)인 부채꼴 $\triangledown OAB$에서 넓이들 사이에

$$\triangle OAB < \triangledown OAB < \triangle OAT$$

가 성립한다. 그러므로

$$\frac{1}{2}r^2 \sin x < \frac{1}{2}r^2 x < \frac{1}{2}r^2 \tan x$$

즉 $\sin x < x < \tan x$가 된다. 양변을 $\sin x$로 나누고 각 변의 역수를 취하면,

$$\cos x < \frac{\sin x}{x} < 1$$

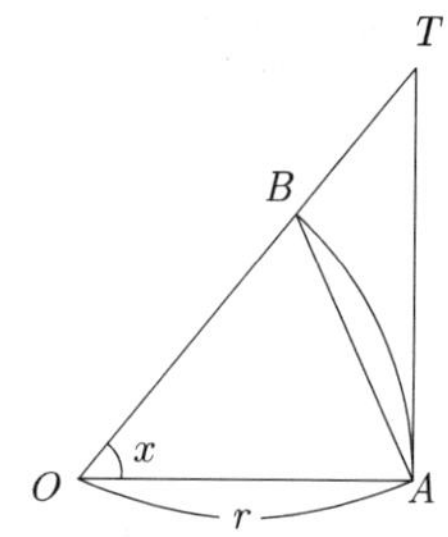

이다. 이제 극한 $x \to 0$를 택하면,

$$\lim_{x\to 0}\cos x < \lim_{x\to 0}\frac{\sin x}{x} < \lim_{x\to 0} 1$$

인데, $\lim_{x\to 0}\cos x = 1$이므로, $\lim_{x\to 0}\frac{\sin x}{x} = 1$가 된다.

정리 6.5

$\lim_{x\to 0}\frac{\tan x}{x} = 1$이다.

증명 ▸ $\tan x = \frac{\sin x}{\cos x}$, 즉 $\sin x = \cos x \tan x$이므로 $\lim_{x\to 0}\frac{\sin x}{x} = 1$로부터

$$\lim_{x\to 0}\frac{\cos x \tan x}{x} = 1$$

가 된다. 그런데 $\lim_{x\to 0}\cos x = 1$이므로, $\lim_{x\to 0}\frac{\tan x}{x} = 1$이 된다.

예제 6.3 다음을 확인하여라.

(1) $\lim_{x\to 0}\frac{x}{\sin x} = 1$ (2) $\lim_{x\to 0}\frac{x}{\tan x} = 1$

풀이 ▸ $\lim_{x\to 0}\frac{\sin x}{x} = 1$이며 $\lim_{x\to 0}\frac{\tan x}{x} = 1$이므로 당연하다.

예제 6.4 극한값 $\lim_{x\to 0}\frac{\sin 3x}{x}$을 구하여라.

풀이 ▸ $\lim_{x\to 0}\frac{\sin 3x}{x} = \lim_{x\to 0}\frac{\sin 3x}{3x}\cdot 3 = 3$

예제 6.5 극한값 $\lim_{x\to 0}\frac{\sin(1-\cos x)}{x^2}$을 구하여라.

풀이 ▸ $$\lim_{x\to0}\frac{\sin(1-\cos x)}{x^2}=\lim_{x\to0}\frac{\sin(1-\cos x)}{1-\cos x}\frac{1-\cos x}{x^2}$$
$$=\lim_{x\to0}\frac{1-\cos x}{x^2}=\lim_{x\to0}\frac{(1-\cos x)(1+\cos x)}{(1+\cos x)x^2}$$
$$=\lim_{x\to0}\frac{\sin^2 x}{(1+\cos x)x^2}=\lim_{x\to0}\left(\frac{\sin x}{x}\right)^2\frac{1}{1+\cos x}=\frac{1}{2}$$

예제 6.6 극한값 $\lim_{x\to1}\frac{\cos\frac{\pi}{2}x}{1-x^2}$을 구하여라.

풀이 ▸ $x-1=t$로 치환하자. 그러면 $x=t+1$이며 또한 $x\to1$일 때 $t\to0$이 된다.

$$\lim_{x\to1}\frac{\cos\frac{\pi}{2}x}{1-x^2}=\lim_{t\to0}\frac{\cos\left(\frac{\pi}{2}(t+1)\right)}{1-(1+t)^2}=\lim_{t\to0}\frac{\cos\left(\frac{\pi}{2}t+\frac{\pi}{2}\right)}{1-(1+t)^2}$$
$$=\lim_{t\to0}\frac{\sin\frac{\pi}{2}t}{t(t+2)}=\lim_{t\to0}\frac{\sin\frac{\pi}{2}t}{\frac{\pi}{2}t}\cdot\frac{\pi}{2}\cdot\frac{1}{t+2}$$
$$=\frac{\pi}{4}$$

정리 6.6 삼각함수의 미분

$y=\sin x$일 때, $y'=\cos x$이다.	$y=\sec x$일 때, $y'=\sec x\tan x$이다.
$y=\cos x$일 때, $y'=-\sin x$이다.	$y=\operatorname{cosec} x$일 때, $y'=-\operatorname{cosec} x\cot x$이다.
$y=\tan x$일 때, $y'=\sec^2 x$이다.	$y=\cot x$일 때, $y'=-\operatorname{cosec}^2 x$이다.

증명은 생략하지만 삼각함수 미분의 결과는 잘 기억해야 한다.

예제 6.7 $y=\tan x$의 역함수를 $y=g(x)$라 할 때, $g'(x)$를 구하여라.

풀이 ▸ 함수 $y=g(x)$가 $y=\tan x$의 역함수이면 $x=\tan y$가 성립한다. 음함수 미분법을 사용하여, 양변을 x로 미분하면

$$1=\sec^2 y\frac{dy}{dx},\ \text{즉}\ \frac{dy}{dx}=\frac{1}{\sec^2 y}$$

이다. 한편, $\sec^2 y = 1 + \tan^2 y$이고 또한 $x = \tan y$이므로 다음이 된다.

$$\frac{dy}{dx} = \frac{1}{x^2 + 1}$$

예제 6.8 $x = a\cos t,\ y = a\sin t$일 때, $\frac{dy}{dx}$를 구하여라.

풀이 ▸ $\frac{dy}{dx} = \frac{dy}{dt} \cdot \frac{dt}{dx} = a\cos t\frac{dt}{dx}$이고, $\frac{dt}{dx} = -\frac{1}{a\sin t}$이다. 따라서

$$\frac{dy}{dt} = -\cot x$$

이다.

‖ 삼각함수의 미분식 ‖

위의 삼각함수 미분의 결과들을 발전시켜 다음을 알 수 있다.

$y = \sin f(x)$일 때, $y' = \cos f(x) \cdot f'(x)$이다.
$y = \cos f(x)$일 때, $y' = -\sin f(x) \cdot f'(x)$이다.
$y = \tan f(x)$일 때, $y' = \sec^2 f(x) \cdot f'(x)$이다.

예를 들어 함수 $y = \sin^n f(x)$의 도함수는

$$y' = n\sin^{n-1} f(x) \cdot (\sin f(x))' = n\sin^{n-1} f(x) \cdot \cos f(x) \cdot f'(x)$$

이다.

▶ 연습문제

1. 다음 식에서 $\frac{dy}{dx}$를 구하여라.

(1) $y = \frac{3x}{\sqrt{x^2+1}}$ (2) $y^2 = 4px$

(3) $x^3 - 3xy + y^3 = 3$

2. $x^2 + 2ye^x + y^3 = 3$ 위의 점 $(0,\ 1)$에서 접선의 방정식을 구하여라.

3. 다음을 미분하여라.

(1) $\dfrac{d}{dx}(3x^2-5x+7)$ (2) $\dfrac{d}{dx}(3\sqrt{x}+2x^4)$ (3) $\dfrac{d}{dx}\dfrac{4}{x^3}$

(4) $\dfrac{d}{dx}\sqrt{3x^2-2x}$ (5) $\dfrac{d}{dx}\cos(\sqrt{x})$ (6) $\dfrac{d}{dx}e^{2x-3}$

(7) $\dfrac{d}{dx}(\sin x \cdot \ln x)$ (8) $\dfrac{d}{dx}\ln(3x^2-4x)$ (9) $\dfrac{d}{dx}(x^2-2)\cos x$

4. 다음의 극한값을 구하여라.

(1) $\lim\limits_{x\to 0}\dfrac{\sin(x^2+4x)}{3x^2+x}$ (2) $\lim\limits_{x\to 0}\dfrac{\ln(1+x)}{2x}$

5. 함수 $y=4x^4-x^3+19x^2+2x-4$의 도함수, 2계, 3계, 4계 도함수를 각각 구하여라.

6. 구간 $[-3,\ 3]$에서 함수 $f(x)=2x^3+3x^2-12x-4$의 극값을 구하여라.

7. $f(x)=e^{-x}\sin x\ \ (0\le x\le 2\pi)$의 극댓값이 M, 극솟값이 m일 때 $\dfrac{M}{m}$를 구하여라.

6.2 세포의 성장 모형

살아있는 세포는 자신의 역할에 적합한 모양을 취하게 된다. 일반적으로 세포는 긴 부속기관이나 나뭇가지 모양의 형태를 취하거나 원통형 모양인 것들이 대부분이다. 세포는 모양뿐만 아니라, 그 크기도 세포 자신의 생존을 위해 가장 적절한 형태로 결정된다.

■ 문제 상황 1

세포의 다양한 형태를 무시하고 여기서는 구 모양의 간단한 구면으로 가정해보자(문제의 단순화). 세포의 크기를 결정하는 것은 무엇인가? 또한 크기 제한은 왜 생기는 것인가? 모든 동물이 수백 개의 큰 세포로 만들어지는 것이 아니라 수백만 개의 작은 세포로 구성되는 이유는 무엇일까?

■ 문제의 이상화 및 자료수집

이 문제의 답은 상당히 복잡하겠지만, 비교적 간단한 수학적 논증으로 설명해보자. 세포는 겉넓이 S에 비례하여 영양분을 흡수하며, 부피 V에 비례하여 영양분을 소모한다.

(i) 세포는 대략 구의 형태를 갖는다고 하였으므로, 반지름을 r이라 할 때 겉넓이와 부피는 각각 다음과 같이 나타낼 수 있다.

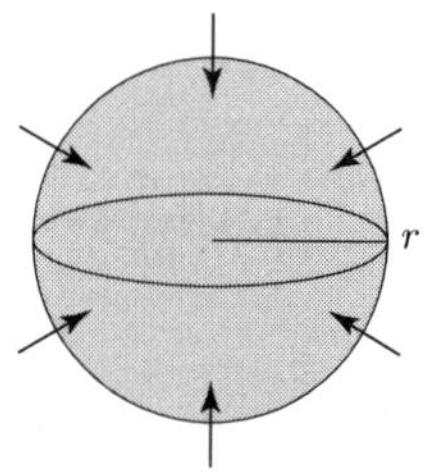

$$S=4\pi r^2, \quad V=\frac{4}{3}\pi r^3$$

(ii) 세포는 표면을 통해 주위의 산소와 영양을 흡수한다. 세포의 겉넓이 S가 점차 커지면 그것에 비례하여 더 빠른 속도로 영양분을 흡수하게 된다.

(iii) 세포가 물질대사를 하기 위해 소비하는 영양분의 비율은 부피 V에 비례한다. 즉, 부피가 크면 클수록 그 세포가 살아 있기 위해 더 많은 영양분을 필요로 한다.

(iv) 세포 하나에 대해 다음과 같이 기호를 정하자.

A :=시간당 흡수하는 영양의 순 비율
C :=시간당 소비하는 영양의 순 비율
r :=세포의 반지름

■ 수학적 모델 형성과 문제 해결

(ii)와 (iii)에 의해 A와 C는 각각 S와 V에 비례하여

$$A=k_1S,\ C=k_2V \quad (k_1,\ k_2\text{: 양의 비례상수})$$

로 표현된다. 그런데 세포가 구의 형태이므로

$$A=k_1S=(4\pi k_1)r^2,\ C=\left(\frac{4}{3}\pi k_2\right)r^3$$

가 되어, A와 C 모두 세포의 반지름 r로서 표시된다.

균형 잡힌 영양을 위한 세포의 크기는 어떻게 결정될 수 있을까? 세포가 오랫동안 생존하기 위해서는 소비되는 영양분의 전체 양과 흡수되는 영양분의 사이에 균형이 있어야 하며 최소한 두 값이 일치해야 한다.

$$C=A,\ \text{즉}\ \left(\frac{4}{3}\pi k_2\right)r^3=(4\pi k_1)r^2$$

이다. $r=0$인 경우를 제외한다면, $r=3\frac{k_1}{k_2}$이 된다.

■ 재해석

r의 값이 클 때, 즉 세포가 클 때는 소비 영양분의 양 $C \approx r^3$은 흡수 영양분 $A \approx r^2$보다 크다. 그러므로 임계값인 $r=3\frac{k_1}{k_2}$보다 크기가 큰 세포들은 세포들은 영양분의 공급에 문제가 생겨서 결국 죽게 될 것이다.

■ 문제 상황 2

앞에서처럼 세포는 자신의 겉넓이에 대한 적당한 비율로 영양분을 흡수하고 또한 부피에 비례하는 형태로 영양분을 소비한다. 영양분을 최대로 섭취할 수 있는 세포의 크기를 알아보자.

■ 문제의 이상화 및 자료수집

세포를 구의 형태라고 '단순화'하자. 세포의 반지름을 r이라 할 때, 흡수 영양분 A와 소비 영양분 C의 값은 비례상수 k_1, $k_2>0$에 대해 다음과 같이 된다.

$$A = k_1 S = 4k_1\pi r^2, \quad C = k_2 V = \frac{4}{3}k_2\pi r^3$$

한편, 영양분의 최대(혹은 최소) 섭취량 또는 영양분 섭취량의 증가(혹은 감소)는 미분을 통해 알 수 있다.

■ 수학적 모델 형성과 문제 해결

영양분의 증감상태는 흡수 영양분에서 소비 영양분을 뺀 값이 된다. 즉,

$$N = A - C = 4k_1\pi r^2 - \frac{4}{3}k_2\pi r^3$$

영양분의 증가율이 최대일 때의 세포 크기를 결정하기 위해 N의 도함수가 0이 되는 점(즉, 극점)을 계산하면

$$0 = N' = 8k_1\pi r - 4k_2\pi r^2 = 4\pi r(2k_1 - k_2 r),$$

즉 $r=0$ (즉, 세포가 없는 경우)와 $r=2\frac{k_1}{k_2}$가 극점이 된다.

이제 극점에서의 상황이 극대인지 극소인지를 보기 위해 2계도함수를 이용하자.

$$N'' = 8k_1\pi - 8k_2\pi r = 8\pi(k_1 - k_2 r)$$

이므로, $r = 2\frac{k_1}{k_2}$를 대입하면

$$N'' = 8\pi\left(k_1 - k_2 2\frac{k_1}{k_2}\right) = 8\pi(k_1 - 2k_1) = -8\pi k_1 < 0$$

이 되어, 극대점임을 알 수 있다.

■ 재해석

$r = 2\frac{k_1}{k_2}$일 때, 최대 영양분을 취득할 수 있다. 한편, 세포가 커져서 반지름이 $r > 3\frac{k_1}{k_2}$이 되면 세포는 위험한 상황이 됨을 앞의 예제로부터 알 수 있다.

■ 문제 상황 3

세포가 구의 형태가 아니라 원통형일 때는 어떻게 할 수 있을까? 영양분을 최대로 많이 얻을 수 있는 세포의 적절한 크기와 모형을 결정해보자.

■ 문제의 이상화 및 자료수집

반지름이 r이며 길이 L인 원통의 겉넓이 S와 부피 V는 다음과 같다.

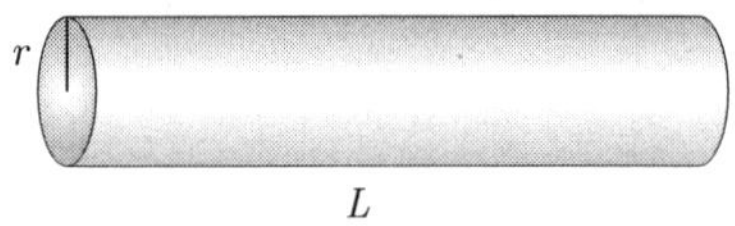

$$S = 2\pi rL + 2\pi r^2, \quad V = \pi r^2 L$$

■ 수학적 모델 형성과 문제 해결

부피식에서 $L = \frac{V}{\pi r^2}$이므로, S를 r에 관한 2차 식으로 표시할 수 있다.

$$S(r) = 2\pi r\frac{V}{\pi r^2} + 2\pi r^2 = 2\frac{V}{r} + 2\pi r^2$$

영양분의 증가(혹은 감소)는 도함수를, 극대(혹은 극소)는 2계도함수를 구하면 된다.

$$S'(r) = -2\frac{V}{r^2} + 4\pi r, \quad S''(r) = 4\frac{V}{r^3} + 4\pi$$

그런데 V의 값은 항상 양수이므로 $S''(r)>0$이 되어 위로 오목이다.

임계점을 찾기 위해 도함수가 0이 되는 점을 계산하자.

$$S'(r)=-2\frac{V}{r^2}+4\pi r=0$$

이므로

$$\frac{-2V+4\pi r^3}{r^2}=0,\ 즉\ 4\pi r^3=2V$$

이다. 따라서 반지름 $r=\left(\frac{V}{2\pi}\right)^{1/3}$일 때 S는 최솟값을 갖는다.

$r=\left(\frac{V}{2\pi}\right)^{1/3}$를 $L=\frac{V}{\pi r^2}$에 대하여 세포의 길이를 계산하자.

$$L=\frac{V}{\pi r^2}=V\pi^{-1}\left(\frac{V}{2\pi}\right)^{-2/3}=V^{1/3}\pi^{-1/3}4^{1/3}=\left(\frac{4V}{\pi}\right)^{1/3}$$

원통의 모양을 결정하기 위해 반지름 r과 길이 L의 비율을 계산해보자.

$$\frac{L}{r}=\frac{(4V\pi)^{1/3}}{(V/2\pi)^{1/3}}=8^{1/3}=2$$

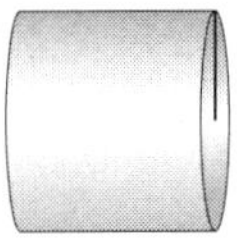

이는 원통의 길이가 반지름의 두 배, 즉 지름과 길이가 같을 때이다.

■ 재해석

$r=\left(\frac{V}{2\pi}\right)^{1/3}$일 때 넓이가 최소이다. 이 경우, 원통의 길이와 지름이 같아져서 세포가 짧고 뚱뚱한 형태를 이룬다.

참고 코끼리의 체세포 크기는 사람의 몇 배일까?
일반적인 체세포는 동물이라면 거의 구조가 같고 크기 또한 비슷하다. 또한 여러 기능을 하는 조직들 또한 유사한 기능을 하고 세포구성 또한 비슷하다. 몸집의 크기가 다른 것은 세포의 크기에 의한 것이 아니고 세포의 수에 따라 결정된다. 한편, 일반 체세포가 아닌 지방세포는 서로 크기가 다르다. 지방세포는 지방을 축적하는 기능을 하므로 축적정도에 따라 크기가 다르며 같은 종에서도 서로 다르다.

어떤 환자에게서 크기가 계속 커지는 종양 세포가 발견되었다. 여러 번의 검사 결과 종양의 반지름은 일정한 상수 k의 비율로 커지고 있음을 알았는데, 치료를 위해 종양의 성장 속도를 알아야 한다. 여기서 문제가 되는 것은 종양의 반지름은 관찰을 통해 측정할 수 있지만, 실제로 종양 치료에 필요한 것은 종양의 부피인 것이다.

■ 문제 상황 4

종양의 반지름이 1cm일 때 종양의 부피 증가율을 알아보자. 여기서 종양은 대략 구의 형태를 가진다고 가정한다.

■ 문제의 이상화 및 자료수집

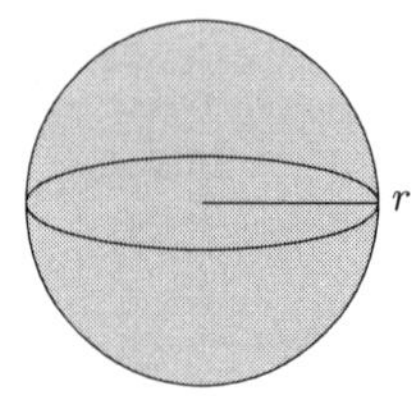

앞서 본 것처럼, 반지름 r인 종양의 부피는 $V=\frac{4}{3}\pi r^3$이다. 그런데 종양의 크기는 시간 t에 따라 변하므로, r과 V를 t에 관한 함수의 형태인 $r(t)$와 $V(t)$로 나타낸다. 또한 종양의 반지름은 일정한 상수 k의 비율로 커지므로 $\frac{dr}{dt}=k$이다.

■ 수학적 모델 형성과 문제 해결

부피는 시간에 대한 함수의 형태로 다음과 같이 표현할 수 있다.

$$V(t)=\frac{4}{3}\pi[r(t)]^3$$

이때 연쇄고리는 $V \frown r \frown t$이므로 연쇄 미분법칙 $\frac{dV}{dt}=\frac{dV}{dr}\frac{dr}{dt}$을 사용한다.

$$\frac{dV}{dr}=\frac{d}{dr}\left(\frac{4\pi}{3}[r(t)]^3\right)=\frac{4\pi}{3}\cdot 3[r(t)]^2=4\pi[r(t)]^2$$

이며, 또한 가정에서 $\frac{dr}{dt}=k$이므로,

$$\frac{dV}{dt}=\frac{dV}{dr}\cdot\frac{dr}{dt}=4\pi[r(t)]^2\cdot k=4k\pi[r(t)]^2$$

이다. 특별히 $r=1$일 때 $\frac{dV}{dt}=4\pi k$이다.

■ **재해석**

(i) 이 계산을 통해, 부피의 성장률은 반지름의 제곱에 비례함을 알 수 있다. 즉 비례상수 $4k\pi$를 가지며 $\dfrac{dV}{dt}=4k\pi\cdot r^2$가 된다. 한편 $\dfrac{dV}{dt}=k\cdot 4\pi r^2$로 표시할 수 있는데, $4\pi r^2$이 종양의 겉넓이라서 결국 부피의 성장률은 겉넓이에 비례한다고 설명할 수 있다.

(ii) 종양 세포의 모양을 구의 형태로 단순화한 것을 토대로, 종양 세포의 모양이 원통인 경우에도 부피증가율을 알 수 있는지를 생각해보자.

대부분 동물들의 번식은 계절과 밀접한 관계를 갖고 있다. 즉, 먹잇감이 풍부한 계절에 주로 새끼가 태어나며, 반면 철새와 같은 동물들은 이동하는 시기에는 번식하지 않는다.

한 세대의 개체 수는 바로 전 세대의 개체 수와 전 세대의 성장률의 합으로 나타낼 수 있다. 즉, n번째 계절의 개체수를 P_n이라 하고 개체 성장률을 $g(P)$라 하면, $n+1$번째 계절의 개체수 P_{n+1}은 다음과 같이 표시된다.

$$P_{n+1}=P_n+g(P_n)$$

■ **문제 상황 5**

성장률 $g(P)$는 $g(P)=0.02P-0.000025P^2$으로 표현된다고 하자.

(1) 성장률이 0일 때, 개체군의 크기는 더 이상 변화가 없는 평형 상태에 도달한다. 평형 상태에서의 개체수를 구해보자.

(2) 개체수가 최대로 성장할 수 있는 경우를 알아보자.

■ **문제의 이상화 및 자료 수집**

$g(P)=0.02P-0.000025P^2$의 그래프를 메이플이나 엑셀을 사용하여 그려보자.

```
> plot(0.02*P-0.000025*P^2, P=0 .. 850);
```

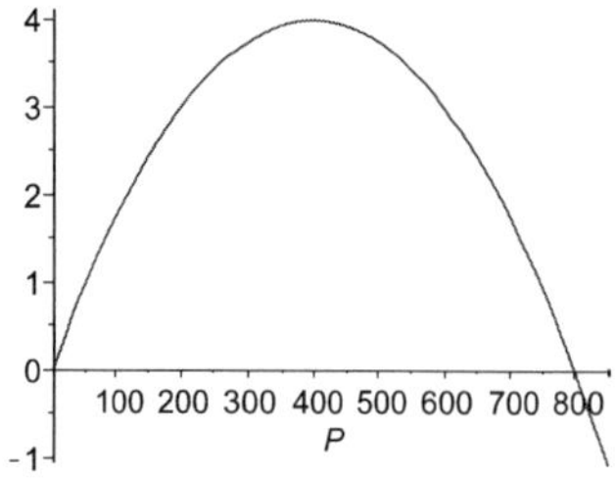

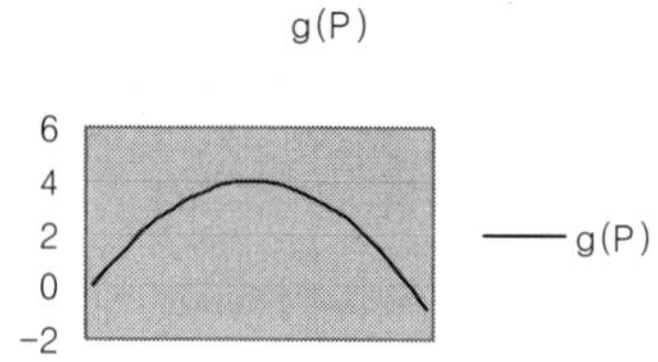

■ **수학적 모델 형성과 문제 풀이**

(1) 개체수가 평형(성장률$=0$)에 도달하는 때를 P_e라고 하자. 그러면 $g(P_e)=0$, 즉

$$0=0.02P_e-0.000025P_e^2=0.02P_e(1-0.000125P_e)$$

이 된다. 따라서 $P_e=0$ 또는 $P_e=\dfrac{1}{0.000125}=800$이 된다.

(2) 포물선의 정점은 성장률 $g(P)$가 최대인 때를 의미한다. 따라서 최대 성장은 두 개의 평형점 $P_e=0$과 $P_e=\dfrac{1}{0.000125}=800$의 중간값인 $P=400$일 때이다. 그때의 성장률은

$$g(400)=0.02(400)-0.000025(400)^2=4$$

이다.

위에서는 $g(P)$의 그래프를 그려서 성장률이 최대인 점과 최소인 점을 찾았으나, 미분의 개념을 사용하면 더욱 쉽게 볼 수 있다. 최대 성장률은 포물선의 정점에 해당하는 점이므로, 미분이 0이 되는 점이다. 즉,

$$g(P)=0.02P-0.000025P^2$$

로부터

$$g'(P)=0.02-0.00005P$$

이므로

$$0.02-0.00005P=0$$

즉 $P=\dfrac{0.02}{0.00005}=400$가 되어, 위에서 계산한 결과와 동일한 값을 얻는다.

■ **재해석**

400마리일 때 최대 성장하며, 800마리 이상이면 성장률은 0이 되어 더 번식하지 않는다.

다음의 도함수의 기본 성질을 기억해두면 편리하다.

도함수	어떤 구간에서 $f'(x)>0$이면 f는 그 구간에서 증가한다.
	어떤 구간에서 $f'(x)<0$이면 f는 그 구간에서 감소한다.
2계도함수	어떤 구간에서 $f''(x)>0$이면 f는 그 구간에서 위로 오목하다.
	어떤 구간에서 $f''(x)<0$이면 f는 그 구간에서 아래로 오목하다.

6.3 개체군의 성장 속도

고등학교 생물교과과정에서 배운 내용을 기억해보자.

문제 6.1 수정란이 5회 연속 분열하여 초기 배를 형성할 때 세포의 수는 몇 개인가? (11학년 생물 II 염색체)

문제 6.2 이상적인 조건에서 어떤 세균이 30분마다 1회 분열한다고 할 때, 세균 1개체는 24시간 후에 몇 개체로 되겠는가? (12학년 생물 II 생태계의 구조)

■ 문제 상황 6

하나의 E.coli는 적절한 환경에서 20분마다 분열한다. 1개가 2개로, 또 4개로, … 번식하는 기하급수형태로 증가하여 하루 동안에, E.coli 하나는 크기나 질량이 지구 전체와 동일해지는 거대한 개체군을 만들게 된다. 매 20분마다 분열하는 E.coli는 1일 후에 몇 개로 증식되는가? 개체수가 지구 크기가 될 만큼 커지기까지 얼마 걸릴까?

■ **문제의 이상화 및 자료수집**

E.coli 한 개의 질량과 지구의 질량을 알아보자.

E.coli 한 개의 질량 = 1나노그램(=10^{-9}g=10^{-12}kg)

$$지구의\ 질량 = 6 \cdot 10^{24}\text{kg}이다.$$

E.coli의 질량과 지구 질량은 비교할 수 없을 만큼 큰 차이가 있다.

일정 시간이 흐른 후에 E.coli 개체군의 크기(즉, E.coli의 개수)를 M이라 할 때, 개체군의 크기가 지구의 질량과 같아지려면

$$10^{-12}M = 6 \cdot 10^{24}$$

즉, 다음과 같은 관계로 된다.

$$M = \frac{6 \cdot 10^{24}}{10^{-12}} = 6 \cdot 10^{36}\text{kg}$$

■ **수학적 모델 형성과 문제 해결**

20분 단위로 분열하여 새로운 세대를 만들므로, 하루에는 총

$$24 \times 3 = 72\text{세대}$$

가 생긴다. 개체군의 크기는 기하급수적으로 팽창하여 매 분열시 두 배로 증식하므로, 1개의 세포로부터 출발한 개체군이 24시간 후에는 2^{72}개로 늘어난다. 대략 $2^{10} = 1024 \approx 1000 = 10^3$으로 생각하여, 이 값을 계산하면,

$$2^{72} \approx 2^2 \cdot (2^{10})^7 \approx 4 \cdot 10^{21}$$

정도가 되는데, 정확한 계산값 $4.7 \cdot 10^{21}$과 비교하면 비교적 좋은 근사값이다.

필요한 수학 내용: 지수와 로그의 기본적인 성질

① 지수와 로그함수의 기본 성질

$$e^{x+y} = e^x e^y, \qquad e^{-x} = \frac{1}{e^x}, \qquad (e^x)^y = e^{xy}$$

$$\ln(xy) = \ln(x) + \ln(y), \qquad \ln\left(\frac{1}{x}\right) = \ln(x^{-1}) = -\ln(x), \qquad \ln(x^n) = n\ln(x)$$

② 지수와 로그함수의 상관관례

지수와 로그는 서로 역함수의 관계이다. 즉 두 함수를 합성하면 항등함수가 된다.

$$\ln(e^x) = x \text{이며 } e^{\ln x} = x \text{이다.}$$

그러므로 두 함수는 직선 $y = x$에 의해 대칭이다.

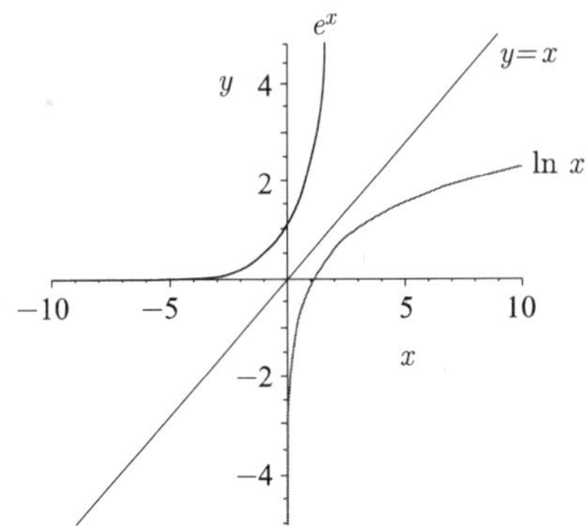

③ 지수와 로그함수의 기본 미적분 :

$$\frac{d}{dx}(e^x) = e^x, \qquad \int e^x dx = e^x + C$$

$$\frac{d}{dx}(\ln x) = \frac{1}{x}, \qquad \int \ln|x|\,dx = x\ln x - x + C$$

지수로그함수에 관한 기초이론은 8장에서 다시 배운다.

한편, t분 후에 추정되는 박테리아의 개수 $B(t)$를 알아보자.

시간($t$min)	0	20	40	60	80	⋯	1일 후
세포 수 $B(t)$	1	2	$2 \cdot 2$	$2 \cdot 2^2$	$2 \cdot 2^3$	⋯	2^{72}

그러므로

60분 후에 박테리아의 개수는 $B(60) = 2 \cdot 2^2 = 2^3 = 2^{\frac{60}{20}}$ 이며,

80분 후에 박테리아의 개수는 $B(80) = 2 \cdot 2^3 = 2^4 = 2^{\frac{80}{20}}$

인 것처럼,

$$t\text{분 후에 박테리아의 개수는 } B(t) = 2^{\frac{t}{20}}$$

로 표현된다. 따라서 박테리아 개체군이 지구만큼 커질 수 있는 시간 t는 다음과 같다.

$$6 \cdot 10^{36} = 2^{\frac{t}{20}}$$

이 식을 계산하기 위해, 양변에 로그함수를 취한다.

$$\ln(6 \cdot 10^{36}) = \ln(2^{\frac{t}{20}})$$

로그함수의 기본성질에 의해

$$\ln 6 + 36 \ln 10 = \frac{t}{20} \cdot \ln 2$$

가 되어서

$$t = \frac{20}{\ln 2} \cdot (\ln 6 + 36 \ln 10) = 20 \cdot \frac{\ln 6 + 36 \ln 10}{\ln 2} = 20 \cdot \frac{1.79 + 36(2.3)}{0.693} = 2441.27 \text{ (분)}$$

이 된다. 따라서 $\frac{2441.27}{60} = 40.68$시간이 걸린다.

■ **재해석**

20분마다 분열하는 박테리아 하나는 24시간 후에는 무려 $2^{72} = 4.7 \cdot 10^{21}$개로 증가한다. 더욱이 2일 안에, 즉 41시간 내로 지구 질량과 동일한 크기의 박테리아 군을 이루는 놀라운 번식속도를 보인다. 여기서 기본 가정은 박테리아 번식을 전혀 통제하지 않는다는 상황이다. 다시 말해서 이상적인 조건이 전제된 상황으로서, 주변 환경이 무제한으로 크며, 적당한 영양이 제공되고, 천적이 존재하지 않으며 또한 질병이나 면역 등에서 자유롭다는 가정이다. 그러나 현실 세계에서 이러한 이상적인 환경은 존재할 것 같지 않으므로, 박테리아의 무제한적 급격한 성장은 염려할 필요가 없다.

수학이야기 지수함수와 오일러(L. Euler, 1707~1783)

스위스의 가난한 목사 가정에서 태어난 오일러의 천재성은 어려서부터 놀라움이었다. 19살 되던 때 프랑스 학술원 주최 논문 대회에서 2등상을 받았는데, 그의 논문은 배에 돛을 다는 최적의 위치를 결정하는 방법에 관한 것이었다. 내륙국가인 스위스에서 살아서 그때까지 배커녕 바다조차 본 일이 없었던 그가 단지 수학적 상상과 계산만으로 이러한 연구를 하였다는 것은 신기에 가깝다고 할 수 있다.

수학에서 사용하는 수많은 기호 중에서 지수함수 e는 오일러의 독창성의 극치를 보

여준다. 그 외에서 삼각함수를 나타내는 sin, cos, tan의 기호를 처음으로 고안하였으며, 함수를 나타내는 기호 $f(x)$도 창안했다. 또한 원주율의 기호 π도 윌리엄 존스(1675~1749)가 처음 사용하기는 하였지만, 오일러를 통해 표준화 되었다.

오일러는 러시아 여왕의 초청을 받아 러시아로 이주하였다. 무리할 만큼 지속된 연구로 인해 1738년에 눈에 이상이 생겨 결국 한쪽 시력을 잃게 되었다. 1741년에 프리드리히 대왕의 초빙으로 베를린으로 갔었지만, 러시아 여왕이 또 다시 오일러를 초청했다. 시력을 잃어버리게 되었던 러시아로 돌아가고 싶지 않았으나, 베를린 사람들과의 불화도 있어서 1766년에 다시 러시아로 갔다. 그런데 러시아의 혹한은 그의 남은 한쪽 눈마저 앗아갔다. 완전히 실명한 오일러는, 그럼에도 불구하고 왕성한 연구 결과를 만들어냈다. 눈이 보이지 않은 채로 하인에게 구술 작업을 시키면서 새로운 저술을 내놓았는데, 그의 열정은 그칠 줄 몰랐고 그 모든 게 실명한 상태의 업적이라는게 놀라울 따름이다. 전해지는 말에 의하면 1783년에 손자와 놀면서 천왕성의 궤도를 계산하다가 '죽는다'는 한 마디를 남기고 세상을 떠났다고 한다. 마치 '사람들이 숨 쉬듯이, 새가 하늘을 날듯이' 그렇게 수학 연구를 하였다고 묘사되는 오일러는 불멸의 수학 천재이다.

2006년 월드컵 게임을 거치면서 오일러의 이름은 다시금 유명세를 탔다. 그의 수많은 연구 중에서 오일러의 정리라 불리는 것은, "구와 연결 상태가 같은 다면체에서 꼭지점의 개수 e, 모서리의 개수 k, 면의 개수 f 사이에 관계식 $e-k+f=2$이 성립한다"는 것이다. 이를 기념하기 위해 우표가 만들어졌을 정도이다(독일, 1983년).

$$\text{정4면체: } e-k+f=4-6+4=2$$
$$\text{정12면체: } e-k+f=12-30+20=2$$

한편, 기존의 축구공들은 정육각형 조각 20개와 정오각형 조각 12개를 이어 붙여 만든 32면체이므로

$$\text{축구공: } e-k+f=60-90+32=2$$

가 되어 역시 오일러 공식에 충실한 것이다.

그렇기 때문에 다면체의 꼭짓점과 모서리, 면의 개수 사이의 특별한 관계를 설명한 오일러 정리는 그동안 '축구의 과학'에서 빼놓을 수 없는 것이었다. 그러나 2006년 월드컵에서 선보인 축구공 팀가이스트는 더 이상 오일러의 정리를 만족시키지 않았다. 과학의 관점에서 볼 때 팀가이스트는 다면체에서 구로 진화한 최초의 월드컵 공이었다.

피버노바를 비롯한 기존의 축구공은 모두 32면체로서 12개의 5각형과 20개의 6각형을 이어 붙여 둥글게 만들었다. 그러나 팀가이스트는 14개의 굽은 조각을 이어 붙였다. 더 이상 꼭짓점이나 모서리가 없는, 구에 더욱 가까운 공이 된 것이며 게다가 팀가이스트는 표면마저 매끈매끈하다. 공이 구에 가까울수록 공의 마찰계수가 작아지며, 마찰계수가 낮으면 골키퍼는 수비에 어려움을 겪는다. 또한 팀가이스트에서는 조각과 조각을 이어붙인 홈의 길이도 짧아졌고 바느질을 하지 않고 접착제로 조각을 이어 붙였다. 사람이 바늘로 조각을 깁는 경우 오차가 발생할 수 도 있으며 바늘땀 사이로 물이 들어갈 수 있어 공에 따라 수분 함량이 달라진다. 그러나 팀가이스트는 접착제를 사용해 기계적으로 붙였기 때문에 수분이 들어가기 훨씬 어렵게 됐다.

6.4 미분을 활용한 모델링

사람 몸속의 피의 흐름은 건강에 아주 큰 영향을 미친다. 실제로 고혈압 혹은 동맥경화증 환자 등은 모두 피 흐름이 원활치 않은 경우이다. 뿐만 아니라, 물의 흐름 혹은 고속도로에서 차량의 흐름을 계산하는 것은 현대 사회에서 중요한 문제들이다.

■ 문제 상황 7

어떤 환자의 혈관의 약 5cm 부분을 관찰한 결과 반지름이 0.008 cm이었다. 점도는 0.027이고 혈관 양 끝에서의 압력 차이를 4000 dynes/cm^2라고 할 때, 혈관 중심으로부터 0.002 cm 떨어진 위치에서 혈류의 속도의 순간변화율을 알아보자(dynes/cm^2는 단위 면적당 압력의 단위이다).

■ 문제의 이상화 및 자료수집

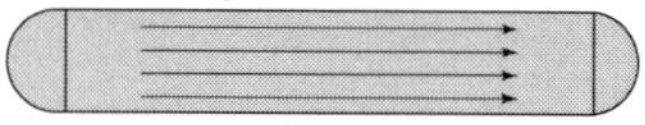

혈관을 단순화하여 지름 R, 길이 l인 원통형이라고 하자. 혈관벽의 마찰 때문에 혈류의 속도 v는 혈관의 중심축

을 따라 흐를 때 최대이고 중심축에서부터 r만큼 멀어져 감에 따라 점점 느려져서 혈관 벽에서의 속도는 거의 없다고 가정하자.

n을 점도(viscosity)라 하고 P는 혈관 양 끝의 압력의 차이라고 할 때, 1840년에 포아실레(J.L.M. Poiseuille, 1797～1869)는 혈관 중심축에서 r정도 떨어진 곳에서의 혈류속도 v를 다음과 같이 나타냈다.

$$v(r) = \frac{P}{4nl}(R^2 - r^2)$$

따라서 $r=0$ (즉, 혈관의 중심)일 때 $v = \frac{P}{4nl}R^2$이 최대의 속도이며, $r=R$ (즉, 혈관 벽)일 때 $v=0$으로서 혈류의 흐름이 전혀 없다.

중심축으로부터 $r=r_1$에서 $r=r_2$까지 멀어져감에 따라 혈류 속도의 평균변화율은

$$\frac{\Delta v}{\Delta r} = \frac{v(r_2) - v(r_1)}{r_2 - r_1}$$

이 되며, $r=r_1$에서의 순간 변화율은 $\frac{\Delta v}{\Delta r}$의 극한값으로서 다음과 같다.

$$\lim_{\Delta r \to 0} \frac{\Delta v}{\Delta r} = \lim_{r_2 \to r_1} \frac{v(r_2) - v(r_1)}{r_2 - r_1} = v'(r_1)$$

■ 수학적 모델 형성과 문제 풀이

이 환자의 외적인 혈관 조사에서 지름 $R=0.016$ cm이며, 검사 혈관길이 $l=5$ cm이며, 점도 $v=0.027$이고, 혈관 양 끝에서의 압력 차이 $P=4000$이라 하였으므로, 혈관 중심으로부터 $r=0.002$에서 혈류의 순간변화율

$$\lim_{\Delta r \to 0} \frac{\Delta v}{\Delta r} = \lim_{r_2 \to r_1} \frac{v(r_2) - v(r_1)}{r_2 - r_1} = v'(r_1)$$

를 계산할 수 있다. 그런데 $v(r) = \frac{P}{4nl}(R^2 - r^2)$이므로,

$$v'(r) = \frac{P}{4nl}(-2r) = \frac{4000}{4 \cdot 0.027 \cdot 5}(-2 \cdot 0.002) = -29.6$$

이 된다.

■ 문제 상황 8 미분을 활용한 속도와 가속도, 접선 문제

4미터 높이에서 공이 떨어지고 있다. 공의 낙하거리를 0.1초 단위로 측정하였더니 다음 표와 같이 되었다.

시간(sec)	0	0.1	0.2	0.3	0.4	0.5	0.6	0.7	0.8	0.9
거리(cm)	0	5	19	44	78	123	176	240	313	396

$t \in [0,\ 0.3]$, $t \in [0.3,\ 0.6]$ 그리고 $t \in [0.6,\ 0.9]$에서의 평균속도를 구하여라. 이 평균속도들을 각 시간 구간의 중간시각에서의 값과 비교하고, 시간 함수에 대한 평균속도의 그래프를 그려라. 이 점들이 직선과 어떤 관계이며, 이 직선의 방정식을 구하여라.

■ 문제의 이상화 및 자료 수집

위 데이터를 그래프로 표시해보자

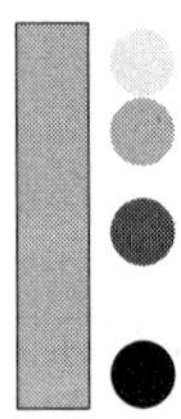

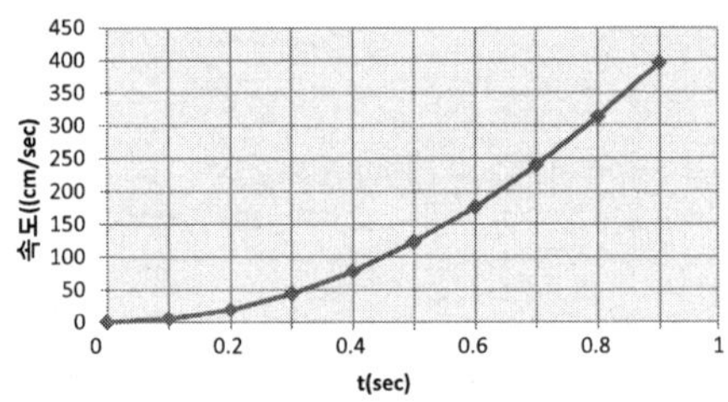

시간에 따른 낙하거리는 포물선을 만든다. 이는 시간이 흐름에 따라 일정 시 구간에서 낙하거리가 길어짐을 알 수 있고, 즉 낙하속도가 빨라짐을 의미한다.

그런데 평균속도$=\dfrac{\text{공의 낙하거리}}{\text{시간 변화량}}$이므로, 공이 떨어지기 시작하여 0.9초 동안 공의 평균속도는 $v=\dfrac{396-0}{0.9-0}=440(\text{cm/sec})$이다.

한편, 0.1초와 0.3초 사이에서 평균속도는 $v=\dfrac{44-5}{0.3-0.1}=195$이며

0.5초와 0.7초 사이의 평균속도는 $v=\dfrac{240-123}{0.7-0.5}=585(\text{cm/sec})$이며,

0.7초와 0.9초 사이의 평균속도는 $v=\dfrac{396-240}{0.9-0.7}=780$이다.

■ 수학적 모델 형성과 문제 풀이

시간 구간에서의 평균속도는 거리변화/시간변화이다.

시간구간	$t \in [0, 0.3]$	$t \in [0.3, 0.6]$	$t \in [0.6, 0.9]$
평균속도 (cm/sec)	$v(0.15) \approx \dfrac{44-0}{0.3-0} = 146.67$	$v(0.45) \approx \dfrac{176-44}{0.6-0.3} = 440$	$v(0.75) \approx \dfrac{396-176}{0.9-0.6} = 733.3$

따라서 (0.15, 146.67), (0.45, 440), (0.75, 733.3)가 되므로 3.3절에서 배운 최소제곱법을 사용하여 이 데이터를 잘 분석할 수 있는 모델식을 만들어보자.

$$\text{평균시간 } \bar{t} = \frac{0.15+0.45+0.75}{3} = 0.45,$$

$$\text{평균속도 } \bar{v} = \frac{146.67+440+733.3}{3} \approx 440$$

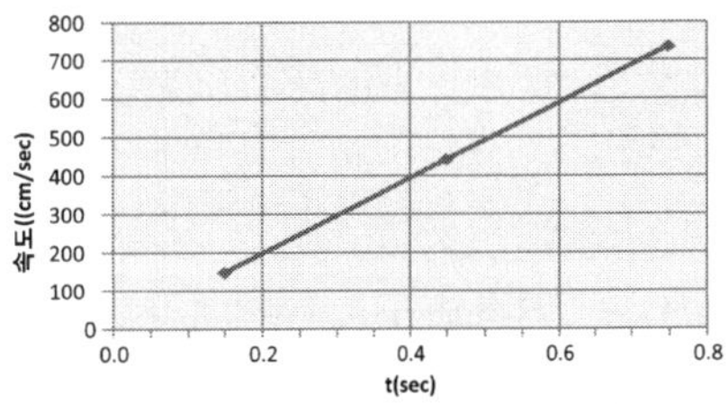

이므로,

$$\text{기울기 } a = \sum_{i=1}^{3} \frac{(t_i - \bar{t})(v_i - \bar{v})}{(t_i - \bar{t})^2} = 977.7$$

이다. 그러므로 $\bar{v} = a\bar{t} + b$로부터, $b = \bar{v} - a\bar{t} = 440 - 977.7(0.45) \approx 0$이다. 따라서 모델식은 $v = 977.7t$가 된다. 원점을 지나는 1차 직선이다.

■ 문제 상황 9

새 한 마리가 지면 위 18 ft에서 날고 있다. 12 ft 높이의 선반 위에 있는 고양이는 속도 16 ft/sec로 수직으로 뛰어오를 수 있다. 공기저항은 무시하고 중력가속도 −32 ft/sec를 사용하여, 지면에서 고양이 위치는 $h(t) = 12 + 16t - 16t^2$로 표시된다.

(1) 고양이가 도달할 수 있는 최대 높이는 얼마이며, 그 높이에 도달하려면 어느 정도 시간이 걸리나? 고양이는 새를 잡을 수 있을까?

(2) 각 시간 구간 $t \in \left[0, \frac{1}{2}\right]$, $t \in \left[\frac{1}{2}, 1\right]$, $t \in \left[1, \frac{3}{2}\right]$에서 고양이의 평균속도를 구하여라. 고양이가 지면에 정착하는 시간은 언제이며 그때의 속도는 얼마인가?

■ 문제의 이상화 및 자료 수집

이 문제는 고양이의 위치를 그래프로 그릴 수 있으면 많은 부분 해결할 수 있다.

엑셀프로그램을 사용해보자.

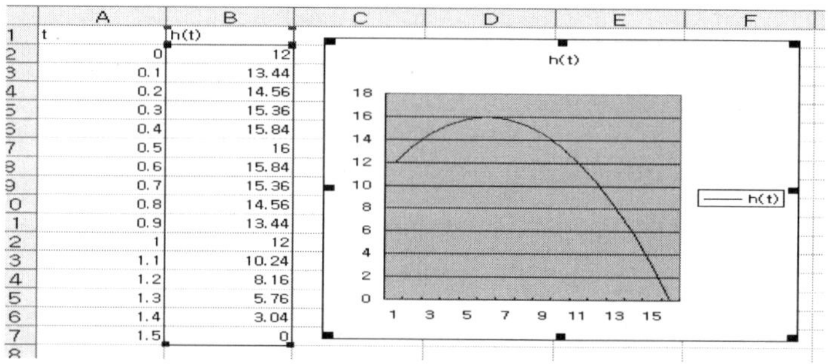

한편 주어진 2차 방정식을 해석하여 정확한 그래프를 그려볼 수도 있다.

$$h(t) = 12 + 16t - 16t^2 = -4(4t^2 - 4t - 3) = -4(2t+1)(2t-3) = 0$$

이므로, 절편은 $t = -0.5$과 $t = 1.5$이다.

또한 중점은 $t = 0.5$이며, 그 점에서의 함수값은

$$h(0.5) = 12 + 16(0.5) - 16(0.5)^2 = 16$$

이다. 따라서 t에 대한 고양이 위치를 그래프를 그릴 수 있다. 고양이는 0.5초 만에 최대 높이 16 ft에 도달하며, 새의 위치(18 ft)에 달할 수는 없다.

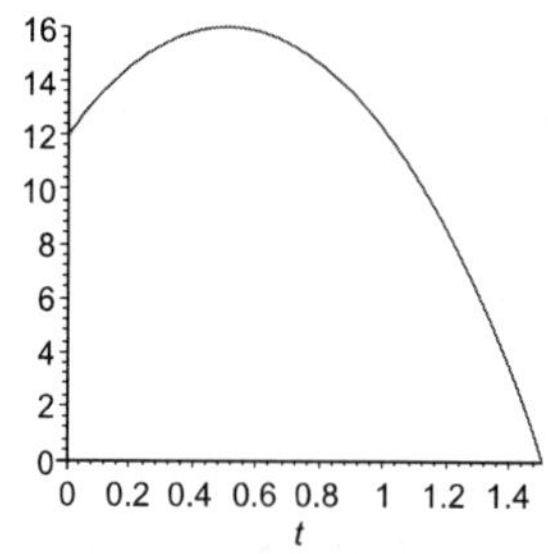

■ **수학적 모델 형성과 문제 풀이**

각 시 구간에서의 평균속도는 다음과 같다.

$$v(0) = \frac{h(0.5) - h(0)}{0.5} = \frac{16-12}{0.5} = 8,\ v(0.5) = \frac{h(1) - h(0.5)}{0.5} = \frac{12-16}{0.5} = -8,$$

$$v(1) = \frac{h(1.5) - h(1)}{0.5} = \frac{0-12}{0.5} = -24 \text{ (단위: ft/sec)}$$

한편, 고양이는 시간 $t = 1.5$초에서 $h(t) = 0$가 되어 지면에 안착한다. $t = 1.5 + \Delta t$일 때

$$h(1.5 + \Delta t) = 12 + 16(1.5 + \Delta t) - 16(1.5 + \Delta t)^2 = 0 - 32\Delta t - 16\Delta t^2$$

이므로 $t = 1.5$일 때의 평균속도는

$$v(1.5) = \frac{h(1.5 + \Delta t) - h(1.5)}{\Delta t} = \frac{-32\Delta t - 16\Delta t^2 - 0}{\Delta t} = -32 - 16\Delta t.$$

Δt가 작아질 때, 이 값은 $v(1.5) = -32$ ft/sec로 수렴한다. 그러므로 고양이는 $t = 1.5$초일 때 속도 $v(1.5) = -32$ ft/sec로 지면에 닿는다.

■ 문제 상황 10

어느 지역에서 전출자 수를 고려한 인구성장 모델이다.

$$P_{n+1} = G(P_n) = (1+r)P_n - \mu \ (P_n\text{은 } n\text{개월 후의 인구수})$$

여기서 $r = 0.2$는 매달 인구 성장률이며 $\mu = 1000$은 그 지역의 전출자 수의 비율이다.

(1) 그 지역 초기 인구수를 $P_0 = 6000$라 할 때, 한 달, 두 달 후의 인구수 P_1과 P_2는?

(2) 평형점(더 이상 인구의 변화가 없어지는 때)을 구하여라.

(3) 미분 $G'(P)$하여 평형점 근방에서의 근의 형태를 알아보자. 만약 인구수가 평형점보다 낮은 점에서 시작하였다면 이 지역의 인구는 결국 어떤 형태가 될 것인가?

■ 문제의 이상화 및 자료 수집

식 $P_{n+1} = G(P_n) = (1+r)P_n - \mu$을 이산적 역학모델이라 부르는데, 이번 달의 인구수는 지난 달 인구의 자연증가 수에서 이주해 나간 사람의 수를 뺀 값으로 결정된다.

■ 수학적 모델 형성과 문제 풀이

$P_0 = 6000$이므로 $P_1 = (1+0.2)6000 - 1000 = 6200$이고 $P_2 = 6440$이다.

평형점 P_e는 더 이상 인구수의 변화가 없는 때로서 $P_e = P_{n+1} = P_n$ 이 되는 경우, 즉

$$P_e = 1.2P_e - 1000$$

을 만족하는 값이다. 따라서

$$0.2P_e = 1000, \quad P_e = 5000$$

이다. 그러므로 이 지역의 인구가 5000명이라면 인구의 변화는 전혀 없이 항상 일정한 크기를 갖는다.

평형점이란 더 이상 인구의 변화가 일어나지 않는 시점을 말한다. 이것을 성장률과 도함수로 설명하면 평형점 P_e에서 성장률은 0이며 도함수는 $G'(P_e) = 0$이라는 것이다. 그러므로 만일 어떤 점 P에서 $G'(P) < 1$이면 안정한 상태로서 평형점을 수렴하지만, $G'(P) > 1$이면 평형점으로부터 점차 멀어진다.

$$G(P) = (1+r)P - \mu \text{로부터 } G'(P) = (1+r) = 1.2 > 1$$

이므로 이 근은 안정적이지 못하다. 만일 평형점 5000보다 작은 인구수, 예를 들어 어느 달의 인구가 4000에서 시작했다면, 그 다음 달은 $1.2(4000) - 1000 = 3800$명, 또 그 다음 달은 $1.2(3800) - 1000 = 3560$명으로 점차 줄어들다가 어느 시점에서 인구는 소멸해버린다.

■ 문제 상황 11

집단생활을 하는 동물들은 번식하기 위해 적정한 최저 개체수가 유지되어야 한다. 미국 샌디에고 동물원에는 소수의 플라밍고만 있기 때문에 인근의 다른 동물원에서 플라밍고 몇 마리를 이주시키지 않는 한 번식을 못할 것이라고 한다.

군생하는 어떤 조류 종의 개체수 N_n(n: 세대수)를 표시하는 모델로 다음이 있다.

$$N_{n+1} = A(N_n) = N_n + 0.2N_n\left(1 - \frac{1}{16}(N_n - 6)^2\right) \text{ (단위: 천 마리)}$$

(1) 최초의 개체수를 $N_0 = 4$라 할 때, 다음 두 세대의 개체수 N_1과 N_2를 알아보자.

(2) 평형 상태를 알아보자. 각 평형점에서의 $A'(N)$을 구하여 평형점 근방에서의 근의 작용을 알아보자.

■ 문제의 이상화 및 자료 수집

식 $A(N_n)$을 전개하여 다음의 식을 얻을 수 있다.

$$A(N_n) = N_n + 0.2N_n\left(1 - \frac{1}{16}(N_n - 6)^2\right) = \frac{3}{4}N_n + \frac{3}{20}N_n^2 - \frac{1}{80}N_n^3$$

■ 수학적 모델 형성과 문제

(1) $N_0 = 4$이므로 $N_1 = A(N_0) = 4 + 0.2(4)\left(1 - \frac{1}{16}(4-6)^2\right) = 4.6$ (천)이다. 또한 $N_2 = 5.407$이다.

(2) 평형상태에서 개체수를 N_e라 하면, $N_e = A(N_e)$, 즉

$$N_e = N_e + 0.2N_e\left(1 - \frac{1}{16}(N_e - 6)^2\right)$$

가 된다. 따라서 $0.2N_e\left(1 - \frac{1}{16}(N_e - 6)^2\right) = 0$인 데, 이것을 풀면

$$\frac{1}{16}(N_e - 6)^2 = 1, \text{ 즉 } N_e - 6 = \pm 4$$

이므로 $N_e = 0,\ 2$ 또는 10이다

미분은 $A'(N) = \frac{3}{4} + \frac{3}{10}N - \frac{3}{80}N^2$이다.

$N_e = 0$일 때, $A'(0) = \frac{3}{4} < 1$이므로 이 평형점은 안정된 상태로서 0으로 단조 수렴한다.

$N_e = 2$일 때, $A'(0) = \frac{6}{5} > 1$이므로 안정상태가 아니며 값 2로부터 발산해버린다.

$N_e = 10$일 때, $A'(10) = 0$이므로 평형점은 안정된 상태로서 10으로 단조 수렴한다.

■ **재해석**

만약 개체수가 $2000(N_e = 2)$보다 적다면 이 조류는 멸종한다. 한편 개체수가 2000보다 많으면 이 조류는 $N_e = 10{,}000$까지 개체수가 늘어난다.

‖ 근사값 모델링 ‖

어떤 점에서 함수의 값을 정확히 찾기 힘들 때는 근사값을 계산하는 방법을 택하게 된다. 근사값 계산법에는 여러 종류가 있지만, 여기서는 평균값을 이용하는 방법과 뉴턴-랩슨 방법을 알아보자.

정리 6.2 미분의 평균치 정리를 응용하는 근사값 계산

주어진 함수 $f(x)$의 점 x_0에서 접선의 방정식의 기울기는

$$\frac{y - f(x_0)}{x - x_0} = f'(x_0)$$

이며 접선식은

$$y = f(x_0) + f'(x_0)(x - x_0)$$

이다. 따라서 $x = x_0$ 부근에서 함수의 값을 다음의 근사값으로 표현될 수 있다.

$$f(x) \approx f(x_0) + f'(x_0)(x - x_0)$$

■ 문제 상황 12

근사값 방법을 사용하여 $\sqrt{6}$를 계산하여라. 또한 근사값 방법의 장단점을 분석하여라.

■ 문제의 이상화 및 자료수집

실제로 $\sqrt{6}$의 값은(특별히 외우고 있지 않는 한) 잘 모른다. 그러나 $\sqrt{4}$와 $\sqrt{9}$의 값은 각각 2와 3으로서 누구나 잘 알고 있다. 이제 $\sqrt{6}$의 값을 계산할 수 있는 함수로서

$$y = f(x) = \sqrt{x}$$

를 택하며, 또한 6과 근접한 점으로서 잘 알고 있는 값을 $x = 4$에서 택해보자.

■ 수학적 모델 형성과 문제 해결

제곱근의 미분에 대해 기억해보자. $f(x) = \sqrt{x} = x^{\frac{1}{2}}$이므로

$$f'(x) = \frac{1}{2}x^{1-\frac{1}{2}} = \frac{1}{2}x^{-\frac{1}{2}} = \frac{1}{2}\frac{1}{x^{\frac{1}{2}}} = \frac{1}{2\sqrt{x}}$$

이다. 그러므로 $x_0 = 4$에서

$$y = f(x) \approx f(x_0) + f'(x_0)(x - x_0)$$

의 값은 다음과 같다.

$$\begin{aligned} y &= f(x) \approx f(x_0) + f'(x_0)(x - x_0) \\ &= \sqrt{4} + \frac{1}{2\sqrt{4}}(x-4) = 2 + \frac{1}{2}(x-4) \end{aligned}$$

따라서 $x = 6$에서의 함수값 $\sqrt{6}$의 근사값은

$$y = 2 + \frac{1}{4}(6-4) = 2 + 0.5 = 2.5$$

이다. 물론 2.5는 정확한 값 $\sqrt{6} = 2.4495$과 약간 오차가 있으나, $x = 4$와 가까운 점에서 계산하면 오차를 줄일 수 있다.

표. 함수 $y = f(x) = \sqrt{x}$ 에서 $x = 4$에 기초한 선형근사치: 정확한 값과 근사값의 비교

x	$f(x) = \sqrt{x}$ 정확한 값	$f'(x) = \dfrac{1}{2\sqrt{x}}$	$f(x) \approx f(x_0) + f'(x_0)(x - x_0)$ 근사값
0	0		1 (즉 $2 + \frac{1}{4}(0-4) = 2 - 1 = 1$)
2	1.4142135	0.35355	1.5 (즉 $2 + \frac{1}{4}(2-4) = 2 - 0.5 = 1.5$)
4	2	0.25000	2
6	2.4494897	0.20412	2.5
8	2.828427124	0.17677	3
10	3.1622776	0.15811	3.5
12	3.4641016	0.14433	4
14	3.7416573	0.13363	4.5
16	4	0.1250	5

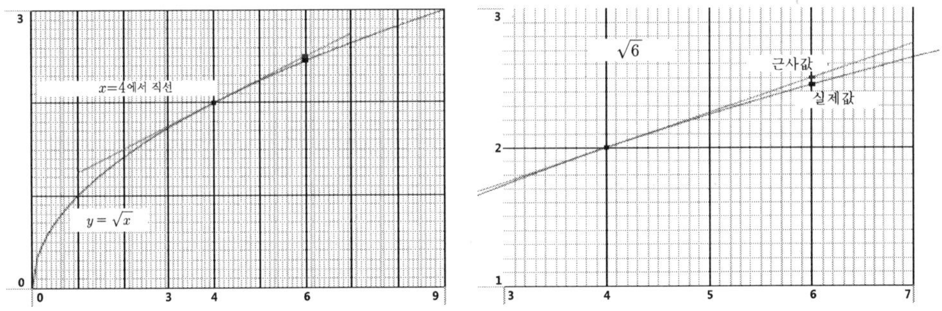

이러한 방법의 근사값 계산은 장점과 단점을 다 가지고 있다.

장점: 사용하기 용이하며, 단지 미분값과 간단한 연산만 하면 된다.

단점: 접선을 만드는 점과 상당히 근접한 점에서만 그 근사값이 의미를 갖는다.

가령 $\sqrt{14}$ 의 근사값을 구하기 위해 $x_0 = 4$에 대한 $\sqrt{4} = 2$를 사용하면 많은 오차가 생긴다. 14와 가까운 점, 가령 이 경우는 $x_0 = 9$에서 $\sqrt{9} = 3$ 또는 $x_0 = 16$에서 $\sqrt{16} = 4$를 사용하는 것 좋으며, 그 중에서도 14와 비교할 때 $x_0 = 16$이 더 효과적인 점이다.

실제로 $y = f(x) \approx f(x_0) + f'(x_0)(x - x_0) = \sqrt{x_0} + \dfrac{1}{2\sqrt{x_0}}(x - x_0)$에서

$x_0 = 16$일 때, $y = f(x) \approx \sqrt{16} + \dfrac{1}{2\sqrt{16}}(x - 16) = 4 + \dfrac{1}{8}(x - 16)$로서,

$$\sqrt{14} \approx 4 + \frac{1}{8}(14-16) = 3.75$$

이다. 또한,

$$x_0 = 9\text{일 때, } y = f(x) \approx \sqrt{9} + \frac{1}{2\sqrt{9}}(x-9) = 3 + \frac{1}{6}(x-9)\text{로서}$$

$$\sqrt{14} \approx 3 + \frac{1}{6}(14-9) = 3.83$$

이다. 그런데 $\sqrt{14} = 3.74$이므로, 예측한 것처럼 $x_0 = 16$를 사용한 3.75가 더욱 근사한 값이다.

예제 6.9 $\sqrt[3]{87}$의 근사값을 엑셀을 활용하여 해결해보자.

풀이 ▸ $4^3 = 64 < 87 < 5^3 = 125$이므로, 비교 대상으로 $x = 64$와 $x = 125$를 각각 택하자.

87의 삼제곱근 계산

M13

	A	B	C	D	E
1	x	x prime		f(x0)+ 1/48	(x-x0)
2	63	0,021053		3,979167	
3	64	0,020833		4	
4	65	0,020619		4,020833	
5	66	0,02041		4,041667	
6	67	0,020207		4,0625	
7	68	0,020008		4,083333	
8	69	0,019814		4,104167	
9	70	0,019625		4,125	
10	71	0,01944		4,145833	
11	72	0,01926		4,166667	
12	73	0,019084		4,1875	
13	74	0,018911		4,208333	
14	75	0,018743		4,229167	

중략

	A	B	C	D	E
24	85	0,017242		4,4375	
25	86	0,017109		4,458333	
26	87	0,016977		4,479167	
27	88	0,016848		4,5	

M14

	A	B	C	D	E
1	x	x prime		5+1/75(A2-125)	
2	125	0,013333		5	
3	124	0,013405		4,986667	
4	123	0,013477		4,973333	
5	122	0,013551		4,96	
6	121	0,013626		4,946667	
7	120	0,013701		4,933333	
8	119	0,013778		4,92	
9	118	0,013856		4,906667	
10	117	0,013934		4,893333	
11	116	0,014014		4,88	
12	115	0,014095		4,866667	
13	114	0,014178		4,853333	

중략

	A	B	C	D	E
36	91	0,016476		4,546667	
37	90	0,016598		4,533333	
38	89	0,016722		4,52	
39	88	0,016848		4,506667	
40	87	0,016977		4,493333	
41	86	0,017109		4,48	

87의 삼제곱근을 계산하기 위해 적당한 비교 대상값을 찾자. 이 경우 $4^3 = 64$이며 $5^3 = 125$이므로 87의 삼제곱근은 4와 5 사이의 값이 된다. 함수 $f(x) = \sqrt[3]{x}$의 미분 식 1/3*A2^(-2/3)을 B열에 입력한다. 또한 근삿값계산을 하는 수식 $f(x_0) + f'(x_0)(x - x_0)$을 D열에 입력한다. 실제로 왼쪽 표는 $x_0 = 64$로 택하였으므로 D열에 수식 $4 + \frac{1}{48}(x - x_0)$을 입력하며, 오른쪽 표는 $x_0 = 125$로 택하였으므로 수식 $5 + \frac{1}{75}(x - x_0)$을 입력한다. 위의 계

산에서 $x_0 = 64$로 하면 $\sqrt[3]{87} \approx 4.479167$, $x_0 = 125$로 하면 $\sqrt[3]{87} \approx 4.49333$를 얻었다. 이 값들은 $\sqrt[3]{87} \approx 4.431$와 비교할 때 거의 유사한 값이지만, $x_0 = 64$로 택하는 경우에 더 좋은 근삿값을 갖게 된다.

> **뉴턴의 근사값 방법에 의한 근사값 계산**
> 뉴턴의 방법은 함수의 근을 근삿값으로 찾는 방법이다.

수학에서 가장 기본적인 문제 중의 하나는 방정식의 근을 찾는 것이다. 간단히 인수분해를 통해 근을 구할 수도 있고, 2차 방정식의 경우 근의 공식을 이용할 수도 있다.

그러나 가령 $y = \sin x$와 $y = x^2$이 서로 만나는 점(교점)을 찾아야 한다면 어떤 방법을 사용할 수 있을까? 이 문제는 다음과 같이 생각할 수 있다.

예제 6.10 $y = \sin x$와 $y = x^2$의 교점 찾는 문제

풀이 ▸

```
> plot([sin(x), x^2], x=-3..3, y=-1.5..1.5);
```

그래프를 통해 교점은 $x = 0$인 점과 대략 $x = 1$부근에서 생기는 것으로 보인다.

예제 6.11 방정식 $\sin x = x^2$, 즉 $\sin x - x^2 = 0$의 근을 찾는 문제

풀이 ▸

```
> plot(sin(x)-x^2, x=-3..3, y=-2..2);
```

그래프에서 볼 수 있듯이 $x = 1$인 근방에서 근이 존재한다.

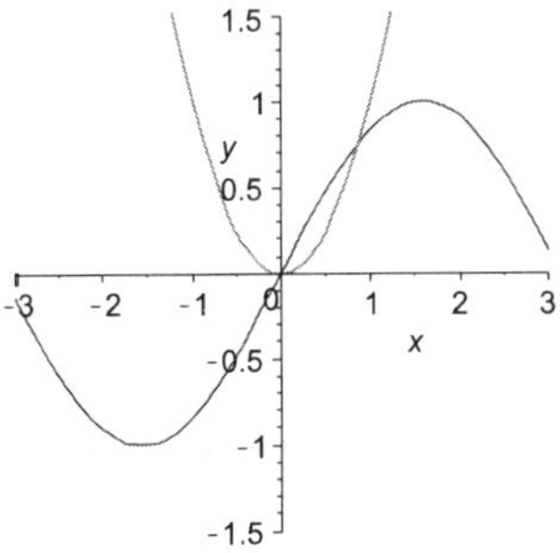

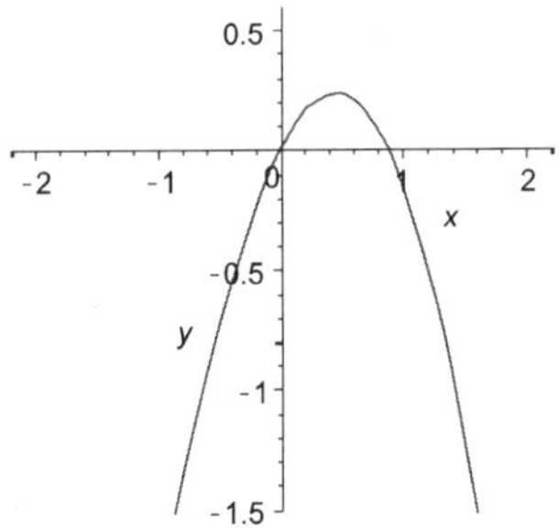

그러나 실제로 $\sin x - x^2 = 0$의 정확한 근을 찾아낼 수 있는 방법은 없다. 단지 근사값을 계산할 수 있는데, 바로 이때 뉴턴의 방법은 아주 효과적이다.

‖ 뉴턴법(Newton's method) 또는 뉴턴-랩슨법(Newton-Raphson method) ‖

목적: $f(x)$의 근의 근사치를 구하는데 필요한 방법이다.

아이디어: 찾고자 하는 근으로 무한히 수렴하는 수열을 만든다.

방법: 다음과 같은 순서를 따라 한다.

- 초기치 x_0를 택한다.
- $f(x_0)$에서의 접선이 x축과 만나는 점을 첫 번째 근사 추측값 x_1으로 한다.
- $f(x_1)$에서의 접선이 x축과 만나는 점을 두 번째 근사 추측값 x_2으로 한다.
- 이런 과정을 반복적으로 수행하여 하나의 수열 x_0, x_1, $\cdots$을 만든다.
- 그러면 수열의 극한 수렴값이 $f(x)$은 근사치 근이 된다.

설명: 이 내용을 수학적으로 설명해보자.

(i) 초기값으로서 임의로 점 x_0를 택한다.

(ii) x_0에서 접선의 식을 만든다. 기울기는 $f'(x_0)$이고 한 점 $(x_0,\ f(x_0))$이므로

$$y = f'(x_0)(x - x_0) + f(x_0)$$

(iii) $f(x_0)$에서의 접선의 x절편을 첫 번째 근사 추측값 x_1으로 한다.

$f'(x_0)(x - x_0) + f(x_0) = 0$으로부터

$x - x_0 = -\dfrac{f(x_0)}{f'(x_0)}$, $x = x_0 - \dfrac{f(x_0)}{f'(x_0)}$이므로 $x_1 = x_0 - \dfrac{f(x_0)}{f'(x_0)}$이다.

(iv) 단계 (iii)을 x_1에 대해 반복한다. 즉 $f(x_1)$에서의 접선의 x절편을 x_2라고 하면

$$x_2 = x_1 - \frac{f(x_1)}{f'(x_1)}$$

(v) 이런 과정을 반복하면 하나의 수열 x_0, x_1, x_2, $\cdots$을 얻는다.

$$x_3 = x_2 - \frac{f(x_2)}{f'(x_2)},\ \cdots \ \text{그리고}\ x_{k+1} = x_k - \frac{f(x_k)}{f'(x_k)}$$

(vi) 그러면 수열의 극한 수렴값이 $f(x)$의 실제 근이 된다.

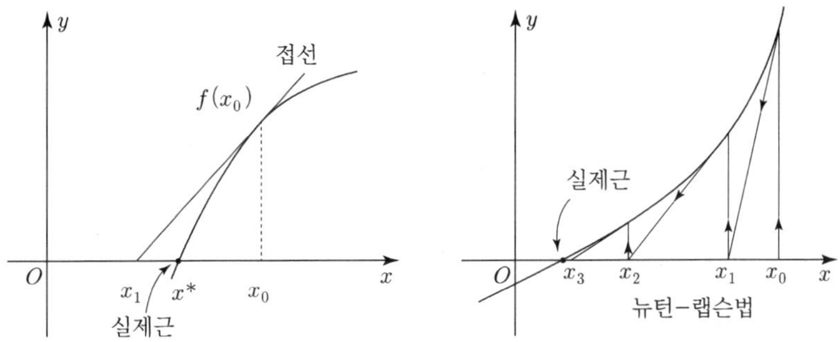

■ 문제 상황 13

뉴턴-랩슨법을 사용하여 함수 $f(x)=x^2-4$의 근을 구하여라.

■ 문제의 이상화 및 자료수집

앞의 설명에 따라 도함수 $f'(x)=2x$를 구하고, 적당한 초기 값을 $x_0=6$ 정도로 해보자.

■ 수학적 모델 형성과 문제 해결

이론적으로 완전한 근을 찾기 위해 무한히 여러 번 반복시행을 하면 된다. 그러나 여기서 몇 단계를 반복하여 그 형태를 알아보려고 한다. 실제의 근과의 오차가 0.1보다 작아지는 만큼 해보자.

x_n	$f(x_n)$	$f'(x_n)$	x_{n+1}	dx
$x_0=6$	$f(x_0)=32$	$f'(x_0)=12$	$x_1=3.33$	
$x_1=3.33$	$f(x_1)=7.09$	$f'(x_1)=6.66$	$x_2=2.27$	$dx=1.06$
$x_2=2.27$	$f(x_2)=1.15$	$f'(x_2)=4.54$	$x_3=2.01$	$dx=0.26$
$x_3=2.01$	$f(x_3)=0.04$	$f'(x_3)=4.02$	$x_4=2.00$	$dx=0.01$

실제로 $f(x)=x^2-4$는 단 하나의 양수 근 2를 가짐을 알고 있는데, 위의 표를 보면 x_4에서 이미 2라는 값을 얻었다.

■ 재해석

뉴턴-랩슨 방법을 사용할 때 주의할 점은, 초기치 x_0을 현명하게 선택하는 것이다. x_0을 잘 선택하지 못하면 원하는 근을 얻지 못하는 경우도 생긴다.

■ 문제 상황 14

뉴턴의 근사값 방법을 사용하여, $f(x)=x^2-6$의 근을 찾아라. 또한 이 근사값 방법의 장단점을 분석해보자.

■ 문제의 이상화 및 자료수집

방정식 $f(x)=x^2-6$을 인수분해하면, $(x-\sqrt{6})(x+\sqrt{6})=0$이어서 두개의 근 $\pm\sqrt{6}$을 갖는데, 이 값은 대략 ± 2.449이다. 이제 뉴턴의 방법으로 근사값을 구하고, 그 값을 ± 2.449와 비교를 해보자.

■ 수학적 모델 형성과 문제 해결

(i) 우선, 주어진 방정식 $f(x)=x^2-6$를 미분하면 $f'(x)=2x$가 된다.

(ii) 초기치를 $x_0=1$로 하면 $f(x_0)=-5$이고 $f'(x_0)=2$이다. x_0 바로 다음 값으로서 x_1은 다음과 같이 계산된다.

$$x_1=x_0-\frac{f(x_0)}{f'(x_0)}=1-\frac{1-6}{2\cdot 1}=1-\frac{-5}{2}=3.5$$

한 단계를 더 계산하여 x_2를 알아보자.

$$x_2=x_1-\frac{f(x_1)}{f'(x_1)}=3.5-\frac{(3.5)^2-6}{2\cdot 3.5}=3.5-2.6071$$

(iii) 이러한 단계를 거듭한 결과를 다음과 같은 표로 만들 수 있다.

x_k	$f(x_k)$	$f'(x_k)$	x_{k+1}
1.00	−5.00	2.00	3.5
3.5	6.250	7.00	2.6071
2.6071	0.7972	5.2143	2.4543
2.4543	0.0234	4.9085	2.4495
2.4495	0.000	4.8990	2.4495

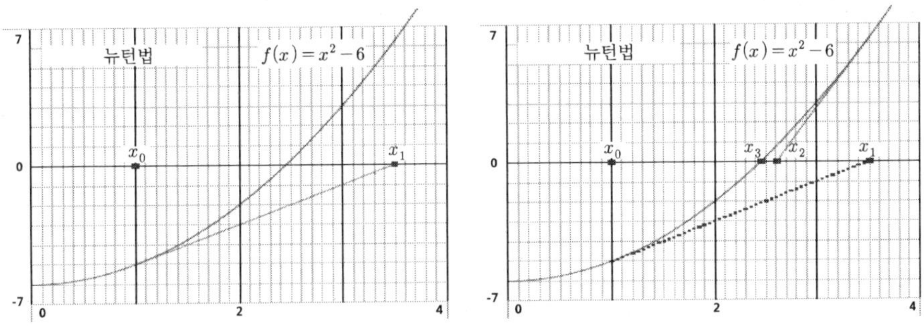

따라서 수열 $\{x_k\}$는 2.4495로 수렴하며, 이것이 $f(x)=x^2-6$의 근사값 근이다.

■ **분석**

뉴턴방법에 의한 근의 근사값은 2.4495으로서, 2.449와 비교할 때 거의 동일한 값으로 판정된다. 뉴턴의 근사값 계산 방법의 장단점은 다음과 같다.

장점: 뉴턴법은 수렴속도가 빠르며, 상당히 효율적이라는 것이 판명되었다.

단점: 초기치 x_0를 잘 택해야 하며, 초기치 선택을 잘못하면 오히려 실제 근에서 멀어지는 결과를 초래한다. 또한, 반복적으로 미분 값 $f'(x_k)$를 계산해야 한다.

■ **문제 상황 15**

뉴턴의 근사값 방법을 사용하여 함수 $f(x)=-x^2+11$의 근을 찾아라.

■ **문제의 이상화 및 자료수집**

우리가 알고 있는 대로, 이 방정식은 다음과 같이 풀 수 있다.

$$-x^2+11=0,\ x^2=11,\ x=\pm\sqrt{11}=\pm 3.316 \ (\text{계산기 사용})$$

■ **수학적 모델 형성과 문제 해결**

앞서 사용한 방법처럼, 방정식 $f(x)=-x^2+11$을 미분하면 $f'(x)=-2x$가 된다.

초기치를 $x_0=1$로 하자. 그러면 x_1, x_2, $\cdots$를 차례로 계산할 수 있다.

$$x_1=x_0-\frac{f(x_0)}{f'(x_0)}=1-\frac{-1+11}{-2\cdot 1}=1-\frac{10}{-2}=6$$

$$x_2=x_1-\frac{f(x_1)}{f'(x_1)}=6-\frac{-6^2+11}{-2\cdot 6}=6-\frac{25}{12}=3.916$$

$$x_3 = x_2 - \frac{f(x_2)}{f'(x_2)} = 3.916 - \frac{-(3.916)^2 + 11}{-2 \cdot 3.916} = 3.916 - \frac{4.335}{7.832} = 3.362$$

$$x_4 = x_3 - \frac{f(x_3)}{f'(x_3)} = 3.362 - \frac{-(3.362)^2 + 11}{-2 \cdot 3.362} = 3.362 - \frac{0.303}{6.724} = 3.316$$

$$\vdots$$

x_4의 값에서 벌써 $x = \pm\sqrt{11} = \pm 3.316$의 근사값을 얻을 수 있다.

이제 메이플 프로그램을 활용하여 뉴턴-랩슨법을 살펴보자.

수학적 단계	메이플 입력	메이플 출력
함수를 정한다.	> f:= x-> -x^2 + 11;	$f := x \to -x^2 + 11$
미분한다.	> df:=D(f);	$df := x \to -2x$
초기치를 정한다.	> xn:=1;	$xn = 1$
n을 1부터 7로 바꾸면서 $x_{n+1} = x_n - \frac{f(x_n)}{f(x_n)'}$을 계산	> for i from 1 to 7 do xn:=evalf(xn-f(xn)/df(xn)): od;	$xn := 6$ $xn := 3.916666667$ $xn := 3.362588653$ $xn := 3.316938935$ $xn := 3.316624805$ $xn := 3.316624790$ $xn := 3.316624790$

이 결과로부터 3.316624가 근의 근사값임을 알 수 있다. 그러면 나머지 근은 어떻게 할까? 초기값을 -1로 정하여 동일한 방법으로 해보자.

■ 문제 상황 16

뉴턴의 근사값 방법을 사용하여, $y = 3x^2$과 $y = e^{-x}$의 교점을 구하자.

■ 문제의 이상화 및 자료수집

이 문제는 $3x^2 = e^{-x}$, 즉 $f(x) = 3x^2 - e^{-x}$의 근을 찾는 문제와 동일하다.

메이플 프로그램을 활용하여 그래프로 확인해보자.

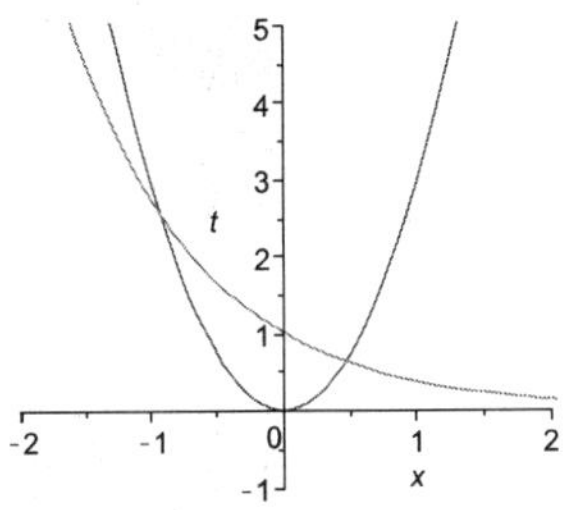

> plot([3*x^2, exp(-x)], x=-2..3, t=-2..2);

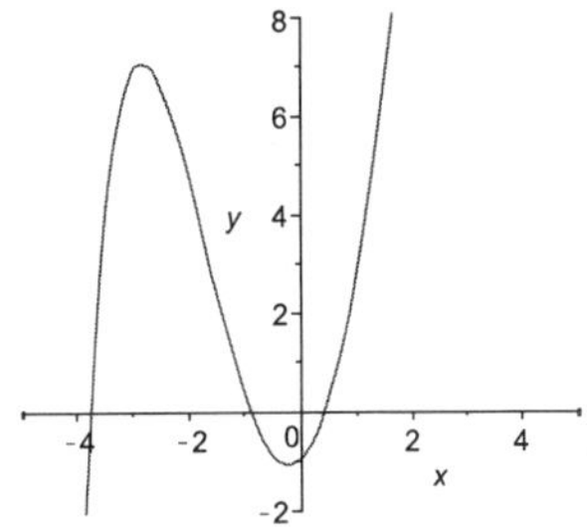

> plot(3*x^2 -exp(-x), x=-5..5, y=-2..10);

■ 수학적 모델 형성과 문제 해결

$x_0 = 1$을 초기치로 하자. 초기치의 선택은 그래프를 알면 쉽게 할 수 있다.

(i) $f'(x) = 6x + e^{-x}$이다.

(ii) $x_0 = 1$: $f(x_0) = 3 - 0.37 = 2.63$이고 $f'(x_0) = 6 + 0.37 = 6.37$이다.

따라서 $x_1 = x_0 - \dfrac{f(x_0)}{f'(x_0)} = 1 - \dfrac{2.63}{6.37} = 0.59$이다. 단계를 거듭하여 다음 표를 만들 수 있다.

x_k	$f(x_k)$	$f'(x_k)$	x_{k+1}
1.00	2.6321	6.3679	0.5867
0.5867	0.4763	4.0761	0.4698
0.4698	0.0370	3.4439	0.4591
0.4591	0.0003	3.3862	0.4590
0.4590	0.0000	3.3857	0.4590

그러므로 두 곡선의 교점의 근사값은 0.4590임을 알 수 있다.

■ 재해석

만약 초기치의 값을 다르게 택하면 어떤 변화가 있을까?

수학이야기 뉴턴-랩슨 방법과 뉴턴(I. Newton, 영국, 1642~1727)

유복자로 태어난 뉴턴이 애초 어머니의 영향으로 농사꾼이 될 뻔했다는 사실은 잘 알려져 있지 않다. 그가 만약 농사일을 좋아하여 대학 진학을 포기했더라면 만유인력의 법칙과 미적분학의 확립으로 고전역학의 기초를 쌓은 그의 이름은 오늘날까지 남아 있지 않았을 것이다.

1661년 영국 트리니티 칼리지에 입학한 뉴턴은 4년 후 페스트 때문에 학교가 휴교하자 고향으로 돌아와 머물렀다. 수학과 광학, 천문학, 역학 등에 대한 방대한 연구의 토대가 이루어진 것이 바로 이때였다. 떨어지는 사과를 보고 만유인력의 법칙을 발견했다는 전설같은 이야기도 이 시기를 배경으로 한 것이다. 이 이론을 통해 뉴턴은 케플러가 제시한 행성의 타원궤도 운동을 수학적으로 완벽하게 설명할 수 있었다. 만유인력을 중심으로 한 그의 역학이론은 《자연철학의 수학적 원리(1687년)》에서 체계적으로 소개되었는데, 이것은 다윈의 《종의 기원》과 함께 인류 역사상 가장 중요한 과학책으로 일컬어지고 있다. 뉴턴의 과학적 업적은 여기서 머물지 않는다. 그는 독일의 라이프니츠와 비슷한 시기에 미적분법을 창안하여 근대 수학의 큰 줄기를 바꾸었고, 1672년부터 1975년까지 3년에 걸친 연구 끝에 《광학》을 출간하여 실험 물리학의 토대를 마련하였다. 여기서 그는 빛을 입자로 보고 프리즘을 사용해서 백색광을 굴절시켜 여러 단색광으로 분리한 다음 그 단색광이 특유의 굴절률을 가진다는 사실도 보여주었다.

뉴턴의 근사값 방법은 1669년 저술하여 1685년에 출판된 책에서 처음 소개되었다. 그러나 그의 방법은 현재 우리가 알고 있는 것과는 근본적으로 다른데, 뉴턴은 자신의 방법을 단지 다항식에만 적용시켰으며, 우리가 배운 것과 같이 반복적으로 $x_1,\ x_2,\ x_3,\ \cdots$을 구함으로써 원하는 근사값에 도달하는 원리와는 다른 개념의 것이었다. 뉴턴의 방법은 미분과의 연계성이 없이 순수 대수적 방법으로 출발하였고, 결과적으로 많은 제한점을 가지고 있었다.

랩슨(J. Raphson, 영국, 1648～1715)에 관하여는 아주 단편적인 기록만이 남아 있다. 1692년 대학을 졸업했는데, 벌써 졸업 1년 전 즈음에 왕실학회의 회원으로 추대되었다. 이는 그가 1690년에 출판한 책 덕택이었던 것 같은데, 이 책에서 뉴턴-랩슨법을 설명하고 있다.

뉴턴은 방정식 $x^3-2x-5=0$의 근을 2와 3 사이에서 찾는 법에 관해 1671년에 저술하기는 하였으나, 이 책은 1736년이 되어서야 출판되었다. 그러므로 랩슨이 뉴턴의 결과를 참조했다기보다는 뉴턴보다 거의 50년 먼저 이 결과를 출판한 것이다. 더욱이 랩슨의 방법이 뉴턴의 방법보다 훨씬 간단한 형태로 설명되었다.

■ 문제 상황 17

$2x-5$와 $\sin(x)$의 교점을 메이플 프로그램을 사용하여 찾아보자.

■ 문제 해결

이 문제는 $f(x)=2x-5-\sin(x)$의 근을 찾는 문제와 동일하다. 그림으로 확인하자.

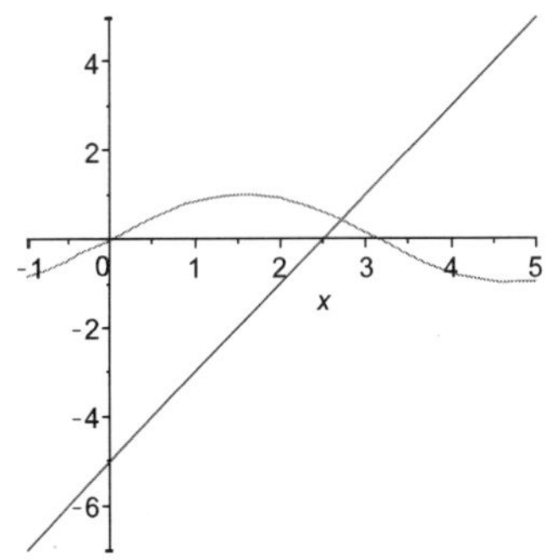

> plot([2*x-5, sin(x)], x=-1..5);

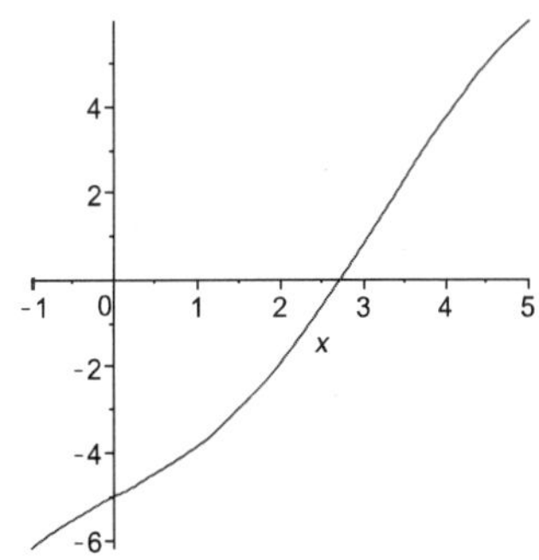

plot(2*x-5- sin(x), x=-1..5);

(i) 그래프를 통해 2와 3 사이에 근이 있으므로 초기치를 $x=2$ 정도로 택하면 효과적이다.

> f:=x->2*x-5-sin(x); 결과: $f := x \to 2x-5-\sin(x)$

> df:=D(f); 결과: $df := x \to 2-\cos(x)$

> xn:=0; 결과: $xn := 0$

> for i from 1 to 7 do xn:=evalf(xn-f(xn)/df (xn)); od;

$xn := 5$
$xn := 1.528116886$
$xn := 3.031619266$
$xn := 2.713149081$
$xn := 2.709422606$
$xn := 2.709421611$
$xn := 2.709421611$

따라서 원하는 근은 대략 2.70942임을 알 수 있다.

(ii) 그러나 그래프를 예측하지 못했다고 가정하여 초기치를 $x=0$으로 택해보자. 어떤 결과가 생기는지 알아보자.

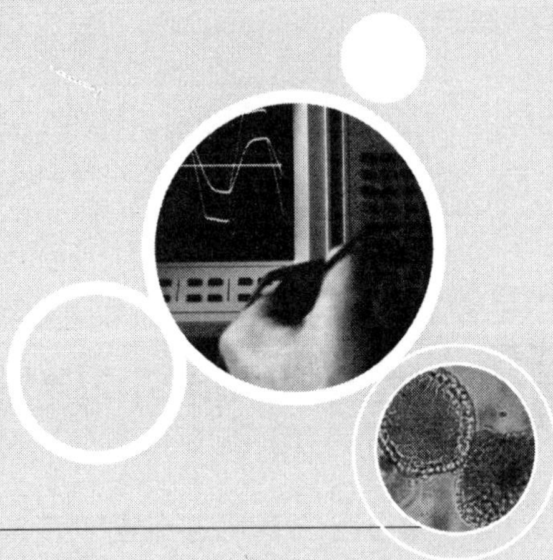

제7장

적 분

이번 장에서는 적분의 개념을 이해하고 실생활의 문제를 해결하기 위해 적분 기술의 활용을 알아보자. 적분의 기본 개념은 고대 그리스시대에 원의 넓이를 내접하는 정사각형과 무수히 많은 삼각형의 합으로 구하는 구적(求積)법에서 비롯되었다. 이러한 생각에 논리적인 근거를 부여한 사람이 바로 아르키메데스이다. 도형의 넓이를 구하려는 노력으로부터 비롯된 적분 개념은 실제로 넓이, 부피 또는 길이 등을 알아내는데 아주 유용하게 사용된다.

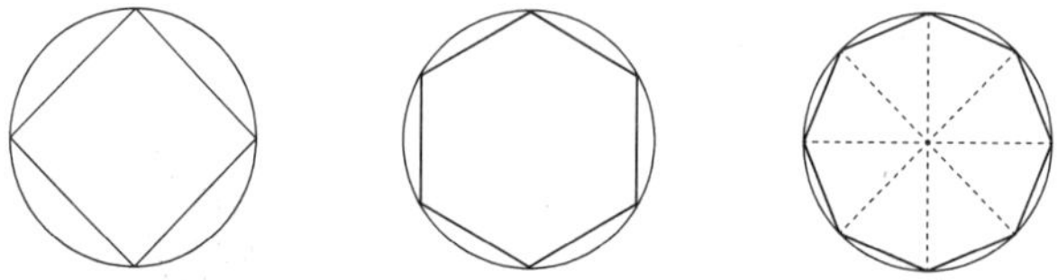

7.1 기초 수학: 적분의 기본개념

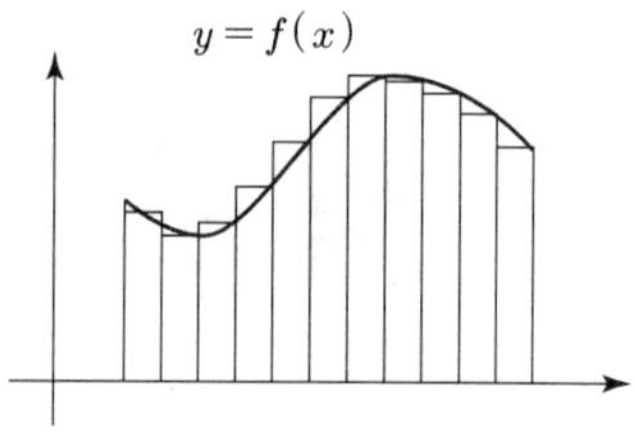

직사각형의 넓이는 가로의 길이와 세로의 길이를 곱하여 구할 수 있다. 그러나 그림과 같이 곡선 $y=f(x)$와 직선으로 둘러싸인 평면도형의 넓이를 구하는 것은 그다지 쉬워 보이지 않는다. 곡선 때문에 도형을 잘게 나누어 만든 작은 직사각형의 넓이를 더하여 실제 넓이의 근삿값을 구할 수밖에 없다. 이때 작은 직사각형의 윗변이 곡선에 걸쳐있어야 하므로 여전히 곡선의 모양으로 보이지만, 도형을 무한이 잘게 쪼갠다고 가정한다면 윗변도 거의 직선으로 생각할 수 있다. 그러면 넓이의 근삿값을 구할 수 있는데 이런 방법을 **구분구적법**이라고 하며, 적분의 기본 개념이 된다.

구분구적법을 사용하여 곡선 $y=x^2$과 x축과 직선 $x=1$로 둘러싸인 부분의 넓이를 구해보자. 구간 $[0,1]$을 n등분하면 각 분점의 x좌표는 각각 $\frac{0}{n}, \frac{1}{n}, \frac{2}{n}, \cdots, \frac{n}{n}$이다. 각 분점에서의 y좌표들 $\left(\frac{1}{n}\right)^2, \left(\frac{2}{n}\right)^2, \cdots, \left(\frac{n}{n}\right)^2$이 각 직사각형의 높이가 되므로, 모든 직사각형들의 넓이의 합을 S_n이라고 하면

$$\begin{aligned} S_n &= \left(\frac{1}{n}\right)^2\frac{1}{n}+\left(\frac{2}{n}\right)^2\frac{1}{n}+\left(\frac{3}{n}\right)^2\frac{1}{n}+\cdots+\left(\frac{n}{n}\right)^2\frac{1}{n} \\ &= \frac{1}{n^3}\left(1^2+2^2+3^2+\cdots+n^2\right) \end{aligned}$$

$$= \frac{1}{n^3}\frac{1}{6}n(n+1)(2n+1)$$
$$= \frac{1}{6}\left(1+\frac{1}{n}\right)\left(2+\frac{1}{n}\right)$$

이다. 등분한 개수 n을 무한히 많은 것으로 취급하여 S_n의 극한값을 구하면 구하는 넓이는 다음과 같다.

$$A = \lim_{n\to\infty} S_n = \lim_{n\to\infty}\frac{1}{6}\left(1+\frac{1}{n}\right)\left(2+\frac{1}{n}\right) = \frac{1}{3}$$

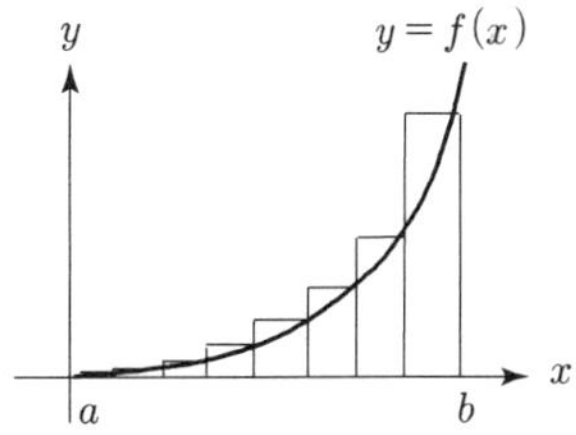

구간 $[a,\ b]$를 임의의 길이를 갖는 n개의 소구간으로 분할하여 각 분할점을

$$a = x_0 < x_1 < \cdots < x_{n-1} < x_n = b$$

라고 하자. 그러면 각 소구간의 길이는 $\Delta x_k = x_k - x_{k-1}$가 된다. 각 소구간 $[x_{i-1},\ x_i]$ 내에서 임의의 점을 잡아 x_i^*라 하고, 가장 긴 소구간의 길이를 Δx

$$\Delta x = \max\{\Delta x_1,\ \Delta x_2,\ \cdots,\ \Delta x_n\}$$

라고 하자. 이때 소구간들을 분할하는 방법이나 임의의 점 x_i^*를 잡는 방법에 관계없이 극한값

$$\lim_{\Delta x\to 0}\sum_{i=1}^{n} f(x_i^*)\Delta x_k$$

이 존재하면, 함수 $f(x)$는 구간 $[a,\ b]$에서 '적분가능(integrable)하다'고 하고, 그 극한값을 함수 $f(x)$의 $x=a$에서 $x=b$까지의 정적분(definite integral)이라고 하며, 그 값을

$$\int_a^b f(x)\,dx$$

로 나타낸다. 즉

$$\int_a^b f(x)\,dx = \lim_{\Delta x\to 0}\sum_{i=1}^{n} f(x_i^*)\Delta x_k$$

이다. 여기에서 $[a, b]$를 적분구간이라고 하고, a를 하한(lower limit), b를 상한(upper limit)

이라고 한다. 또한 $f(x)$를 피적분함수, x를 적분변수라고 한다.

‖ x축과 곡선 사이의 넓이 ‖

x축과 곡선이 이루는 도형을 다음의 세 경우로 나누어 생각할 수 있다.

(1) 구간 $[a, b]$에서 $f(x) \geq 0$일 때

$y = f(x)$, x축, $x = a$, $y = b$로 둘러싸인 도형의 넓이를 구분구적법을 써서 정적분으로 나타내면 다음과 같다.

넓이요소	넓이요소의 합	한 없이 세분한 극한 : 정적분	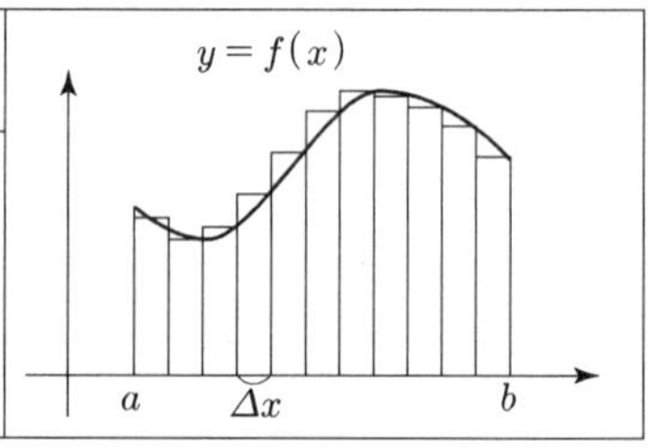
$f(x_k)\Delta x$	$\sum_{k=1}^{n} f(x_k)\Delta x$	$\lim_{n\to\infty}\sum_{k=1}^{n} f(x_k)\Delta x = \int_a^b f(x)dx$	

(2) 구간 $[a, b]$에서 $f(x) \leq 0$일 때

$f(x_k)\Delta x \leq 0$이므로

$$\lim_{n\to\infty}\sum_{k=1}^{n} f(x_k)\Delta x \leq 0$$

즉, $\int_a^b f(x)dx \leq 0$가 되므로, 넓이 A는 음수부호를 붙여서 나타낸다.

$$A = -\int_a^b f(x)dx$$

(3) 구간 $[a, b]$에서 $f(x)$의 부호가 일정하지 않을 때

$f(x)$의 값이 음수인 구간 $[a, c]$과 양수인 구간 $[c, b]$으로 나누어 구한다$(a \leq c \leq b)$.

각 부분의 넓이를 A_1, A_2라 하면

$$A_1 = -\int_a^c f(x)dx, \quad A_2 = \int_c^b f(x)dx$$

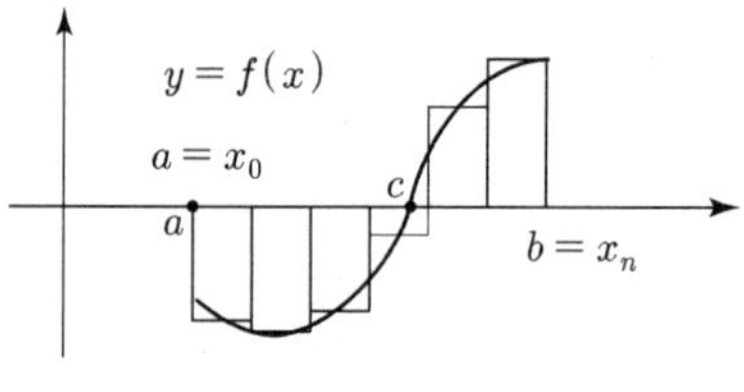

이므로 넓이의 합은

$$A_1 + A_2 = -\int_a^c f(x)dx + \int_c^b f(x)dx$$

이다. 이 식을 절댓값 기호를 써서 나타낼 수 있다.

$$A_1 + A_2 = -\int_a^c f(x)dx + \int_c^b f(x)dx = \int_a^c |f(x)|dx + \int_c^b |f(x)|dx$$
$$= \int_a^b |f(x)|dx$$

‖ 정적분의 기본성질 ‖

정적분은 상한과 하한 a, b가 $a<b$일 때에만 정의되었다. 그러나 $a=b$ 또는 $a>b$일 때도 정적분을 정의하면 편리하므로 편의상 다음과 같이 정의한다.

$$\int_a^a f(x)dx = 0$$
$$\int_a^b f(x)dx = -\int_b^a f(x)dx \quad (a>b)$$

정적분의 정의를 사용하여 증명될 수 있는 다음 성질들은 정적분을 계산하는데 유용하다.

정리 7.1

(1) $\int_a^b f(x)dx = \int_a^c f(x)dx + \int_c^b f(x)dx \quad (a<c<b)$

(2) $\int_a^b [f(x)+g(x)]dx = \int_a^b f(x)dx + \int_a^b g(x)dx$

(3) $\int_a^b kf(x)dx = k\int_a^b f(x)dx$

위 내용은 수식으로 증명하는 것보다는 그래프를 통해 효과적으로 이해할 수 있다.

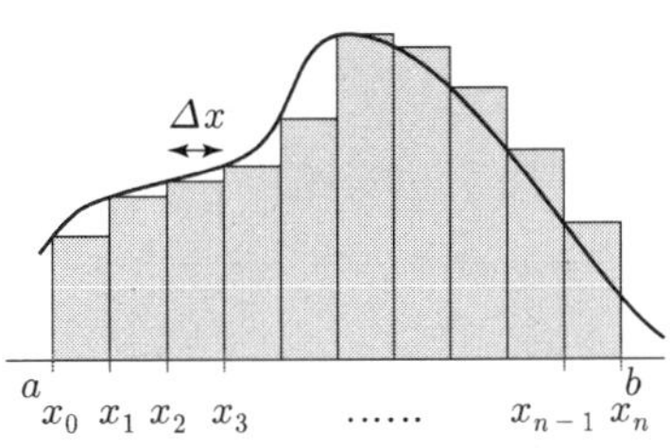

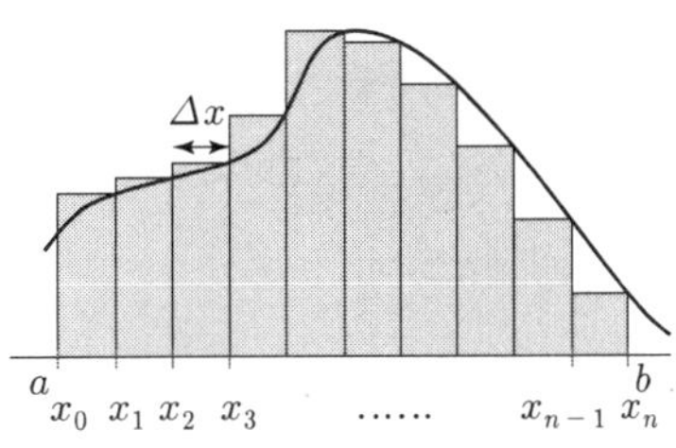

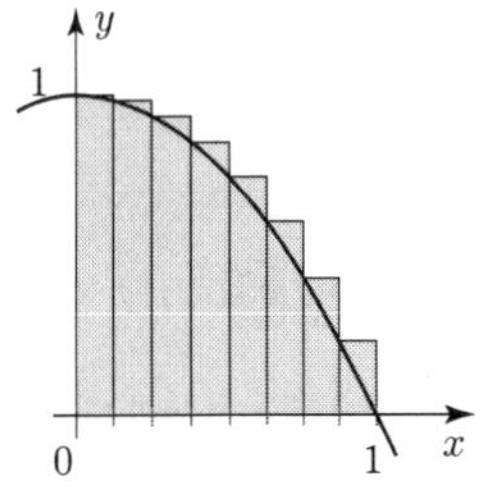

참고 곱과 몫에 대한 적분은 덧셈에 관한 적분의 성질 (2)와는 다르다.

$$\int f(x)g(x)dx \neq \int f(x)dx \cdot \int g(x)dx,$$

$$\int \frac{f(x)}{g(x)}dx \neq \frac{\int f(x)dx}{\int g(x)dx}$$

∥ 정적분과 두 곡선 $f(x)$와 $g(x)$ 사이의 넓이 ∥

정리 7.2

구간 $[a, b]$에서 정의된 두 곡선 $f(x)$와 $g(x)$가 이루는 넓이는

(1) $[a, b]$에서 $f(x) \geq g(x)$일 때

$$A = \int_a^b \{f(x) - g(x)\}dx$$

(2) $[a, b]$에서 $f(x) \leq g(x)$일 때

$$A = \int_a^b \{g(x) - f(x)\}dx$$

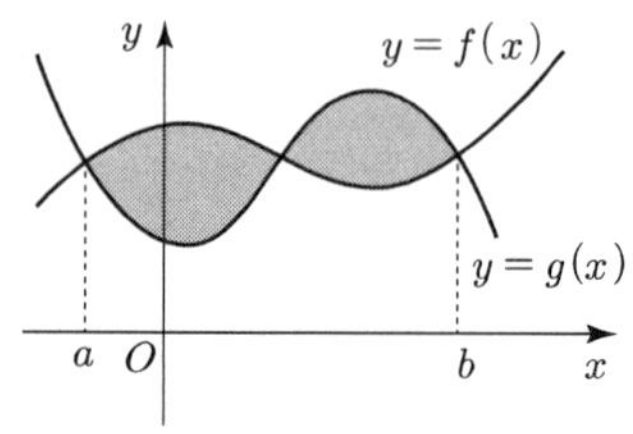

(3) $[a, b]$에서 연속인 두 곡선 $y = f(x)$, $y = g(x)$와 두 직선 $x = a$, $x = b$로 둘러싸인 부분의 넓이는 $A = \int_a^b |f(x) - g(x)|dx$, 즉 $A = \int$(위 식−아래 식) dx이다.

∥ 정적분과 넓이의 차이 ∥

(1) 넓이는 항상 양이다.

(2) 구간에서 함수의 그래프가 x축 위에 있으면 정적분은 양의 값이며, 넓이=정적분이다.

(3) 그러나 그래프가 x축 아래에 있으면 정적분은 음의 값이며, 넓이=−정적분이다.

∥ 미분적분의 기본 정리 ∥

미분과 적분의 상관관계를 설명해주는 내용으로서 다음과 같다.

정리 7.3 미분적분의 기본정리

구간 $[a, b]$에서 유한이며 연속인 함수 $f(x)$에 대해 $A(x) = \int_a^x f(t)dt$라고 하자. 그러

면 $a < x < b$에 대해 $\frac{dA}{dx} = f(x)$, 즉

$$\frac{d}{dx}\int_a^x f(t)dt = f(x)$$

이다.

적분의 상한과 하한이 정해지지 않은 **부정적분**의 경우, 미분적분의 기본 정리는 미분과 적분이 서로 역의 개념 관계에 있음을 말해준다.

정리 7.4

(1) $\frac{d}{dx}\int f(x)dx = f(x)$

(2) $\int\left(\frac{d}{dx}f(x)\right)dx = f(x) + C$ (단, C는 적분상수)

다시 말하면, $f(x)$를 적분한 후 미분하면 원래 함수 $f(x)$가 되며, $f(x)$를 미분한 후 적분하면 원래 함수와 상수의 차이 밖에 없다.

‖ 미분과 부정적분 기본 공식 ‖

적분의 기본 공식은 미적분의 기본정리에 의해 미분의 반대 결과로 쉽게 예측할 수 있다.

함수	미분	함수	적분
$f(x)$	$f'(x)$	$f(x)$	$F(x) = \int f(x)dx$
kx	k	k	$kx + C$
x^n	nx^{n-1}	x^m	$\frac{1}{m+1}x^{m+1} + C$
$\sin(ax)$	$a\cos(ax)$	$\cos(bx)$	$\frac{1}{b}\sin(bx) + C$
$\cos(ax)$	$-a\sin(ax)$	$\sin(bx)$	$-\frac{1}{b}\cos(bx) + C$
$\tan(ax)$	$a\sec^2(ax)$	$\sec^2(bx)$	$\frac{1}{b}\tan(bx) + C$
e^{kx}	ke^{kx}	e^{kx}	$\frac{1}{k}e^{kx} + C$

$\ln(x)$	$\frac{1}{x}$	$\frac{1}{x}$	$\ln(x)+C$
$\arctan(x)=\tan^{-1}(x)$	$\frac{1}{1+x^2}$	$\frac{1}{1+x^2}$	$\arctan(x)+C$
$\arcsin(x)=\sin^{-1}(x)$	$\frac{1}{\sqrt{1-x^2}}$	$\frac{1}{\sqrt{1-x^2}}$	$\arcsin(x)+C$

참고 $\arcsin(x)$란 $\sin(x)$이 역함수인 $\sin^{-1}(x)$를 말한다. 즉 $\arcsin(x)=\sin^{-1}(x)$이다. 이 교재에서 $\sin^{-1}(x)$ 대신에 $\arcsin(x)$라는 기호를 사용한 것은 메이플 프로그램에서 사용되는 기호이기 때문이다.

| 거듭제곱함수 x^n 꼴의 부정적분 (n은 실수) |

$n \neq -1$일 때, $\int x^n dx = \frac{1}{n+1}x^{n+1} + C$ (C는 적분상수)

$n = -1$일 때, $\int x^{-1} dx = \int \frac{1}{x} dx = \ln|x| + C$ (C는 적분상수)

$a \neq 0$, $n \neq -1$일 때, $\int (ax+b)^n dx = \frac{1}{a} \cdot \frac{1}{n+1}(ax+b)^{n+1} + C$ (C는 적분상수)

| 삼각함수의 부정적분 (C가 상수일 때) |

$(-\cos x + C)' = \sin x$이므로 $\int \sin x\, dx = -\cos x + C$

$(\sin x + C)' = \cos x$이므로 $\int \cos x\, dx = \sin x + C$

$(\tan x + C)' = \sec^2 x$이므로 $\int \sec^2 x\, dx = \tan x + C$

$(-\cot x + C) = \mathrm{cosec}^2 x$이므로 $\int \mathrm{cosec}^2 x\, dx = -\cot x + C$

$(\sec x + C)' = \sec x \tan x$이므로 $\int \sec x \tan x\, dx = \sec x + C$

$(-\mathrm{cosec}\, x + C)' = \mathrm{cosec}\, x \cot x$이므로 $\int \mathrm{cosec}\, x \cot x\, dx = -\mathrm{cosec}\, x + C$

참고 삼각함수의 적분에서 기본적인 피적분함수에는 $\sin x$, $\cos x$, $\sec^2 x$, $\mathrm{cosec}^2 x$, $\sec x \tan x$, $\mathrm{cosec}\, x \cot x$ 등이 있으며, 삼각함수의 적분도 미적분학의 기본정리에 의해 미분의 반대 결과로서 예측할 수 있다.

| 지수함수 e^x와 일반지수함수 a^x의 적분 ($a>0,\ a\neq 1$이며 C는 상수) |

$$(e^x+C)'=e^x \text{이므로} \int e^x dx = e^x + C$$

$$(a^x+C)'=a^x \ln a \text{이므로} \int a^x dx = \frac{a^x}{\ln a} + C$$

참고 | 지수함수에 관한 자세한 내용은 다음 장에서 다시 배우게 된다.

| 로그함수의 적분 |

$$\int \ln x dx = x\ln x - x + C \ (\text{단, } C\text{는 적분상수})$$

수학이야기 라이프니츠와 뉴턴

라이프니츠(G. Leibniz, 1646~1716)는 독일 라이프치히(Leipzig)에서 대학 교수인 아버지와 이름난 법률가의 딸인 어머니 사이에서 태어났다. 총명했던 라이프니츠는 대부분 독학으로 공부했으며 성인이 되어서는 지역의 영주 밑에서 집안의 법률 문제 도와주는 일을 주로 하였다. 그러는 중 과학에 관심을 갖고 틈틈이 공부하다가 1672년부터 1676년에 파리에 머물면서 결정적 전환기를 맞이한다. 당시 독일은 유럽의 다른 나라보다 뒤떨어진 나라였으며 그에 비해 파리는 유럽의 중심 도시였다. 그곳에서 수학·물리학 분야의 최고봉이던 호이겐스(C. Huygens, 1629~1695, 네덜란드)로부터 직접 수학을 지도받게 되었는데, 그 기간 동안 라이프니츠는 그의 미적분학을 비롯한 수학 이론 전체의 골격을 거의 완성시켰다. 파리를 떠난 후 죽을 때까지의 40년간을 하노버(Hannover)의 영주 밑에서 궁중고문관 겸 도서관장이라는 비교적 한가한 직함으로 다방면에 걸쳐 지적 활동을 자유롭게 했다. 라이프니츠는 미분과 적분에 대한 오늘날 우리가 사용하는 미분과 적분에 대한 기호를 고안하였다. 그러나 그는 극한을 개념을 사용하여 미분을 정의하지는 않았다. 훌륭한 철학자로서 또한 계산기의 발명가로서 이름을 날렸다.

미분적분학을 처음 발명한 사람으로서 라이프니츠와 더불어 뉴턴이 있다. 라이프니츠는 1673년과 1676년 사이에 미적분학을 고안하여 곧 바로 발표한 반면, 뉴턴은 1660년대 후반에 미적분학을 발견하였으나 뒤늦게 발표를 하였다. 실제로 뉴턴은 1687년 《프린키피아(자연철학의 수학적 원리)》에서 연속적으로 변화하는 것에 대한 고찰로부터 미적분법을 연구하였고, 한편 라이프니츠는 1686년에 $\int xdx = \frac{1}{2}x^2$라는 적분기호를 처음 사용하였다. 이러한 상황은 그들의 고국인 독일과 영국 사이에서 미적분학의 원조에 관한 논쟁으로 비화되어, 거의 100년이나 지속되었다.

적분법은 뉴턴과 라이프니츠에 의해 각각 독립적으로 확립되었으나, 명확한 정의가 세워진 것은 19세기에 이후이다. A.L. 코시에 의해 어떤 조건에서 적분을 할 수 있는가 하는 문제가 해결되었으며, H.L. 르베그에 의해 더 일반적인 정의가 내려졌다. 적분은 함수의 평균값이나 곡선의 길이, 곡면으로 둘러싸인 부분의 넓이를 구하는 데 쓰일 뿐 아니라 여러 가지 물리량을 정의하고, 계산하는 데도 중요한 구실을 하고 있다.

7.2 적분을 활용한 넓이 구하기

$y = x^2$ 그래프가 구간 $[0,\ 10]$에서 x축과 이루는 넓이를 통해 적분의 기본 개념을 알아보자.

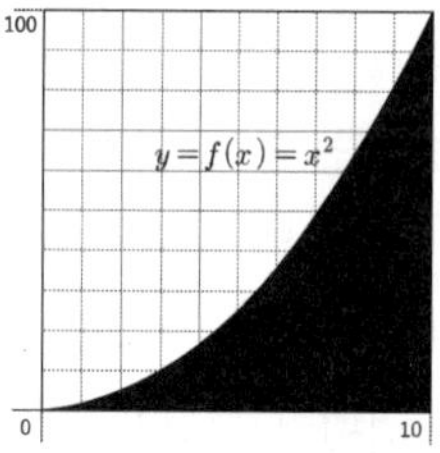

검은색으로 표현된 부분의 넓이를 보기 위해 정의역 $[0,\ 10]$를 잘게 자른 구간을 생각하여 다음 세 그림을 비교해보자.

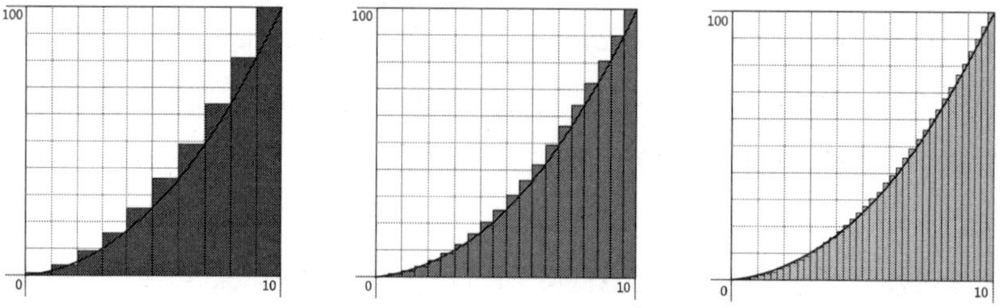

원래 구하고자 하는 넓이는 그림에서 보이는 직사각형의 넓이들의 합과 유사함을 알 수 있다. 또한 세 개의 그림들을 서로 비교할 때, 마지막 그림의 넓이가 구하려는 넓이에 가장 근접한 값이 됨도 알 수 있다. 그러므로 정의역 [0, 10]에서의 넓이를 구하려면 정의역을 더욱 더 세밀하게, 심지어는 무한히 많은 구간으로 자르고 그 각각의 구간에서 생기는 직사각형의 넓이의 합을 구하면 될 거라는 생각을 할 수 있다.

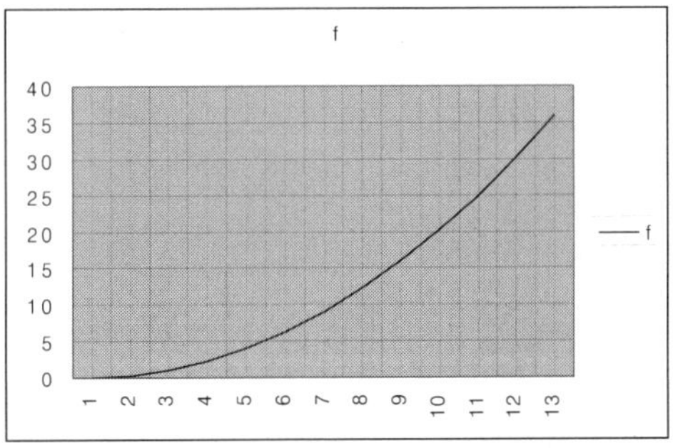

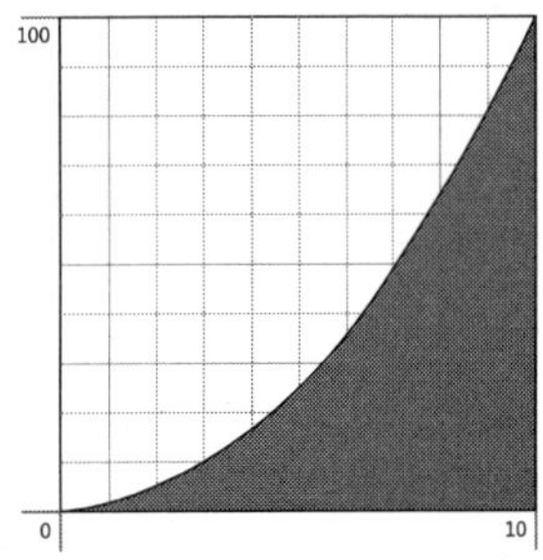

이제 실제적으로 계산을 해보자.

정의역 [0, 1]을 그림처럼 N등분한 후, 각 x좌표를 다음과 같이 정하자.

$$0 = x_0,\ x_1,\ \cdots,\ x_{k-1},\ x_k,\ \cdots,\ x_N = 1$$

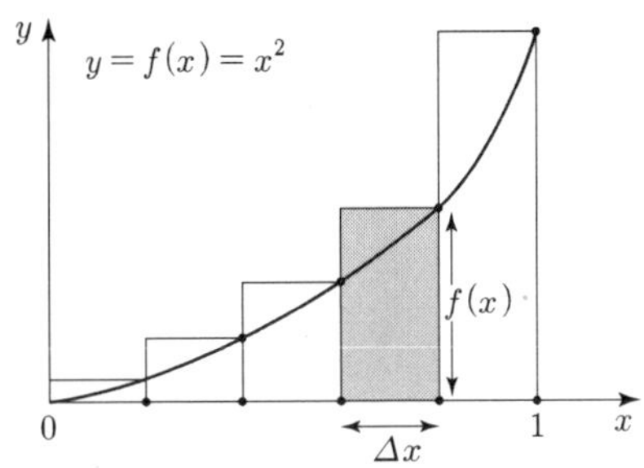

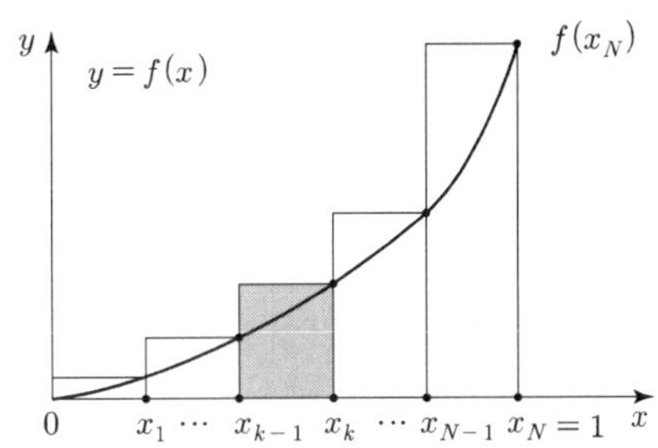

그러므로 다음과 같은 표를 만들 수 있다.

막대 번호	오른쪽 x좌표	밑변 Δx	높이 $f(x)$	넓이 $a_k = f(x)\Delta x$
1	$1/N$	$1/N$	$(1/N)^2$	$(1/N)^2\Delta x$
2	$2/N$	$1/N$	$(2/N)^2$	$(2/N)^2\Delta x$
3	$3/N$	$1/N$	$(3/N)^2$	$(3/N)^2\Delta x$
⋮				
k	k/N	$1/N$	$(k/N)^2$	$(k/N)^2\Delta x$
⋮				
N	$N/N=1$	$1/N$	$(N/N)^2$	$(N/N)^2\Delta x$

처음 N개 막대 넓이[1)] 합은

$$A_N = \sum_{k=1}^{N} a_k = \sum_{k=1}^{N} f(x_k)\Delta x = \sum_{k=1}^{N}\left(\frac{k}{N}\right)^2\left(\frac{1}{N}\right) = \frac{1}{N^3}\sum_{k=1}^{N} k^2$$

이다. 더욱이 제곱의 합에 관한 식을 사용하면 다음의 식을 얻는다.

$$A_N = \frac{1}{N^3}\sum_{k=1}^{N} k^2 = \frac{1}{N^3}\frac{N(N+1)(2N+1)}{6} = \frac{(N+1)(2N+1)}{6N^2}$$

따라서 전체 넓이는 막대의 수 N을 무한히 많이 만들면 된다. 즉,

$$A = \lim_{N\to\infty} A_N = \lim_{N\to\infty}\frac{(N+1)(2N+1)}{6N^2} = \frac{2}{6} = \frac{1}{3}$$

이다. 한편, 함수 $y = x^2$을 x축 위의 부분에서 적분을 하면

$$\int_0^1 x^2 dx = \frac{1}{3}x^3\Big]_0^1 = \frac{1}{3}(1^3 - 0) = \frac{1}{3}$$

이 되어, 위의 결과와 동일하다.

예제 7.1 함수 $f(x) = x^2$과 $g(x) = x + 2$의 그래프로 둘러싸인 부분의 넓이 A를 구하여라. 또한 곡선 $y = g(x) - f(x)$와 x축으로 싸인 부분의 넓이 A'를 구하여라.

풀이 ▸ 두 함수 $f(x)$와 $g(x)$의 그래프를 그려보자. 또한 이 함수들을 엑셀로도 그려보자.

1) 필요한 수학 내용: 합, 제곱의 합, 세제곱의 합 그리고 등비급수

$$\sum_{k=1}^{N} k = \frac{N(N+1)}{2},\quad \sum_{k=1}^{N} k^2 = \frac{N(N+1)(2N+1)}{6},\quad \sum_{k=1}^{N} k^3 = \left(\frac{N(N+1)}{2}\right)^2,\quad \sum_{k=0}^{N-1} r^k = \frac{1-r^N}{1-r}$$

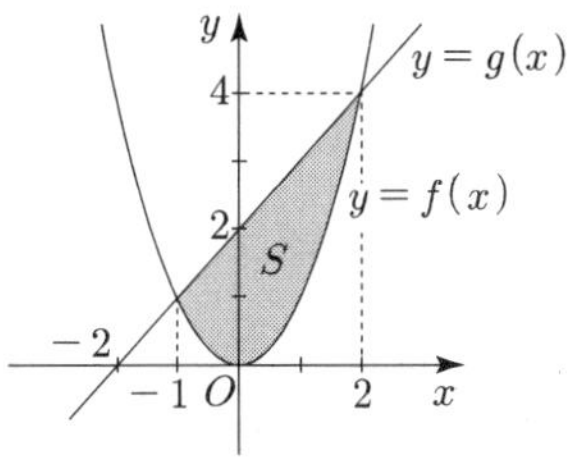

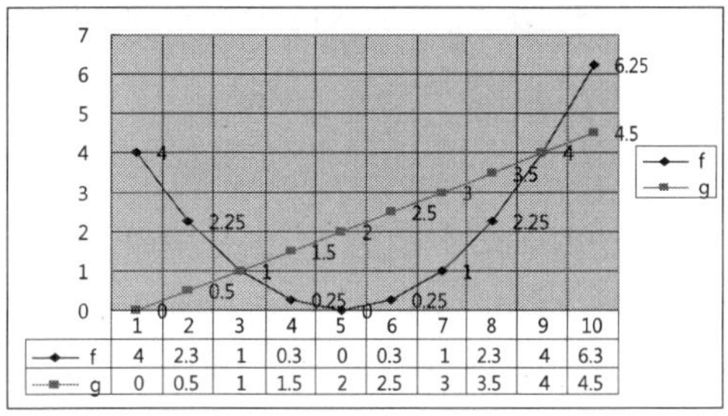

두 함수의 교점을 구하자. $f(x)=g(x)$가 되도록, 즉 $x^2=x+2$를 풀면

$$0=x^2-x-2=(x+1)(x-2)$$

이므로, $x=-1$과 $x=2$이다. 그러므로 둘러싸인 넓이 A는

$$A=\int(\text{위 식}-\text{아래 식})dx=\int_{-1}^{2}(x+2-x^2)dx$$
$$=\frac{1}{2}x^2+2x-\frac{1}{3}x^3\Big]_{-1}^{2}$$
$$=\left(\frac{1}{2}4+4-\frac{1}{3}8\right)-\left(\frac{1}{2}+2-\frac{1}{3}\right)=\frac{7}{6}$$

이제 곡선 $y=g(x)-f(x)$와 x축으로 싸인 부분의 넓이 A'를 구하기 위해, 우선 함수 $y=g(x)-f(x)=x+2-x^2$의 그래프를 그려보자.

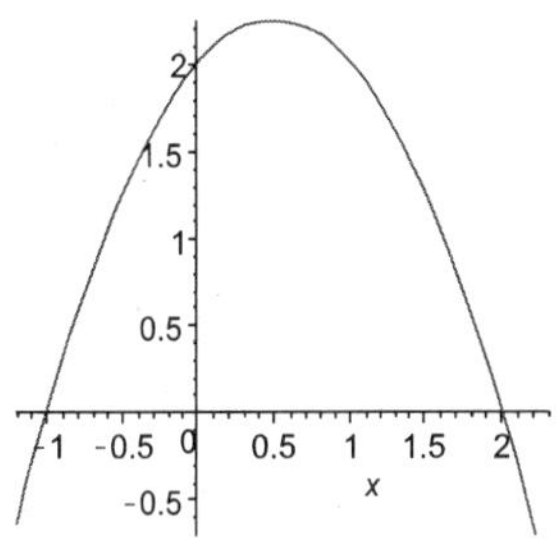

x축으로 둘러싸인 부분의 넓이는

$$B=\int_{-1}^{2}(x+2-x^2)dx$$

를 계산하면 된다. 따라서 A와 B가 동일한 값임을 알게 된다.

수학이야기 아르키메데스(Archimedes, 기원전 287~212, 고대 그리스)

고대 그리스 최대의 수학자이며 물리학자인 아르키메데스는 이탈리아 시라쿠사에서 출생하였다. 천문학자 피디아스의 아들로서 어려서부터 기술에 재능이 있었다. 이집트에 유학 중 나선을 응용해 만든 양수기는 '아르키메데스의 나선식 펌프'로 불리며, 지금도 관개용으로 사용되고 있다. 당시 문화의 중심이던 알렉산드리아의 연구소 무세이온에서 수학자 코논(Conon: 기원전 260년경)에게 기하학을 배우고 시라쿠사로 돌아와 많은 수학책을 썼다.

아르키메데스에 얽힌 일화는 여러 개가 있는데, 그중 지렛대에 관한 내용이 많이 있다. 지렛대의 반비례 법칙을 발견한 그는 시라쿠사왕 앞에서 "긴 지렛대와 지렛목만 있으면 지구라도 움직일 수 있다."고 장담하였다. 왕이 해변 모래톱에 올려놓은 군함에 무장병을 가득 태우고 이것을 물에 띄우라 하였더니, 아르키메데스는 지렛대를 응용한 도르래를 사용하여 이를 쉽게 해냈다. 또한 금관의 위조 여부를 알아보기 위해 목욕탕에 들어갔을 때 물속에서는 자기 몸의 부피에 해당하는 만큼의 무게가 가벼워진다는 것을 알았다. 흥분한 그는 옷도 입지 않은 채 목욕탕에서 뛰어나와 "알아냈다(Heurēka!)"라고 외치며, 집으로 달려가 그 금관과 같은 분량의 순금덩이를 물속에서 달아 본즉 저울대는 순금덩이 쪽으로 기울어 금관이 위조품인 것을 알아내었다. 이 원리를 응용하여 유명한 '아르키메데스의 원리'를 발견하였다.

지중해의 패권을 둘러싼 3차에 걸친 로마와 카르타고의 전쟁 중 제2차 포에니전쟁(기원전 218～201) 때 시라쿠사는 카르타고의 편을 들어 로마군의 공격을 받게 되었다. 이미 70세 고령의 아르키메데스는, 각종 투석기, 기중기 등 지렛대를 응용한 신형무기를 고안하여 로마군을 괴롭혔다. 시라쿠사가 함락되던 날, 그는 죽는 순간까지도 기하학자로서의 면모를 보여 주었다. 모래 위에 도형을 그리며 기하학의 연구에 몰두하고 있던 중, 다가온 로마 병사를 향해 "물러서거라, 내 도형이 망가진다."고 외쳤고, 화난 로마병사에 의해 죽임을 당했다. 유언에 따라 건립된 묘는 구에 외접하는 원기둥의 도형이 새겨져 있었다. 이것은 "구에 외접하는 원기둥의 부피는 그 구 부피의 1.5배이다."라는 그의 정리를 나타낸 것이었다.

기하학과 기술을 접목시킨 학자로서, 원주율이라든가, 우주의 크기를 나타내는 기수법 등의 수학을 실제문제 해결에 활용함으로써 그리스 수학을 진전시켰다.

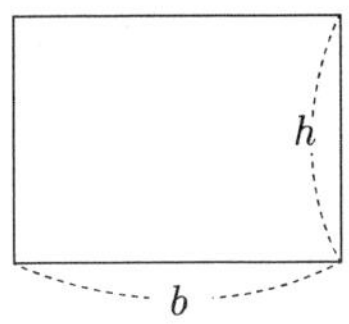

직사각형의 넓이

$A = bh$

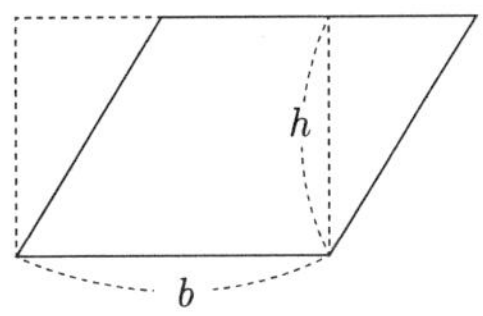

평행사변형의 넓이

$A = bh$

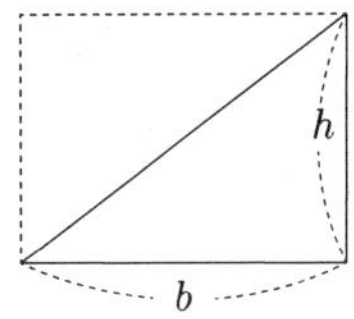

직각 삼각형의 넓이

$A = \frac{1}{2}bh$ (h: 높이)

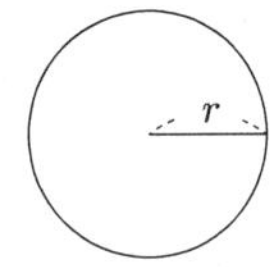

반지름 r인 원의 넓이

$A = \pi r^2$

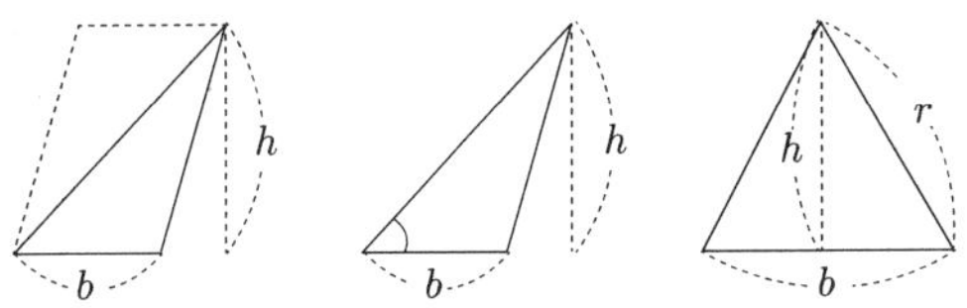

임의의 삼각형의 넓이 $A = \frac{1}{2}bh$

(높이 h는 빗변 r 또는 사잇각 θ를 사용하여 계산)

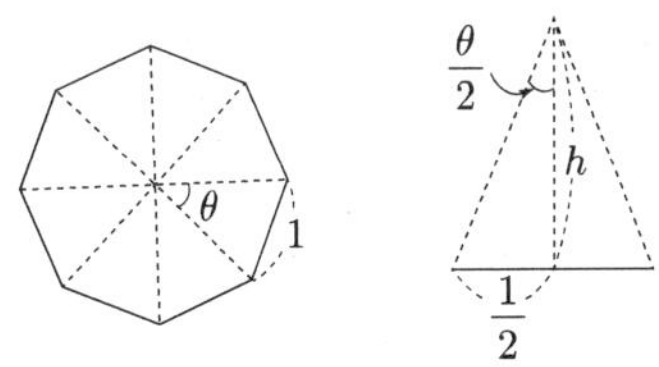

다각형의 넓이=잘게 나누어진 삼각형의 넓이의 합이다.

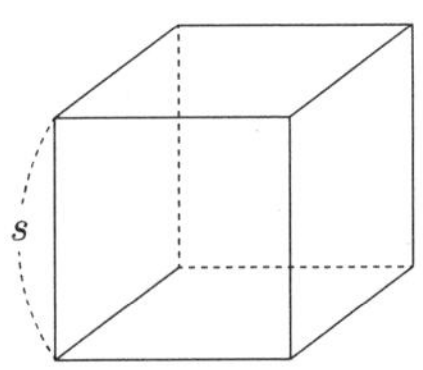

한 변의 길이가 s인 정육면체:

$A = 6s^2$, $V = s^3$

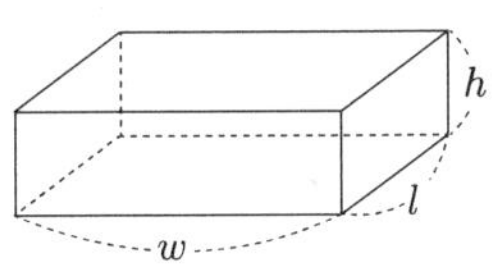

가로 w, 세로 l, 높이 h인 직육면체:

$A = 2(wl + lh + hw)$,

$V = wlh$

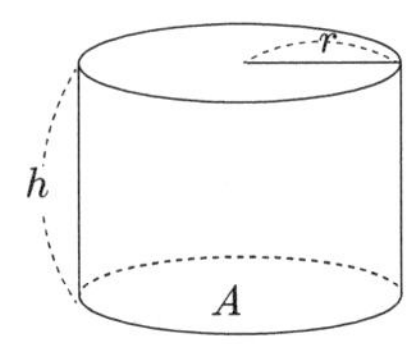

밑면이 반지름 r이고, 높이 h인 원통:

$A = 2\pi rh$, $V = \pi r^2 h$

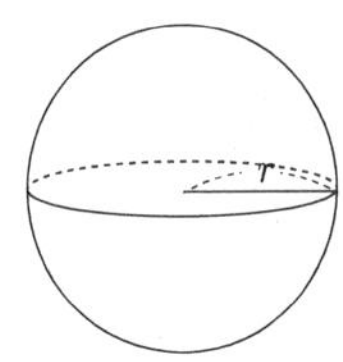

반지름 r인 구

$A = 4\pi r^2$, $V = \frac{4}{3}\pi r^3$

▶ 연습문제

1. 부정적분을 구하여라.

(1) $\int (2x^3 + 3x^2 - x - 5)dx$ (2) $\int (x+2)(x+3)dx$ (3) $\int x^{\frac{4}{3}} dx$

(4) $\int \sqrt[3]{x^2}\, dx$ (5) $\int \frac{3}{x} dx$ (6) $\int \frac{1}{x^2} dx$

(7) $\int \frac{\sqrt{x} - 6}{x} dx$ (8) $\int \frac{x^2 - 2x - 1}{x^3} dx$ (9) $\int \frac{x^2 - x}{\sqrt{x}} dx$

2. 정적분을 구하여라.

(1) $\displaystyle\int_1^3 (3x^2+e^x)dx$ (2) $\displaystyle\int_1^2 \frac{3x+1}{x^2}dx$ (3) $\displaystyle\int_1^4 \left(\sqrt{x}-\frac{1}{\sqrt{x}}\right)dx$

(4) $\displaystyle\int_1^4 \left(\frac{3x^3-2x^2+4}{x^2}\right)dx$ (5) $\displaystyle\int_1^2 \left(1+\frac{1}{x}+\frac{1}{x^2}\right)dx$ (6) $\displaystyle\int_0^1 x\sqrt{5x^2+4}\,dx$

7.3 적분을 활용한 모델링

나무 잎사귀의 넓이

잎사귀들은 태양에너지를 모으는 집열판의 역할을 하는데, 이것이 사막에서 사는 식물과 추운지방에서 사는 식물의 나뭇잎 모양이 서로 다르게 생긴 이유가 된다. 잎사귀의 겉넓이를 계산하여 그들의 광합성 작용이나 탄소 동화 작용 등을 예측할 수 있다.

■ 문제 상황 1

철쭉꽃 잎사귀의 넓이를 계산해보자.

■ 문제의 이상화 및 자료수집

수학적 모델을 만들기 위해 잎사귀와 닮은 함수 하나를 고안해낸다.

잎사귀를 정확히 표현하려면 여러 가지 상황을 조사해야 하지만, 여기서는 x축(가로축) 위의 부분만을 표현할 수 있는 방정식으로서 0과 1(즉, 잎사귀의 길이를 1로 함)을 x절편으로 하는 포물선함수(2차 방정식)를 설계할 수 있다.

$y=f(x)=x(1-x)$

따라서 잎사귀 전체의 넓이는 설계한 방정식 넓이의 2배를 택하면 된다.

넓이를 구하기 위해, 포물선의 정의역을 n등분하여 n개의 작은 막대를 만든다. 그리고 k번째 조각의 모양을 따로 보자.

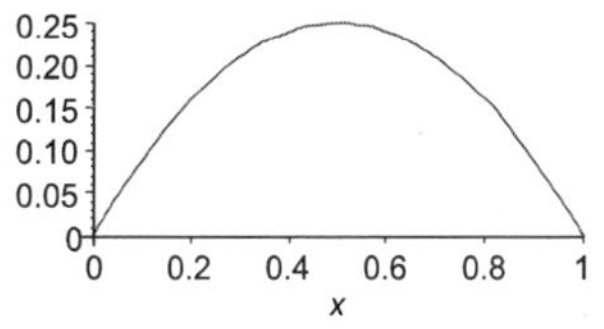

> plot(x*(1-x), x=0..1);

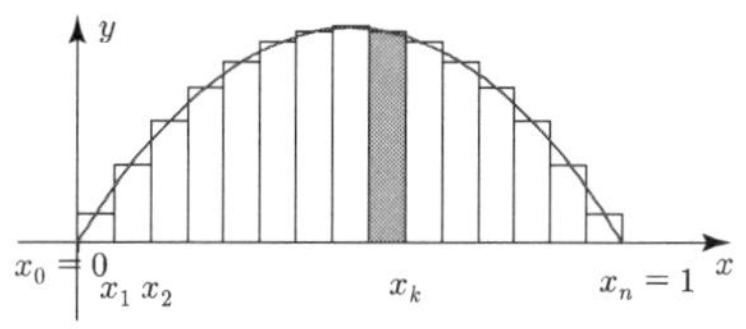

정의역을 n등분한 n개의 작은 막대

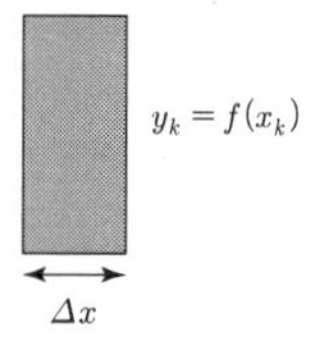

k번째 조각의 모양

■ **수학적 모델 형성과 문제 해결**

k번째 조각의 넓이 A_k를 먼저 구하자.

$$A_k = \Delta x \cdot f(x_k) = \Delta x \cdot (x_k(1-x_k))$$

각 등분 구간의 길이는 $\Delta x = \dfrac{1-0}{n} = \dfrac{1}{n}$이므로, 각 구간의 오른쪽 x좌표는 0, $\dfrac{1}{n}$, $\dfrac{2}{n}$, $\cdots$, $\dfrac{k}{n}$, $\cdots$, $\dfrac{n}{n}=1$이 되어, $x_k = \dfrac{k}{n}$가 된다. 따라서

$$A_k = \Delta x \cdot (x_k(1-x_k)) = \frac{1}{n} \cdot \left(\frac{k}{n}\left(1-\frac{k}{n}\right)\right)$$

첫 번째 조각부터 n번째 조각까지 넓이의 합 S_n은 다음과 같다.

$$\begin{aligned} S_n &= \sum_{k=1}^{n} A_k = \sum_{k=1}^{n} \frac{1}{n} \cdot \left(\frac{k}{n}\left(1-\frac{k}{n}\right)\right) \\ &= \frac{1}{n^2}\sum_{k=1}^{n} k - \frac{1}{n^3}\sum_{k=1}^{n} k^2 \\ &= \frac{1}{n^2}\left(\frac{n(n+1)}{2}\right) + \frac{1}{n^3}\left(\frac{(2n+1)n(n+1)}{6}\right) \\ &= \frac{1}{2}\left(\frac{n+1}{n}\right) - \frac{1}{3}\left(\frac{(2n+1)(n+1)}{n^2}\right) \end{aligned}$$

이제 n을 무한히 많이, 즉 $n \to \infty$로 생각하면, 원하는 넓이 S를 구할 수 있다.

$$S = \lim_{n\to\infty} S_n = \lim_{n\to\infty} \frac{1}{2}\left(\frac{n+1}{n}\right) - \frac{1}{3}\left(\frac{(2n+1)(n+1)}{n^2}\right) = \frac{1}{2} - \frac{1}{6} \cdot 2 = \frac{1}{6}$$

따라서 잎사귀의 넓이는 $2\times\frac{1}{6}=\frac{1}{3}$이다.

■ **분석**

이 값은 함수 $y=f(x)=x(1-x)$를 $x=0$부터 $x=1$까지 적분한 결과와 동일하다. 즉

$$\int_0^1 x(1-x)dx=\int_0^1 x-x^2dx=\int_0^1 xdx-\int_0^1 x^2dx$$
$$=\frac{1}{2}x^2\Big]_0^1-\frac{1}{3}x^2\Big]_0^1=\frac{1}{2}-\frac{1}{3}=\frac{1}{6}$$

나뭇잎의 모양이 항상 $y=f(x)=x(1-x)$로 표시되지는 않는다. 다양한 형태의 나뭇잎 모양을 함수로 모델화 할 수만 있으면, 그 넓이를 구할 수 있고, 이를 바탕으로 식물의 광합성 작용을 비롯한 다양한 역할을 측정할 수 있다.

(i) 폭이 w이고 길이가 L인 대칭 형태의 나뭇잎을 모델화해보자.
$y=Hx(L-x)$로 표현할 수 있는 값 H를 w로 표현해보자.

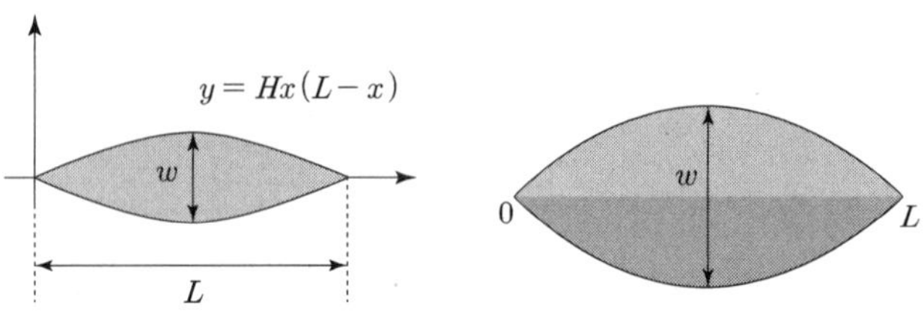

이를 사용하여 나뭇잎의 넓이를 구해보자.

(ii) 끝이 뾰족한 형태의 잎사귀를 모델화해보자.

$$y=x^2(1-x)$$

실제로 $y=x^2(1-x)$를 메이플을 사용하여 그려보고,

```
> plot(x^2*(1-x), x=0..1);
```

이 모양을 조금 더 구체적으로 보기위해 x와 y의 영역을 제한해보자.

```
> plot(x^2*(1-x), x=0..1.2, y=-0.3..0.3);
```

그림에서 보듯이 $y = x^2(1-x)$는 끝이 뾰족한 형태의 잎사귀의 모델로서 적절한 함수이다.

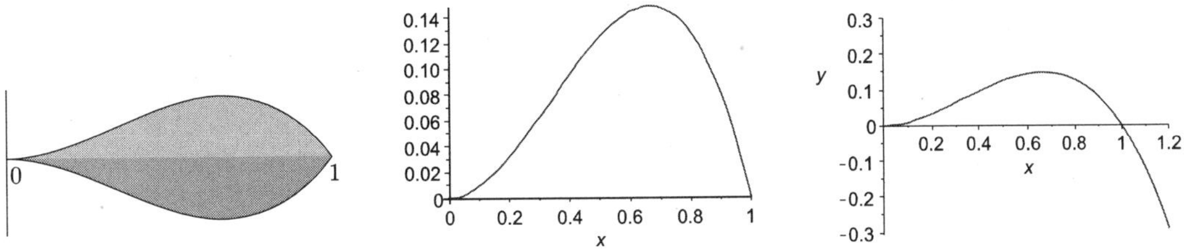

수학이야기 미사일 주행거리

2006년도에 북한에서 발사한 대포동 2호 미사일은 발사된 지 얼마 후 폭발하여 수십 km 떨어진 북한 근해에 떨어졌다. 이런 일이 발생되면 미사일의 체공시간 등을 분석하여 발사 후 어느 정도 시간 후에 낙하되었는지를 계산하게 된다. 이것은 미사일 발사의 성공여부를 판정하는 기준이 될 뿐만 아니라 어느 정도의 시간 후에 더 먼 지점까지 비행할 수 있는지를 예측할 수 있다. 그렇기 때문에 우리나라는 물론 일본이나 미국에서도 자국 영토에 도달할 수 있는 미사일을 북한이 개발할 수 있는지의 여부에 촉각을 세우고 있다.

실제로 대포동 2호가 발사된 직후 대부분 언론들은 대포동 2호가 함경북도 무수단리 기지를 떠나 40초라는 짧은 시간동안 비행하다가 추락한 것으로 보도하면서 실패한 것으로 추정했다 했다. 그러나 2틀 후에 나온 자료에 의하면 대포동 2호의 총비행시간은 7분이라고 했다. 발사 후 42초 만에 이상이 생겼지만 이후에 관성에 의해 비정상적인 비행을 계속하여 발사 후 7분 만에 총 490km를 비행한 후 추락했다고 발표했다. 미사일이 1초에도 수 km를 날아가는 속도를 감안하면 42초와 7분의 차이는 상당한 차이를 만든다.

그 뿐만 아니라 2009년 5월에 북한에서 실시한 핵실험에 대해서도 북한은 핵실험 후 폭발력과 조종기술에 있어서 새로운 높은 단계에서 안전하게 진행되었다고 주장했다. 그에 대해 우리나라에서는 아리랑 2호 위성이 촬영한 자료를 근거로 북한 핵실험 실시 지역을 추정했다. 북한 어느 지역에서 리히터 규모 4.4의 지진파가 발생한 것을 감지한 후 진앙지의 위치를 파악하고 그 지진파가 발생한 후 48초 뒤에 강원 속초관측소에서도 감지됐다고 보도했다. 이로서 폭발력을 추정하는 계산을 하게 된다.

출발 직후 폭발한 비행기 사고 원인을 조사하고 있다. 주행기록계는 완전히 부셔져서 복구가 불가능하다. 비행기 주행거리를 알아보기 위해 통제탑에서 레이더를 통해 관측된 속도 자료를 이용할 것이다. 속도 자료는 비행기 출발 직후부터 일정 시간 단위마다 측정 기록한 데이터이다.

시간(s)	0	10	20	30	40	50	60
속도(km/h)	30	43	57	69	75	82	100

■ 문제 상황 2

위의 상황을 조금 간단히 하기 위해 자동차의 주행 기록계가 파손되었을 때, 주행거리를 계산해보자. 매 10초 단위로 속도를 기록한 자료를 사용하여 자동차가 60초 동안 주행한 거리를 알아보자.

■ 문제의 이상화 및 자료수집

시간과 속도의 단위를 일치시키기 위해 속도의 단위를 초당 km로 전환하였다. 1시간에 1km 주행은 1초당 $\frac{1}{3600}$km 주행이다. 그러므로 다음 표를 만들 수 있다.

시간(s)	0	10	20	30	40	50	60
속도(km/s)	$\frac{30}{3600}$	$\frac{43}{3600}$	$\frac{57}{3600}$	$\frac{69}{3600}$	$\frac{75}{3600}$	$\frac{82}{3600}$	$\frac{100}{3600}$

■ 수학적 모델 형성과 문제 해결

처음 10초 동안 속도는 급격히 변하지 않았기 때문에, 0~10초 구간 동안에는 일정한 것으로 가정하고 주행한 거리를 추정할 수 있다. 만일 이 구간에서의 속도를 초기 속도 $\frac{30}{3600}$km/s로 택한다면, 처음 10초 동안에 주행한 거리는 대략 다음과 같다.

$$\frac{30}{3600}\times 10\ (\text{km})$$

같은 방법으로 두 번째 시 구간동안에 속도는 거의 일정하므로 이 일정한 값을 $t=10$초일 때 속도로 택한다. 그러므로 $t=10$에서 $t=20$초동안 일정한 속도 $\frac{43}{3600}$로 주행하였으므로 그 거리의 추정값은 다음과 같다.

$$\frac{43}{3600} \times 10\ (\text{km})$$

이와 같은 방법으로 60초 동안 주행한 총 거리의 추정값을 계산할 수 있다.

$$\frac{(30+43+57+69+75+82)}{3600} \times 10 = 0.989\ (\text{km}) = 989\ (\text{m})$$

한편, 각 시 구간에서의 속도를 각 시 구간의 끝점에서의 속도를 사용하여 계산해보자. 그러면 60초 동안 주행한 총 거리의 추정값은 다음과 같이 된다.

$$\frac{(43+57+69+75+82+100)}{3600} \times 10 = 1.183\ (\text{km}) = 1183\ (\text{m})$$

■ **재해석**

위의 데이터를 그래프로 표시해보자.

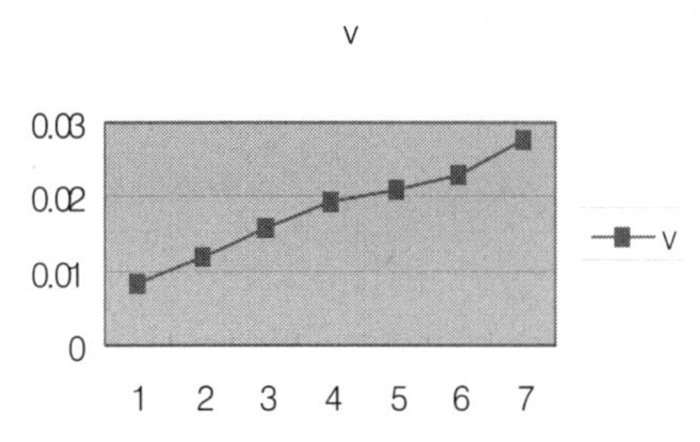

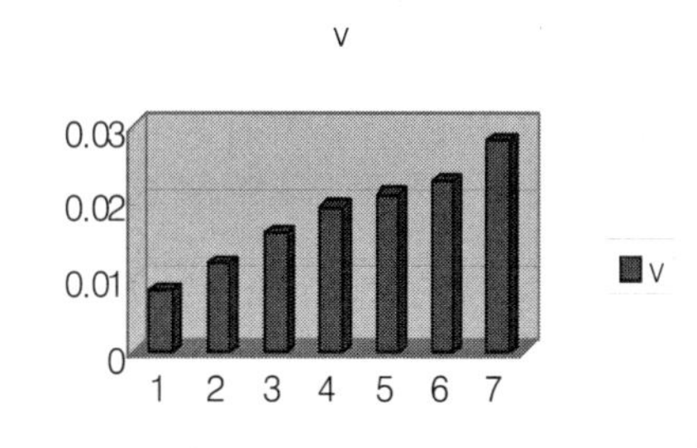

만일 더 정확한 추정값을 얻으려면 매 5초마다, 혹은 매 2초 또는 더욱 세밀하게 매 1초마다 측정하면 된다. 각 시 구간에서 주행한 거리를 먼저 계산한 후 모두 합하려는 생각은 적분의 개념과 동일하다. 즉 전체의 거리(혹은 전체의 어떤 값)를 알고자 할 때는 각 부분의 값을 먼저 구하여 더하면 된다.

교통 정보

현대 사회에서 교통의 정보는 모든 사람에게 상당히 필요한 것이다. 고속도로의 혼잡도에 관한 측정은 자동차의 밀도(교통량) 상태를 통해 알 수 있다. 여기서 말하는 밀도란, 단위 거리당 차량의 개수를 의미하며, 이 값은 곧 차량의 정체 정도를 말한다. 이제 고속도로의 일정 구간에 있는 자동차의 수량과 그 구간의 교통량 사이의 관계를 예측해보자.

■ 문제 상황 3

교통이 혼잡한 시간에 어떤 도로를 주행하는 차량의 밀도는 다음과 같다.

$$C(x) = 100x\left(1 - \frac{x}{10}\right),\ 0 \le x \le L$$

여기서 x는 고속도로 상의 위치를 나타낸다. 즉 $x = 0$는 측정하는 고속도로 구간의 출발점이며, $x = L$은 최종점이라 하자.

(1) 이 밀도가 의미를 가질 수 있는 가장 큰 값 L은 무엇인가?

(2) 도로 중 가장 혼잡한 부분은 어디인가? 그 부분에서 자동차의 밀도는 얼마인가?

(3) 이 도로에 있는 총 차량의 대수는 얼마인가?

■ 문제의 이상화 및 자료수집

만약 모든 자동차들이 일정한 간격을 유지한다면 문제를 쉽게 해결할 수 있다:

총 자동차 대수=(단위 구간에서의 교통량)×(고속도로의 총 길이).

그러나 자동차들이 일정한 간격으로 분포되지 않기 때문에 더 좋은 방법 고안해내야 한다.

위치 x에서 차들의 밀도(교통량)를 나타내는 함수식

$$C(x) = 100x\left(1 - \frac{x}{10}\right)$$

에서 x의 값이 1, 2, 3일 때 $C(x)$를 계산해보고 그래프를 그려보자.

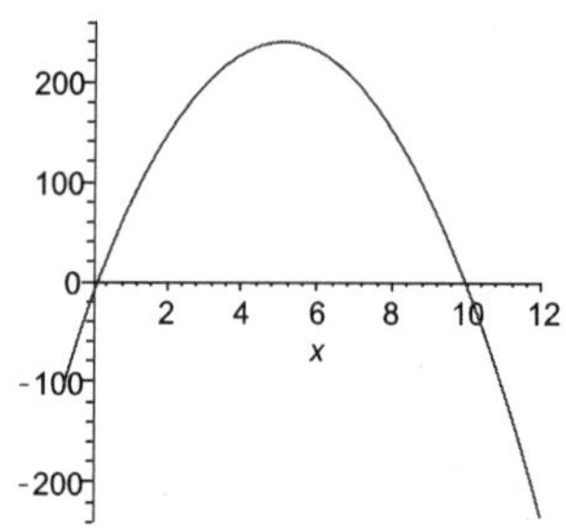

$$C(1) = 90,\ C(2) = 160,\ C(3) = 210$$

이 값들이 무엇을 뜻하는지 말해보자.

■ 수학적 모델 형성과 문제 해결

고속도로를 작은 구간으로 나누어 각 구간의 길이가 Δx가 되도록 하자. 그러면 이 작은 구간에서 차량의 개수는 대략 $C(x)\Delta x$이 된다. 따라서 도로 전 구간에서의 차량의 총 대수는 다음과 같이 결정된다.

$$\sum_{x=0}^{x=L} C(x)\Delta x$$

실제로 위의 식은 적분의 형태로 다음과 같이 표현된다.

$$\text{총 차량의 개수}=\int_0^L C(x)dx$$

(1) $C(x)=100x\left(1-\frac{x}{10}\right)=10x(10-x)$이므로 $x=0$과 $x=10$일 때 밀도 $C(x)=0$이 된다. 그런데 밀도는 양수이므로 $x=10$이 가장 큰 값이며, 이 도로의 최대 길이는 10 km이다.

(2) 최대 혼잡지역은 밀도 $C(x)$가 최대인 지역이므로, 도함수가 0인 점을 찾는다.

$$0=C'(x)=100-20x,\ \text{즉}\ x=5$$

이다. 그러므로 고속도로의 중간 부분인 $x=5$km 지점이 가장 혼잡한 지역이다. 또한 그 지점에서 밀도는 $C(5)=250$이어서, km당 250대의 차량이 있다.

(3) 10 km 길이인 이 도로 위의 총 차량 수는

$$I=\int_0^L C(x)dx=\int_0^{10} 100x\left(1-\frac{x}{10}\right)dx$$

이다. 위 식을 풀면 다음과 같이 된다.

$$\begin{aligned} I &= \int_0^{10} 100x-10x^2dx \\ &= 100\left(\frac{x^2}{2}-\frac{1}{10}\frac{x^3}{3}\right)\Bigg]_0^{10} = 10^4\left(\frac{1}{2}-\frac{1}{3}\right)=\frac{10^4}{6}=1,666 \end{aligned}$$

즉, 교통 혼잡 시간대에 10 km 길이의 도로에서 총 1,666대의 차량이 운행 중이다.

■ **분석**

이러한 자료를 토대로 교통 정보를 방송할 수 있다.

■ 문제 상황 4 신생아 출생률을 근거로 한 인구 예측

어떤 지역의 신생아 수를 함수 $b(t)=5+2t$ (천 명)로 나타냈다(연도 $0\le t\le 10$).

(1) 처음 10년 동안 출생한 신생아 수는 얼마인가?

(2) 출생한 신생아 수가 14,000명이 되는 해는 몇 년 인가?

■ **문제의 이상화 및 자료수집**

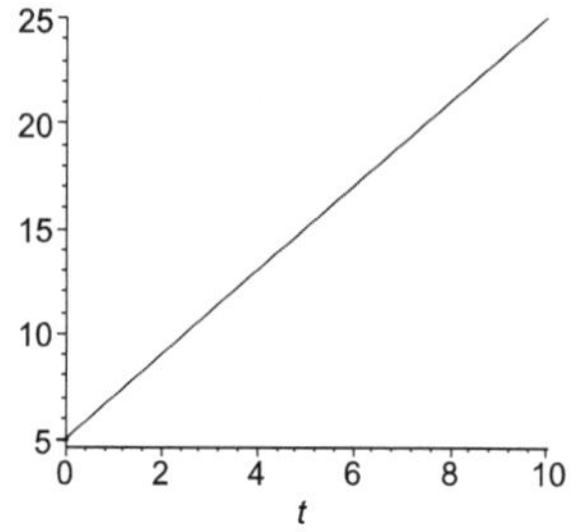

이 문제에서 신생아 수는 1차 직선함수 $b(t)=5+2t$로 표현되었지만, 실제로는 이러한 형태로 표현되지 않는다. 일정기간 동안 신생아의 전체 수는 이 함수의 적분을 통해 알 수 있다.

■ **수학적 모델 형성과 문제 해결**

$$\int_0^{10} b(t)dt = \int_0^{10}(5+2t)dt = 5t+t^2\Big]_0^{10} = 50+100=150 \text{ (천 명)}$$

신생아 수가 모두 14,000명(즉, 14(천 명))이 되는 해 T는

$$14=\int_0^T(5+2t)dt = 5t+t^2\Big]_0^T = 5T+T^2$$

가 되어

$$0=T^2+5T-14=(T-2)(T+7)$$

를 풀면 $T=2$가 된다.

■ **분석**

그러므로 10년 동안 15만 명의 신생아가 태어났으며, 처음 2년 동안 14,000명의 신생아가 태어났다.

‖ 질량과 밀도 ‖

앞서 우리는 문제상황 4에서 1차원의 밀도에 관해 배운 바 있다. 밀도를 구하기 위해 일정 영역 위에서 함수를 작은 부분으로 나누고 각각의 밀도를 계산하여 더함으로서 전체의 밀도를 구했으며, 이것이 적분의 값과 동일함을 알았다.

이번에는 1차원에서의 밀도보다 조금 발전된 경우를 연구해보자.

반지름이 r이고 높이가 h인 원통형 튜브에 포도당 용액이 들어 있다. 포도당의 농도가 튜브의 밑 부분에서 가장 높고 점차 튜브 위로 갈수록 엷어진다는 것을 알아보자.

■ 문제 상황 5

깊이 x에서의 농도를 함수 $c(x)=0.1+0.5x$ (gram/cm^3)으로 나타냈다. 튜브에 있는 전체 포도당의 양을 알아보자.

■ 문제의 이상화 및 자료수집

위의 설정에 의해 $x=0$는 튜브의 맨 위 부분이고 $x=h$는 가장 아래 부분이다. 또한 튜브의 아래 부분으로 갈수록 농도가 짙어진다는 것을 그림으로 표현해보자.

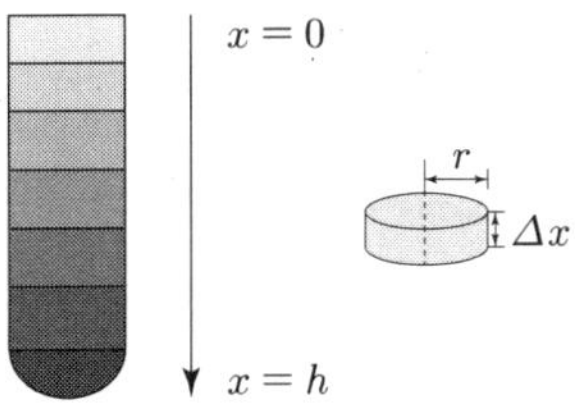

실제는 그림에서 표현된 것보다는 훨씬 고르게 농도가 변할 것이다. 그러나 작은 원판의 개수가 무한히 많은 경우를 생각해 보면 농도가 고르게 퍼진 것으로 여길 수 있다. 또한 각 절단면을 생각하면, 작은 원판의 형태로서 높이가 Δx이며 반지름은 튜브의 반지름과 동일한 r일 것이다.

■ 수학적 모델 형성과 문제 해결

전체 튜브의 부피를 계산하기 위해, 작은 부분(원 판 형태)의 부피를 먼저 계산하자.

$$\text{작은 원판의 부피 } V=\text{밑면의 넓이}\times\text{높이}=\pi r^2\Delta x$$

이 작은 원판에 들어있는 포도당의 양은 대략 부피와 밀도의 곱으로 표현될 것이다. 즉

$$\text{작은 원판 속의 포도당의 양}=V\times c(x)=\pi r^2\Delta x c(x).$$

이제 작은 원판 속의 모든 포도당이 양을 합하면 튜브 전체 내의 포도당의 양이 되며, 이것은 적분을 사용하여 다음과 같이 계산할 수 있다.

$$\text{튜브 속의 포도당의 양 } G=\int_0^h \pi r^2 c(x)dx=\pi r^2\int_0^h c(x)dx$$

(여기서는 단순화를 위해, 튜브의 맨 아래 둥근 부분에 관해 고려하지 않았다.) 따라서

$$G=\pi r^2\int_0^h c(x)dx=\pi r^2\int_0^h(0.1+0.5x)dx$$

$$=\pi r^2\left(0.1x+\frac{0.5}{2}x^2\right)\Bigg]_0^h=\pi r^2\left(0.1h+\frac{0.5}{2}h^2\right)$$

이다.

■ **재해석**

만약 튜브의 높이가 10cm이고 반지름이 1cm이라면, 포도당의 질량은 다음과 같다.

$$\pi\left(0.1(10)+\frac{0.5(100)}{2}\right)=\pi(1+25)=3.14\times26=81.64$$

■ 문제 상황 6

박테리아를 배양하기 위해 반지름 1cm인 둥그런 배양 접시를 준비했다. 배양 접시의 중심으로부터 r cm 떨어진 곳에서, 박테리아의 밀도는 함수 $b(r)=1-r^2$ (단위: 제곱센티미터당 백만 개)으로 나타내진다. 배양접시에 있는 박테리아의 총 수를 알아보자.

■ **문제의 이상화 및 자료수집**

이 접시의 반지름은 1cm이며, r은 중심으로부터의 거리이므로 $0 \le r \le 1$이다. 배양접시는 동심원을 그리듯이 동일한 반지름 내에는 동일한 개수의 박테리아가 있다고 가정하자. 반지름에 관한 박테리아 밀도 함수 $b(r)=1-r^2$을 그래프로 나타내면 반지름 1인 원 중에서 1사분면의 것이다.

박테리아의 밀도는 접시의 중심에서 가장 높다가, 중심으로부터 멀어질수록 점차 낮아진다. 그러므로 접시의 중심으로부터 일정한 거리가 되도록 고리(환) 모양으로 자르면, 그 부분에서는 동일한 밀도를 갖는다고 생각할 수 있다.

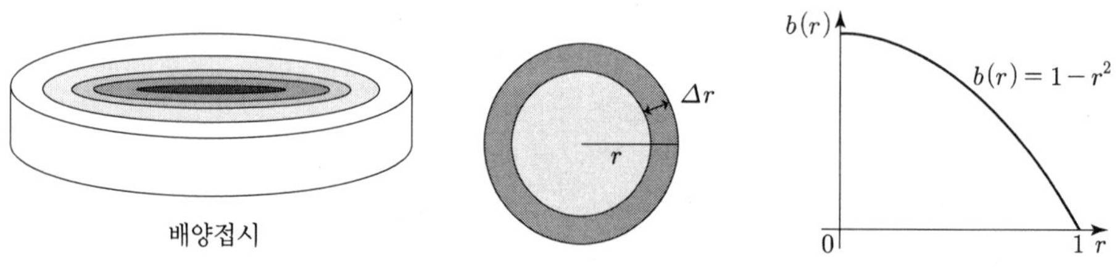

■ **수학적 모델 형성과 문제 해결**

작은 고리 모양의 것은 반지름이 r인 원과 $r+\Delta r$인 원 사이이므로, 고리의 넓이는

$$A=\pi r^2-\pi(r-\Delta r)^2=\pi[r^2-(r-\Delta r)^2]=\pi(2r\Delta r-(\Delta r)^2)$$

이다. 만약 고리의 두께 Δr를 무척 얇게, 실제로 $\Delta x \to 0$이 되도록 만들면

$$A \approx 2\pi r\Delta r$$

가 된다. 이 고리 안에 있는 박테리아의 개수는 고리 넓이에 박테리아 밀도를 곱한 값인

$$\text{박테리아의 개수} = b(r) \cdot 2\pi r \Delta r = 2\pi r(1-r^2)\Delta r$$

이다. 따라서 배양접시 전체의 박테리아의 수는 작은 고리 안에 있는 박테리아 수들의 합이며, 이것을 $r=0$부터 $r=1$ 사이에서 적분으로 계산할 수 있다. 즉,

$$\text{전체 박테리아 수} = 2\pi\int_0^1 r(1-r^2)dr = 2\pi\int_0^1 r-r^3dr$$

$$= 2\pi\left(\frac{r^2}{2}-\frac{r^4}{4}\right)\Bigg]_0^1 = \pi-\frac{\pi}{2} = \frac{\pi}{2}$$

■ 재해석

1제곱센티미터당 백만 개의 박테리아가 있다고 하면, 이 배양접시 안에는 $\frac{\pi}{2}$백만 개, 대략 1.57×백만 개의 박테리아가 있다.

1년의 계절변화에 따른 일조량의 변화는 많은 동식물의 주거 생활에 큰 영향을 미친다. 또한, 농사는 물론 우리들의 일상생활에도 아주 중요한 요인으로 작용한다. 그런데 일조시간은 간단한 주기적 성질에 따라 1년을 단위로 변화한다.

■ 문제 상황 7

t날에 일조시간을 함수 $f(t)$로 나타내보자. 그리고 봄과 여름에 평균 일조시간의 길이를 알아보자.

■ 문제의 이상화 및 자료수집

$f(t)$를 주기함수로 만들기 위해, 순환 주기를 1년(365일)으로 하고, 춘분(봄철에 밤과 낮의 길이가 같아지는 날)을 $t=0$으로 하자. 그러면 $f(0)=12$가 된다. $t=0$일 때부터 $f(t)$의 값은 증가하다가 하지가 될 때 정점으로 오른다. 그후 감소하기 시작하여 추분이 될 때 다시 함수의 값은 12가 되고 계속 감소하여 동지일 때 최저점에 도달한다. 다시 춘분이 될 때까지 증가하는 곡선의 형태를 만들게 된다.

또한, 일정한 구간 $a \le x \le b$ 사이에서 함수 $f(x)$의 평균값 $\overline{f}$는 그 기간 동안의 평균 일조시간을 나타내며, 다음과 같은 적분을 통해 알 수 있다.

$$\bar{f} = \frac{1}{b-a}\int_a^b f(x)dx$$

■ **수학적 모델 형성과 문제 해결**

이상화된 자료를 충분히 표현할 수 있는 수학적 모델로서 주기를 365로 하고 진폭을 ± 4로 하는 다음의 함수를 생각할 수 있다.

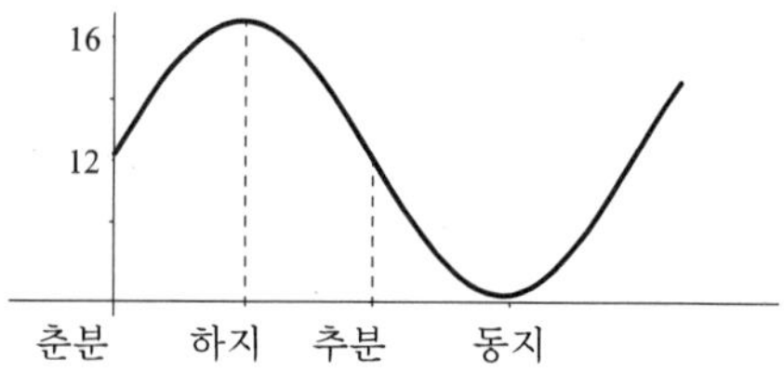

$$f(t) = 12 + 4\sin\left(\frac{2\pi t}{365}\right)$$

이제 봄과 여름에 걸친 평균 일조시간을 계산해보자. 봄과 여름은 1년 중 절반에 해당하는 $365/2 \approx 182$일이라 하자. 그러면

$$\begin{aligned}\bar{f} &= \frac{1}{182}\int_0^{182} f(t)dt \\ &= \frac{1}{182}\int_0^{182}\left(12 + 4\sin\left(\frac{\pi t}{182}\right)\right)dt \\ &= \frac{1}{182}\left(12t - \frac{4\cdot 182}{\pi}\cos\left(\frac{\pi t}{182}\right)\right)\Bigg]_0^{182} \\ &= \frac{1}{182}\left(12\cdot 182 - \frac{4\cdot 182}{\pi}\cos(\pi) - \cos(0)\right) = 12 + \frac{8}{\pi} = 14.564\end{aligned}$$

따라서 봄부터 여름까지의 평균 일조시간은 14.56 시간이다.

추분이 지나서 동지까지의 일조시간은 얼마나 되는지 알아보자.

수학이야기 적분기호

적분 기호 $\int$는 무한히 작은 양을 합친다는 뜻이 들어 있다. 이것은 합친다는 뜻의 라틴어 summa의 첫 글자 S를 길게 늘인 기호이며, 17세기의 라이프니츠가 발명한 것이다.

$$\int$$

적분법은 우리의 실생활에서 다양하게 이용되고 있다. 건축 설계도에서 넓이를 구하고, 건물의 용적을 계산하며, 또 강 위에 하중을 고려하여 다리를 놓는 등 여러 분야에서 활용된다. 더 나아가 달이나 화성에 보내는 왕복 우주선, 지구 궤도를 돌고 있는 인공위성에 대해서도 그것들의 거리와 속도를 고려한 운동방정식을 통하여 해결하고 있다.

고대 그리스의 아르키메데스는 원의 넓이나 구의 부피를 구할 때 잘게 쪼갠 도형의 합으로 구하는 구분구적법을 이용하였다. 이러한 아르키메데스식의 고전적인 정적분의 기본 발상은 약 2,000년 후 17세기의 뉴턴과 라이프니츠에 의해서 곡선의 길이와 넓이를 구하는 적분법으로 발전하고, 19세기에는 독일의 리만에 의하여 그 체계가 확립되었다. 그 이후로는 적분을 이용하여 함수로 나타낼 수 있는 도형의 넓이와 부피를 구할 수 있게 되었다. 적분은 자연 과학, 경제학, 환경 문제 등 많은 분야에 활용되고 있다.

7.4 정적분을 활용한 근사값 계산

구간 $[a, b]$에서 주어진 함수 $f(x)$가 이루는 넓이 A를 구하기 위해, 이제까지

$$A = \int_a^b f(x)dx$$

인 정적분을 사용하였다. 그런데 우리가 모든 함수의 적분형태를 알고 있는 것은 아니다. 다시 말해서 $f(x)$를 적분할 수 없는 경우에는 어떤 방법을 취할 수 있을까 하는 문제에 대해 근사값으로 접근하는 두 가지 방법을 알아보자.

∥ 사다리꼴 공식(trapezoidal formula) ∥

구간 $[a, b]$와 함수 $f(x)$가 있다.

(i) 우선 구간 $[a, b]$를 n등분하자. 그러면 소 구간의 길이는 다음과 같다.

$$h = \frac{b-a}{n}$$

각 구간의 끝 점 $a = x_0 < x_1 < x_2 < \cdots < x_n = b$ 의 함수값 (세로 선)을 확인해 보자.

$$y_0 = f(x_0),\ y_1 = f(x_1),\ y_2 = f(x_2),\ \cdots,\ y_n = f(x_n)$$

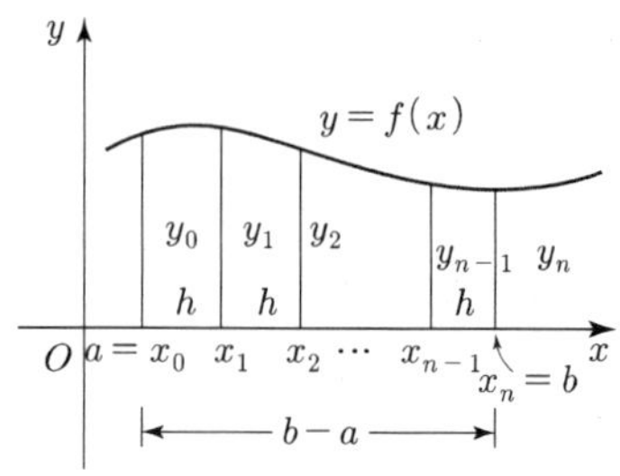

(ii) 각 세로선의 끝점을 현으로 연결한 사다리꼴을 만들어 넓이를 알아보자.

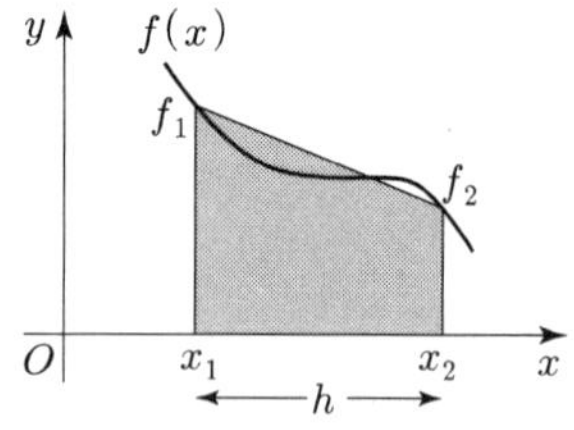

구간 $[x_{k-1},\ x_k]$ 위의 사다리꼴의 넓이

$$\text{면적} = \frac{(\text{밑변} + \text{윗변})}{2} \cdot \text{높이} = \frac{(y_{k-1} + y_k)}{2} \cdot h$$

(iii) 그러므로 n개의 사다리꼴 전체의 넓이는

$$\frac{h}{2}(y_0 + y_1) + \frac{h}{2}(y_1 + y_2) + \cdots + \frac{h}{2}(y_{n-1} + y_n)$$

이므로

$$\int_a^b f(x)dx \approx \frac{h}{2}\{y_0 + 2(y_1 + y_2 + \cdots + y_{n-1}) + y_n\}$$

로 나타내진다. 이 식을 **사다리꼴 공식**이라고 부른다.

(iv) n이 클수록 근사값은 $\int_a^b f(x)dx$의 참값에 더욱 근접해진다.

‖ 심프슨의 공식(Simpson's formula) ‖

심프슨의 공식은 사다리꼴 공식보다 좀더 정확한 근사값을 알려준다. 사다리꼴 공식이 각 세로선의 끝점을 현으로 연결하여 사다리꼴 형을 만든 것에 비하여, 심프슨 공식은 각 끝점을 포물선의 호로 연결하므로 오차를 상당히 줄인 것이다.

(i) 구간 $[a,\ b]$를 짝수 개 $2k$로 등분한다(그림 1).

$$x\text{좌표들: } a = x_0 < x_1 < x_2 < \cdots < x_{2k-1} < x_{2k} = b$$

(ii) 먼저 두 소구간을 선택하되 $(x_0,\ y_0)$, $(x_1,\ y_1)$, $(x_2,\ y_2)$의 세 점을 지나는 포물선으로 원래의 함수의 곡선을 대신한다.

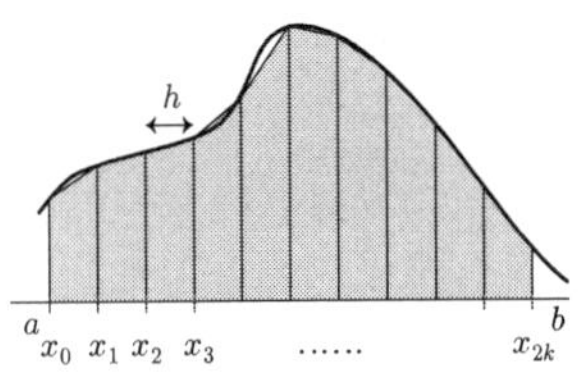

그림 1

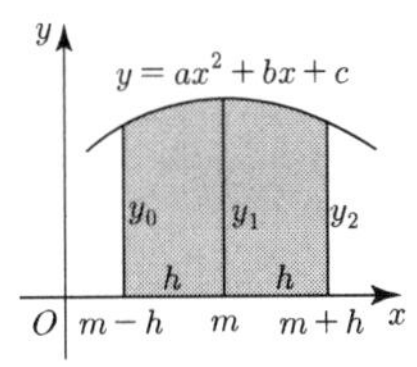

그림 2

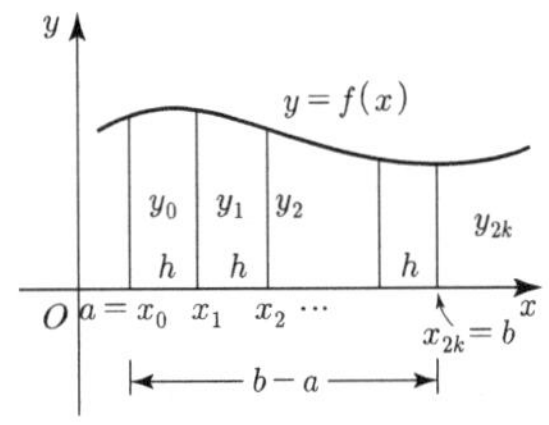

그림 3

(iii) 계속해서 $(x_2,\ y_2)$, $(x_3,\ y_3)$, $(x_4,\ y_4)$의 세 점을 지나는 포물선을 만든다.

(iv) 반복적으로 적용하면, 그림과 같이(그림 2)

포물선 $y = ax^2 + bx + c$, 두 직선 $x = m - h$, $x = m + h$ (단, $h > 0$)

및 x축으로 둘러싸인 부분의 넓이 A는

$$\begin{aligned} A &= \int_{m-h}^{m+h} (ax^2 + bx + c)dx \\ &= \left[\frac{a}{3}x^3 + \frac{b}{2}x^2 + cx\right]_{m-h}^{m+h} \\ &= \frac{h}{3}\{a(6m^2 + 2h^2) + b(6m) + 6c\} = \frac{h}{3}(y_0 + 4y_1 + y_2) \end{aligned}$$

(v) 이제 n이 짝수일 때 구간 $[a,\ b]$를 $h = \dfrac{b-a}{n}$가 되게 n등분하고 각 분점에서의 y의 값을

$$y_0 = f(x_0),\ y_1 = f(x_1),\ y_2 = f(x_2),\ \cdots,\ y_{n-1} = f(x_{n-1}),\ y_n = f(x_n)$$

이라 하자. 그 다음, 2개씩의 소구간에 대하여 위의 공식을 적용하여 이들을 더한다 (그림 3).

$$\begin{aligned} &\frac{h}{3}(y_0 + 4y_1 + y_2) + \frac{h}{3}(y_2 + 4y_3 + y_4) + \cdots + \frac{h}{3}(y_{n-2} + 4y_{n-1} + y_n) \\ &= \frac{h}{3}[y_0 + 4(y_1 + y_3 + \cdots + y_{n-1}) + 2(y_2 + y_4 + \cdots + y_{n-2}) + y_n] \end{aligned}$$

따라서

$$\int_a^b f(x)dx \approx \frac{h}{3}[y_0 + 4(y_1 + y_3 + \cdots + y_{n-1}) + 2(y_2 + y_4 + \cdots + y_{n-2}) + y_n]$$

가 되며, 이것을 심프슨의 공식이라 한다.

‖ 사다리꼴 공식과 심프슨 공식 비교 ‖

(ⅰ) 사다리꼴의 공식

$$\int_a^b f(x)dx \approx \frac{h}{2}[y_0 + 2(y_1 + y_2 + \cdots + y_{n-1}) + y_n] \quad (\text{단, } h = \frac{b-a}{n})$$

(ⅱ) 심프슨의 공식

$$\int_a^b f(x)dx \approx \frac{h}{3}[y_0 + 4(y_1 + y_3 + \cdots + y_{n-1}) + 2(y_2 + y_4 + \cdots + y_{n-2}) + y_n]$$

$$\approx \frac{h}{3}[y_0 + 4y_1 + 2y_2 + 4y_3 + 2y_4 + \cdots + 2y_{n-2} + 4y_{n-1} + y_n]$$

$$(\text{단, } h = \frac{b-a}{2n})$$

사다리꼴 공식: 각 세로선의 끝점을 현으로 연결	심프슨 공식: 각 세로선의 끝점을 포물선의 호로 연결

수학이야기 심프슨(Thomas Simpson, 1710~1761, 영국)

심프슨은 독학으로 공부하였다. 1724년에 발생한 일식현상으로 인해 수학에 대한 관심이 촉발되었는데, 그때까지 직물공으로 일하던 것을 포기하고 학교의 안내원이 되었다. 끊임없는 노력으로 수학 연구에 매진하여 1735년에는 그 당시 제시된 몇몇 문제를 풀 수 있었다. 런던으로 이주하여 1743년에는 조그만 대학의 수학 교수로 임명되어 그곳에서 일생을 마감했다. 심프슨의 연구저서를 통해 그가 얼마나 특별한 재능을 가지고 있었으며 근면했었는지를 잘 볼 수 있다. 그 중 가장 중요한 것이 1735년과 1750년의 연구로서 천문학과 물리학에 관한 상당히 예제를 수록하고 있다. 통계적 오차이론에 중요한 기여를 하였는데, 그것은 대수의 법칙(같은 조건하에서 실험을 반복할 때 실험을 더 많이 하면 할수록 결론의 오차율이 줄어든다는 것)을 발견한 것이다. 이 법칙은 증명은 되지 않았지만, 천문학자들에게 많은 공감을 얻었다. 심프슨은 보간법과 적분에 관한 수치적 방법으로 잘 알려져 있다.

■ 문제 상황 8

남극 탐험을 하면서 두 장소에 기지를 마련하여, 조사한 데이터를 전송하였다. $D(t)$를 초당 메가비트(mB/S)로 측정된 데이터 처리량이라고 할 때, 이날 정오까지 전동된 데이터의 전체량을 추정해보자. 필요하면 심프슨 법칙을 사용해보자.

t시간	t초	$D(t)$	t시간	t초	$D(t)$	t시간	t초	$D(t)$
0	0	3.2	4	14400	1.3	8	28800	2.8
1	3600	2.7	5	18000	1.0	9	32400	5.7
2	7200	1.9	6	21600	1.1	10	36000	7.1
3	10800	1.7	7	24200	1.3	11	39600	7.7
						12	43200	7.9

■ 문제의 이상화 및 자료수집

위의 데이터를 사용하여 그래프를 그려보자. 이때 엑셀프로그램을 사용해보자.

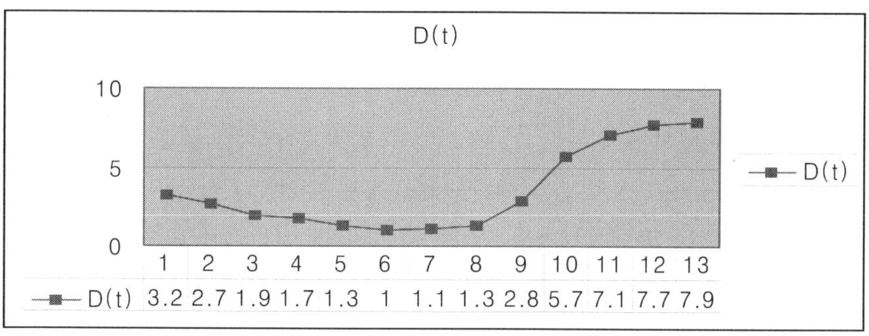

단위를 잘 결정해야 한다. 여기서 $D(t)$는 초당 메가비트로 측정되었으므로, 시간으로부터 초 t에 대한 단위를 변환한다.

$A(t)$를 시간 t동안에 전송된 데이터양이라 하자. 0시부터 정오($12 \times 60^2 = 43200$) 때까지 전송된 전체 데이터양은, 위에서 보이는 그래프가 x축(시간축)과 이루는 넓이의 값으로

계산된다. 즉, 다음의 적분값을 계산하면 된다.

$$A(43200) = \int_0^{43200} D(t)dt$$

그런데 이 경우 함수 $D(t)$를 정확히 알지 못하므로 실제로 적분하는 것은 불가능하다.

■ 수학적 모델 형성과 문제 해결

정적분의 근사값을 계산하기 위해 심프슨 법칙을 이용해보자. 주어진 구간이 $[a, b] = [0$시, 12시$]$이므로, 이 구간을 12등분하여 $n = 12$라 하자. 그러면 각 구간의 길이는 $h = \frac{12-0}{12} = 1$시간, 즉 $h = 3600$(초)이다.

$$\begin{aligned} A(43200) &= \int_0^{43200} D(t)dt \\ &\approx \frac{h}{3}[D(0) + 4D(3600) + 2D(7200) + \cdots + 4D(39600) + D(43200)] \\ &\approx \frac{3600}{3}[3.2 + 4(2.7) + 2(1.9) + 4(1.7) + 2(1.3) + 4(1.0) + 2(1.1) \\ &\qquad 4(1.3) + 2(2.8) + 4(5.7) + 2(7.1) + 4(7.7) + 7.9] \\ &= 143880 \end{aligned}$$

가 된다. 그러므로 정오까지 전송된 데이터의 전체량은 대략 144,000메가비트(또는 144기가비트)이다.

■ 재해석

(i) 적분을 하기 위해서는 정확한 함수의 형태가 필요하지만, 단순히 데이터만을 가지고 있는 경우는 심프슨 정리에 의해 근사값 계산을 할 수 있다.

(ii) 한편, 앞에서 배운 최소제곱법을 사용하여 주어진 데이터를 함수식으로 표현할 수 있다. 메이플 프로그램의 최소제곱법을 사용하여 모델링을 해보자.

우선 기본적으로 데이터를 입력시킨다.

```
> with(plots): with(stats):
> data:=[[0, 3600, 7200, 10800, 14400, 18000, 21600, 24200, 28800,
32400, 36000, 39600, 43200], [3.2, 2.7, 1.9, 1.7, 1.3, 1.0, 1.1, 1.3, 2.8,
5.7, 7.1, 7.7, 7.9]];
```

	1차식 모델	2차식 모델
입력	> fit[leastsquare[[x,y],y=a*x+b, {a,b}]](data);	> fit[leastsquare[[x,y], y=a*x^2+b*x+c, {a,b,c}]](data);
결과	$y = 0.001375898575x + 0.5309506059$	$y = 9.680008513(10^{-9})x^2$ $- 0.0002812114901x + 3.308982741$
입력	> plot(0.001375898575*x +0.5309506059, x=0..43200);	> plot(9.680008513*10^-9 *x^2 -0.0002812114901*x +3.308982741, x=0..43200);
결과	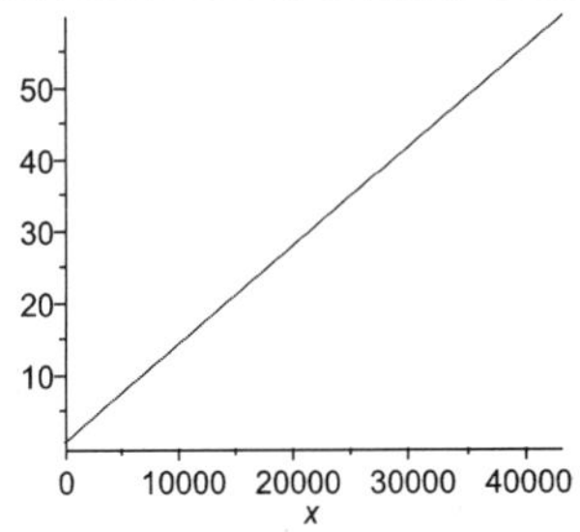	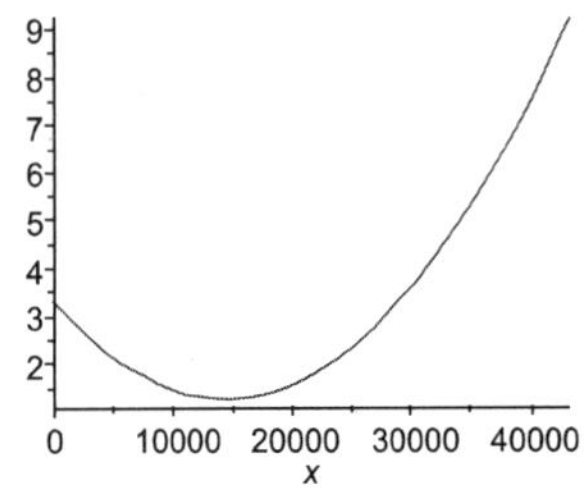

	3차식 모델	4차식 모델
입력	> fit[leastsquare[[x,y], y=a*x^3 +b*x^2+c*x+d, {a,b,c,d}]](data);	> fit[leastsquare[[x,y], y=a*x^4 +b*x^3 +c*x^2 +d*x+e, {a,b,c,d,e}] (data);
결과	$y = -1.576168574(10^{-13})x^3$ $+ 1.987282600(10^{-8})x^2$ $- 0.0004497309205{*}x + 3.789197810$	$y = -2.806521933(10^{-17})x^4$ $+ 2.269164085(10^{-12})x^3 - 4.603198131(10^{-8})x^2$ $+ 0.0001312088372x + 2.978028173$
입력	> plot(-1.576168574*10^-13 *x^3 +1.987282600*10^-8*x^2 -0.0004497309205*x +3.789197810, x=0..43200);	> plot(-2.806521933*10^-17*x^4 +2.269164085*10^-12*x^3 -4.603198131*10^-8*x^2 +0.0001312088372*x +2.978028173, x=0..43200);
결과	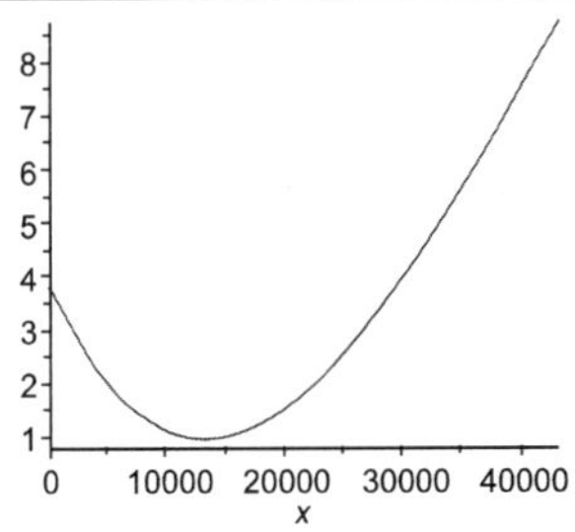	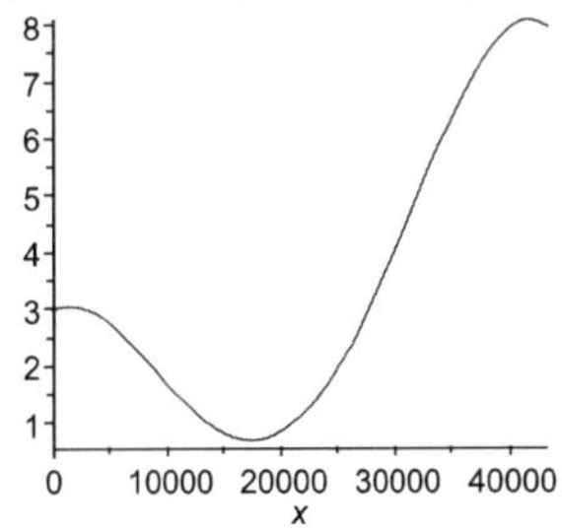

위에서 만들어진 1차식, 2차식, 3차식 그리고 4차식의 모델 중에서 원래의 데이터(앞에서 엑셀을 사용하여 그린 그래프)와 가장 유사해 보이는 것은 4차식의 형태이다. 4차식 모델을

$x = 0$부터 43200까지 적분을 해보자.

〈입력〉

```
> Int(-2.806521933*10^-17*x^4 +2.269164085*10^-12 *x^3
-4.603198131*10^-8 *x^2 + 0.0001312088372 *x + 2.978028173,
x=0..43200)
= int(-2.806521933*10^-17*x^4 +2.269164085*10^-12 *x^3
-4.603198131*10^-8 *x^2 + 0.0001312088372 *x + 2.978028173,
x=0..43200);
```

〈결과〉

$$\int_0^{43200} (-2.806521933(10^{-17})x^4 + 2.269164085(10^{-12})x^3 - 4.603198131(10^{-8})*x^2 + 0.0001312088372x + 2.978028173)dx = 145284.0273$$

앞에서 구한 143880과는 얼마간의 차이가 있기는 하지만 상당히 유사한 결과이다.

참고 이에 비해, 1차식 모델은 원래 데이터를 표현하기에는 부적절해 보이는데, 1차식 모델을 적분하면 큰 차이가 있음을 볼 수 있다.

〈입력〉

```
> Int(0.0001375898575*x +0.5309506059, x=0..43200)
= int(0.0001375898575*x+0.5309506059, x=0..43200);
```

〈결과〉 $\int_0^{43200} (0.0001375898575x + 0.5309506059)dx = 151324.9140$

참고 3차식 모델의 그래프가 2차식 모델의 것과 동일한 것으로 보이는데, 이는 정의역을 [0, 43200]으로 정했기 때문이다. 더 넓은 정의역 (가령 [−10000, 100000])을 택하여 다시 그래프를 그려보자.

〈입력〉

```
> plot(-1.576168574*10^-13 *x^3+ 1.987282600* 10^-8* x^2
-0.0004497309205 *x+ 3.789197810, x=-10000, 100000);
```

그러면 다음과 같은 3차식의 그래프를 볼 수 있다.

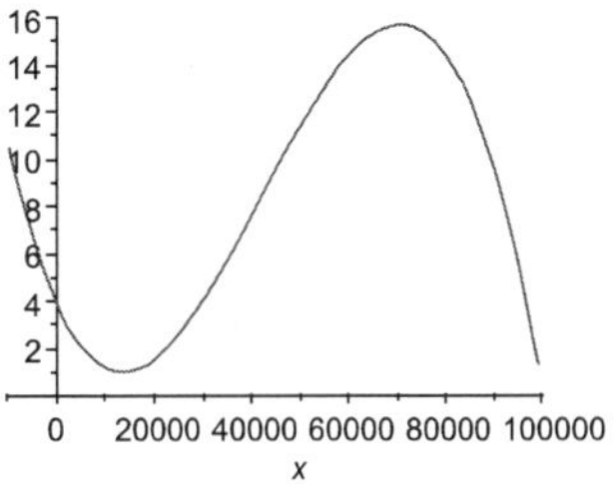

‖ 적분에서 메이플 이용 ‖

적분에서 메이플 사용하는 방법을 앞에서 간략히 배웠다. 여기서는 메이플을 사용하여 리만합을 계산하는 법과 사다리꼴 공식에 응용되는 과정을 알아보고자 한다. 일반적으로 리만합의 극한값을 계산하는 것은 매우 어렵지만 Maple에서는 students 패키지 안의 leftbox, leftsum, rightbox, rightsum의 명령어를 사용하여 쉽게 구할 수 있다.

> leftbox(f(x),x=0..1,n); > leftsum(f(x),x=0..1,n);	$f(x)$를 0에서 1까지 n등분함. 사각형의 좌 종점 근사값의 합.	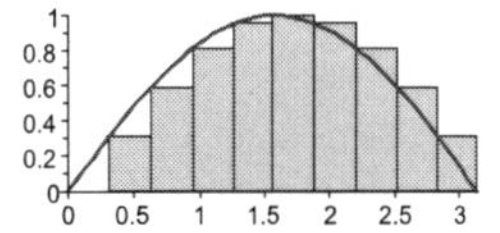
> rightbox(f(x),x=0..1,n); > rightsum(f(x),x=0..1,n);	$f(x)$를 0에서 1까지 n등분함. 사각형의 우 종점 근사값의 합.	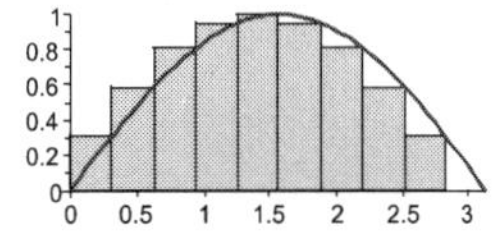
> middlebox(f(x),x=0..1,n); > middlesum(f(x),x=0..1,n);	$f(x)$를 0에서 1까지 n등분함. 사각형의 중점 근사값의 합	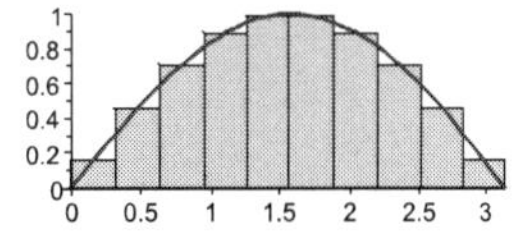

예제 7.2 곡선 $y = \sin x$의 좌 종점 근사값과 우 종점, 중점 근사값을 구하여라.

```
> with(student):
> leftbox(sin(x), x=0..Pi,10);
> leftsum(sin(x), x=0..Pi,10);
> evalf(%);
> rightbox(sin(x), x=0..Pi,10);
> rightsum(sin(x), x=0..Pi,10);
> evalf(%);
```

```
> middlebox(sin(x), x=0..Pi,10);
> middlesum(sin(x), x=0..Pi,10);
> evalf(%);
```

Maple에서는 student 패키지 안의 명령어 trapzoid와 simpson 명령어를 사용하여 쉽게 구할 수 있다. simpson의 공식은 사다리꼴의 공식보다 정확한 값을 얻을 수 있다.	
> trapezoid(f(x),x=a..b,n);	$f(x)$에 대하여 a에서 b까지 n개의 같은 크기의 구간을 고려해서 사다리의 넓이를 더한 값이다.
> simpson(f(x),x=a..b,n);	$f(x)$에 대하여 a에서 b까지 짝수 n개의 같은 크기의 구간을 고려해서 포물선을 이용해 근사값을 얻는다.

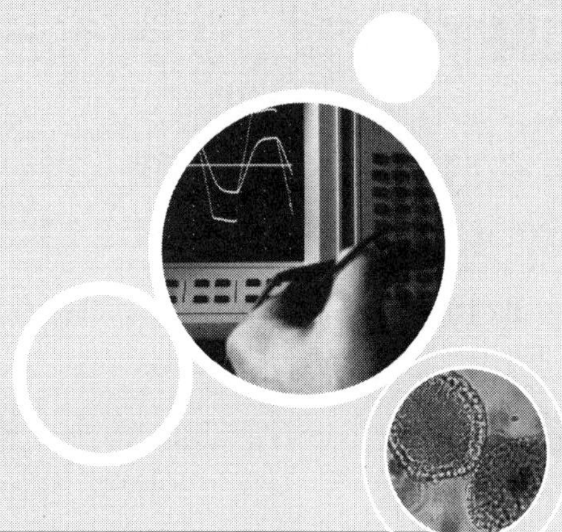

제8장

지수 · 로그함수를 이용한 모델링

지수·로그는 여러 상황을 모델링을 할 때 가장 많이 활용되는 함수로서, 세포성장, 인구성장 등과 같은 실생활의 여러 현상을 모델링하기에 아주 좋은 도구이다. 이 장에서는 지수·로그함수에 관해 체계적으로 배우며, 이들을 사용한 수학적 모델링을 다룬다.

8.1 기초 수학: 지수함수와 로그함수

어떤 수 a를 n번 거듭제곱한 것을 a의 n제곱이라고 하고 a^n으로 나타낸다. 이때 n을 a의 지수라고 부른다. $a \neq 0$이고 n이 정수일 때, $a^0 = 1$이 되며 $a^{-n} = \dfrac{1}{a^n}$이다. 또한 $a^{1/n}$은 $\sqrt[n]{a}$로 표시하며 a의 n제곱근(nth root)이라고 부른다.

정리 8.1

$a > 0,\ b > 0$이고 $m,\ n$은 2 이상의 실수라고 하자.

(1) 거듭제곱에 관한 지수법칙

$$a^m \times a^n = a^{m+n},\ a^m \div a^n = a^{m-n},\ (a^m)^n = a^{mn},\ (ab)^n = a^n b^n$$

(2) 제곱근에 관한 지수법칙

$$\sqrt[n]{a}\ \sqrt[n]{b} = \sqrt[n]{ab},\ \frac{\sqrt[n]{a}}{\sqrt[n]{b}} = \sqrt[n]{\frac{a}{b}},\ \sqrt[n]{\sqrt[m]{a}} = \sqrt[nm]{a} = \sqrt[m]{\sqrt[n]{a}}$$

$$(\sqrt[n]{a})^m = \sqrt[n]{a^m},\ \sqrt[np]{a^{mp}} = \sqrt[n]{a^m}\ \ (p\text{는 양의 정수})$$

‖ 지수방정식, 지수함수 그리고 로그방정식과 로그함수 ‖

지수의 형태로 표현된 방정식 $y = a^x$을 지수방정식이라 한다. 다시 말해 $a > 0,\ a \neq 1$이고 x가 실수일 때, 정의역이 $(-\infty,\ \infty)$이며 치역이 $(0,\ \infty)$인 함수 $y = a^x$을 a를 밑(base)으로 하는 지수함수(exponential function)라 한다.

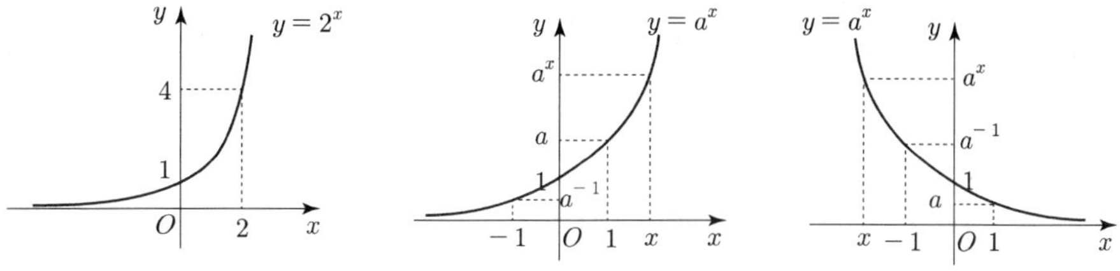

$a > 0$ $\qquad\qquad$ $a < 0$

지수함수로부터 로그함수 log를 정의한다.

$a > 0$, $a \neq 1$일 때, 임의의 양수 b에 대하여 $a^x = b$를 만족시키는 실수 $x > 0$가 단 하나 존재할 때 $x = \log_a b$로 나타낸다. 이 실수 x를 a를 **밑**(base)으로 하는 b의 **로그**(logarithm)라 한다. 즉, $a > 0$, $a \neq 1$, $b > 0$일 때

$$a^x = b \Leftrightarrow x = \log_a b$$

이다. 다음과 같은 로그의 성질이 성립함을 알 수 있다.

정리 8.2

$a > 0$, $a \neq 1$이며 x, y는 임의의 양수이고 k는 실수일 때, 다음은 일반로그함수의 성질이다.

일반로그함수의 특별한 값

(1) $\log_a 1 = 0$ $\qquad$ (2) $\log_a a = 1$

일반로그함수의 합과 곱

(3) $\log_a xy = \log_a x + \log_a y$ $\qquad$ (4) $\log_a \dfrac{x}{y} = \log_a x - \log_a y$

(5) $\log_a x^k = k \log_a x$

일반로그함수의 밑변환: 임의의 양수 c에 대해

(6) $\log_a x = \dfrac{\log_c x}{\log_c a}$ $\qquad$ (7) $\log_a x = \dfrac{1}{\log_x a}$ $(x \neq 1)$

참고 | $\log_a x$, $\log_{10} x$, $\log_e x$, $\log x$ **그리고** $\ln x$ **함수에 대해:** $x > 0$인 x에 대하여 밑이 10인 로그, 즉 $\log_{10} x$를 **일반로그**(또는 **상용로그**)라 하고, 보통 10을 생략하여 간단히

$\log x$로 쓴다. 특히, $e = \lim_{n\to\infty}\left(1+\frac{1}{n}\right)^n = 2.71828\cdots$인 무리수 e를 밑으로 하는 로그를 **자연로그**(간단히 **로그**)라 부르며, $\log_e x$를 $\ln x$로 나타낸다. 그러므로

$$\ln e = \log_e e = \frac{\log e}{\log e} = 1$$

가 된다.

이와 유사하게 $y = a^x$에서 특별히 $a = e(= 2.718\cdots)$일 때 $y = e^x$를 지수함수라 부르는 한편, $y = a^x$는 **일반지수함수**라고 부른다. 따라서 지수함수는 (자연)로그와 관계가 있으며, 일반지수함수는 일반로그와 관계가 있다.

정리 8.3

x, y는 임의의 양수이고 k는 실수일 때, 다음은 자연로그함수의 성질이다.

자연로그와 지수함수의 관계

(1) $\ln x = y \Leftrightarrow e^y = x$

(2) $\ln e^x = x$

(3) $e^{\ln x} = x$

자연로그함수의 합과 곱

(4) $\ln xy = \ln x + \ln y$

(5) $\ln \frac{x}{y} = \ln x - \ln y$

(6) $\ln x^k = k \ln x$

예제 8.1 $\ln x = 2.3025 \cdot \log x$임을 확인하여라.

풀이 ▸ $$\ln x = \log_e x = \frac{\log_{10} x}{\log_{10} e} = \frac{1}{\log_{10} e}\log x = \log_e 10 \cdot \log x = \ln 10 \cdot \log x$$

이다. 그런데 $\ln 10 = 2.3025\cdots$이므로 $\ln x = 2.3025 \cdot \log x$가 된다.

예제 8.2 다음을 구하여라.

(1) $\ln 1$

(2) $\log_2 16$

(3) $\log_5 \frac{1}{5}$

풀이 ▸ $a^x = b \Leftrightarrow x = \log_a b$을 이용한다.

(1) $\ln 1 = x \Leftrightarrow e^x = 1$을 이용하면 $e^0 = 1 = e^x$이므로 $x = 0$이다.

(2) $\log_2 16 = x \Leftrightarrow 16 = 2^x$이므로 $x = 4$이다.

(3) 로그 성질을 이용하면 $\log_5 \frac{1}{5} = \log_5 5^{-1} = -\log_5 5 = -1$이다.

‖ 지수함수의 극한, 그래프 그리고 미분과 적분 ‖

정리 8.4

다음은 지수함수의 성질이다.

지수함수의 합과 곱

(1) $e^{x+y} = e^x e^y$ (2) $e^{-x} = \frac{1}{e^x}$ (3) $(e^x)^y = e^{xy}$

지수함수의 극한

(4) $\lim_{x \to \infty} e^x = \infty$ (5) $\lim_{x \to -\infty} e^x = 0$

(6) $\lim_{x \to \infty} e^{-x} = 0$ (7) $\lim_{x \to -\infty} e^{-x} = \infty$

지수함수의 그래프 (메이플 프로그램 사용)

(8) > plot(exp(x), x);

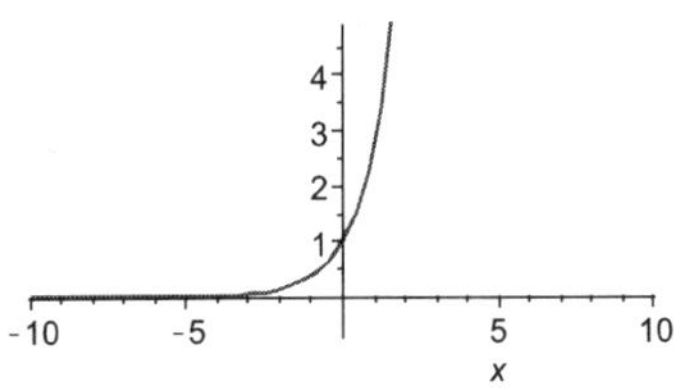

(9) > plot(exp(-x), x);

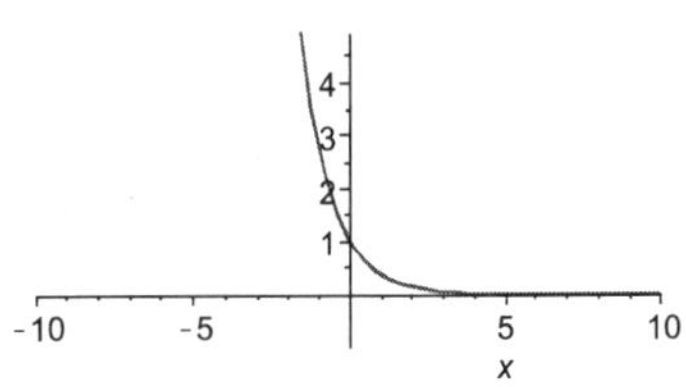

지수함수의 미분

(10) $\frac{d}{dx}(e^x) = e^x$

지수함수의 적분

(11) $\int e^x dx = e^x + C$ (C: 상수)

예제 8.3 $y = e^{x^2}$의 미분 $\frac{dy}{dx}$를 구하여라.

풀이 ▸ $x^2 = z$로 치환을 하면 $y = e^z$가 된다. 연쇄법칙 $\frac{dy}{dx} = \frac{dz}{dx} \cdot \frac{dy}{dz}$을 사용하여 $y = e^{x^2}$를 미분하면

$$\frac{dy}{dx} = 2x \cdot e^z = 2x \cdot e^{x^2}$$

이 된다.

예제 8.4 $\int x^2 e^{x^3} dx$를 계산하여라.

풀이 ▸ $x^3 = z$로 치환하자. 그러면 $dz = 3x^2 dx$, 즉 $x^2 dx = \frac{1}{3} dz$이므로

$$\int x^2 e^{x^3} dx = \int e^z \left(\frac{1}{3}\right) dz = \frac{1}{3} \int e^z dz = \frac{1}{3} e^z + C = \frac{1}{3} e^{x^3} + C$$

이다. (C: 적분상수)

‖ 로그함수의 극한, 그래프 그리고 미분과 적분 ‖

정리 8.5

다음은 로그함수의 극한과 그래프이다.

로그함수의 극한

(1) $\lim_{x \to \infty} \ln x = \infty$ (2) $\lim_{x \to 0^+} \ln x = -\infty$

(단 로그함수는 $x < 0$에서는 정의하지 않음)

로그함수의 그래프(메이플 프로그램 사용)

(3) > plot(ln(x), x); 또는 > plot(log(x), x);

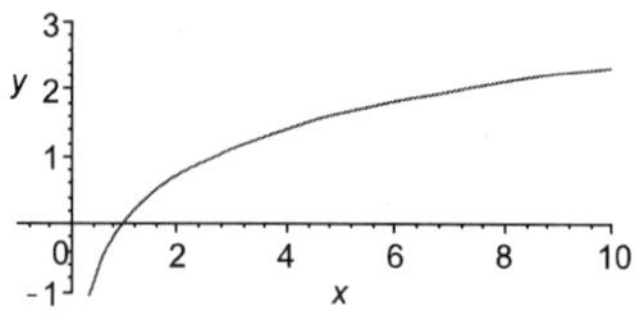

로그함수의 미분

(4) $\frac{d}{dx}(\ln x) = \frac{1}{x}$

로그함수의 적분

(5) $\int \ln|x| dx = x \ln x - x + C$

참고 로그함수의 적분은 '부분적분'을 이용하여 만들어진 결과이다. 로그함수의 적분에 대해 자세히 알기를 원하면 다른 미적분학책의 부분적분 관련 내용을 참조하도록 하자.

예제 8.5 $y = \ln x^2$의 미분 $\dfrac{dy}{dx}$를 구하여라.

풀이 ▸ $x^2 = z$로 치환을 하면 $y = \ln z$가 된다. 연쇄법칙에 의해, 함수 $y = \ln x^2$의 미분은

$$\frac{dy}{dx} = \frac{dz}{dx} \cdot \frac{dy}{dz} = 2x \cdot \frac{1}{z} = 2x \cdot \frac{1}{x^2} = \frac{2}{x}$$

이 된다.

예제 8.6 $\displaystyle\int \ln(2x+1)dx$를 계산하여라.

풀이 ▸ $2x+1 = z$로 치환을 하면, $2dx = dz$, 즉 $dx = \dfrac{1}{2}dz$이므로

$$\begin{aligned}\int \ln(2x+1)dx &= \int \ln z\left(\frac{1}{2}\right)dz \\ &= \frac{1}{2}\int \ln z dz = \frac{1}{2}(z\ln z - z + C) \\ &= \frac{1}{2}[(2x+1)\ln(2x+1) - (2x+1)] + C\end{aligned}$$

이다. (C: 적분상수)

▶ 연습문제

1. 다음을 미분하여라.

(1) $y = \ln(x^3+1)$ (2) $y = \ln(\cos x)$ (3) $y = 2^{2x}x^2$

(4) $y = \log_4(3^x)$ (5) $y = \dfrac{\ln(2x)}{e^x}$ (6) $y = 3^{(x^2)}\ln x$

(7) $y = \ln(e^x)$ (8) $y = \dfrac{e^{3x}}{(\ln x)^2}$ (9) $y = \dfrac{e^x}{\ln(\cos x)}$

2. 다음을 부정적분하여라.

(1) $y = a^x$ (2) $y = \dfrac{(\ln x)^2}{x}$

‖ 지수함수와 로그함수의 상관관계 ‖

정리 8.6

지수와 로그는 서로 역함수의 관계이다. 그러므로

(1) 두 함수의 그래프는 $y=x$에 의해 대칭이다.

(2) 두 함수를 합성하면 항등함수가 된다. 즉 $\ln(e^x)=x$이며 $e^{\ln x}=x$이다.

(3) 만일 $(a,\ b)$가 로그함수 $y=\ln x$의 한 점이면, $(b,\ a)$는 지수함수 $y=e^x$의 한 점이다.

실제로, 지수함수와 로그함수의 그래프는 다음과 같다.

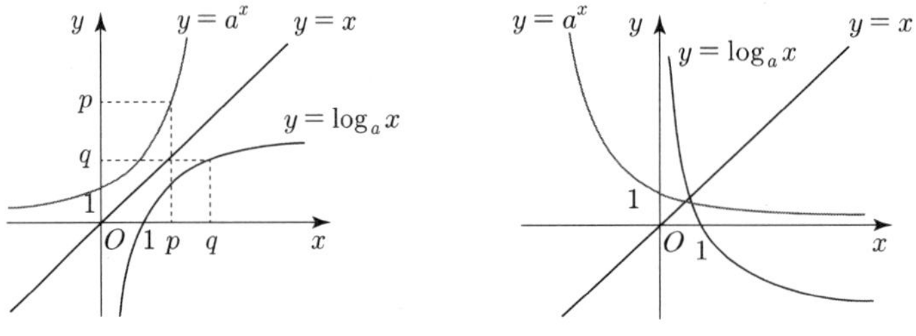

정리 8.7 일반지수함수 a^x와 일반로그함수 $\log_a x$의 성질

다음은 일반지수함수 a^x와 일반로그함수 $\log_a x$의 성질이다.

일반지수함수의 합과 곱

(1) $a^{x+y}=a^x a^y$ (2) $a^{-x}=\dfrac{1}{a^x}$ (3) $(a^x)^y=a^{xy}$

일반지수함수의 극한

(4) $\lim\limits_{x\to\infty} a^x=\infty$ (5) $\lim\limits_{x\to-\infty} a^x=1$

(6) $\lim\limits_{x\to\infty} a^{-x}=1$ (7) $\lim\limits_{x\to-\infty} a^{-x}=\infty$

일반지수함수의 그래프

(8) $y = 5^x$

```
> plot(5^x, x=-2..2, y=-5..5);
```

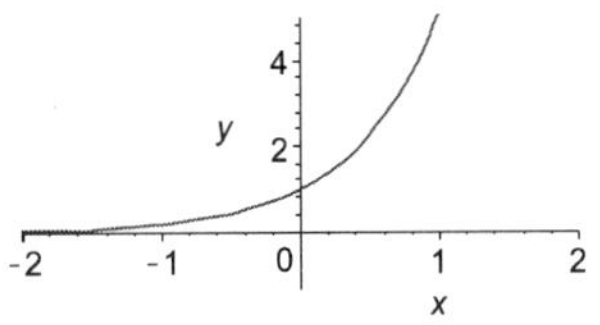

(9) $y = \left(\frac{1}{5}\right)^x$

```
> plot(1/5^x, x=-2..2, y=-5..5);
```

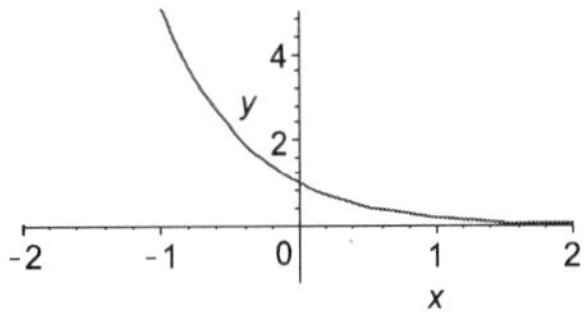

일반지수함수의 미분

(10) $\frac{d}{dx}(a^x) = a^x \ln a$

일반지수함수와 일반로그함수와의 관계

(11) $y = \log_a x \iff x = a^y$

예제 8.7 $y = 2^{\sin x}$를 미분하여 $\frac{dy}{dx}$를 구하여라.

풀이 ▸ $\sin x = z$로 치환하자. 그러면 다음을 얻는다.

$$\frac{dy}{dx} = \frac{dz}{dx} \cdot \frac{dy}{dz} = (\cos x) \cdot (2^z \ln 2) = 2^{\sin x} \cdot \ln 2 \cdot \cos x$$

▶ 연습문제

1. $\int 3^{2x} dx$를 구하여라.

2. 다음을 미분하여라.

(1) $y = 2^{2x}$

(2) $y = e^x \sin x$

(3) $y = 2^x \ln x$

(4) $y = (\ln x)^2$

(5) $y = \sqrt{1 + e^x}$

(6) $y = \frac{e^x - e^{-x}}{e^x + e^{-x}}$

3. 다음 부정적분을 구하여라.

(1) $\int 2^{x-1} dx$

(2) $\int (e^{x-1} + 3^{x+2}) dx$

(3) $\int (e^x + e^{-x})^2 dx$

(4) $\int (e^x - \sin x) dx$

(5) $\int (3^x+1)^2 dx$　　　(6) $\int \frac{x \cdot 2^x - 1}{x} dx$

4. 두 곡선 $y=\ln(2x+3)$, $y=a-\ln x$가 서로 직교할 때, 상수 a를 구하여라.

5. 두 곡선 $y=ax^2$과 $y=\ln x^2$이 접할 때 상수 a를 구하여라.

6. x에 대한 방정식 $2^{x-2}=\frac{1}{2\sqrt{2}}$을 만족하는 근을 구하여라.

7. $y=\frac{x(x-1)^2}{(x-2)^3}$을 미분하여라. (힌트: 양변에 로그함수를 취하여 음함수미분을 한다.)

수학이야기 인도 시람 왕의 약속

수가 2배씩 커진다는 것 — 이것을 '지수적 성장'이라 부른다 — 이 얼마나 어마어마한 일인지를 일상생활에서는 잘 실감하지 못한다. 우화를 통해 이해해보자.

인도 시람 왕은 어떤 신하가 체스 놀이를 발명한 것을 가상히 여겨 그에게 소원 하나를 들어주마고 했다. 그러자 신하가 입을 열었다.

"폐하, 체스 판의 첫 칸은 밀 두 톨, 둘째 칸은 밀 네 톨, 셋째 칸은 밀 여덟 톨, 이런 식으로 두 배씩하여 예순 네 개의 칸에 해당하는 밀을 저에게 주십시오."

왕은 신하의 욕심 없는 마음에 감복하여 밀 한 자루를 가져오라고 일렀다. 왕은 약속한 낟알을 헤아려 체스판 위에 놓으라고 지시했다. 첫째 칸에는 곡식 두 톨이 놓였다. 둘째 칸에는 곡식 네 톨이 놓였고, 셋째 칸에는 여덟 톨이, 그 다음 칸에는 열여섯 톨이, 그리고 서른 두톨이 각각 놓였다. 첫째 줄의 여덟째 칸에는 256톨의 밀이 놓였다 ($2^8=256$). 예상보다 많은 밀이 체스판 위에 놓인다고는 생각했지만 대수롭지 않게 여겼다. 한 톨을 세는데 1초가 걸린다고 가정할 때 지금까지 걸린 시간은 모두 9분이었다. 한 줄을 9분 안에 끝낸다면 예순 네 칸에 들어갈 밀알을 세는 데는 얼마나 걸릴까?

두 줄이 끝나갈 무렵, 65,536($2^{16}=65,536$)개의 알을 세고 있었고, 약 18시간 조금 넘게 걸렸다. 셋째 줄의 마지막인 스물네번 째 칸의 16,777,216($=2^{24}$)(천육백칠십만 개) 난알을 놓아야 했으며, 이를 세는 데는 무려 194일(= 16777216/(60 · 60 · 24))이 걸렸다. 아직도 채워야 할 칸은 마흔 개가 더 남아 있다.

왕은 약속을 깨뜨릴 수밖에 없었다. 64번째 마지막 칸에 놓을 곡식의 개수는 2^{64}개인 18,446,744,073,709,551,616인데, 그걸 세려면 5,849억 년(2^{64}/(60 · 60 · 24 · 365))이 걸린다. 현재 지구의 나이는 45억 년으로 추정되고 있다. 왕은 어느 순간에 가서 속았다는 사실을 깨닫고 신하의 목을 베었다고 한다. 이처럼 지수적 성장은 실로 무섭다. 앞에서 보았듯이, 불과 1나노그램 밖에 안되는 E.coli 한 개가 20분마다 2개씩 분열하면 단지 이틀 안에 지구 전체의 질량만큼 큰 개체군을 만든다는 것도 이와 같은 이유이다.

■ 필요한 수학 내용: 기하급수

각 항이 그 앞의 항에 일정한 수를 곱한 형태의 합을 기하급수라고 한다. 즉, 급수

$$a_0 + a_1 + a_2 + a_3 + \cdots + a_n + \cdots \text{이며 } a_n = ra_{n-1} \quad (n \geq 1)$$

인 관계식이 성립하는 것을 말한다.

$$a_1 = ra_0 = ra, \ a_2 = ra_1 = r(ra) = r^2a, \ a_3 = ra_2 = r(r^2a) = r^3a, \ \cdots, \ a_n = r^{n-1}a$$

이므로, 주어진 급수는 다음과 같이 표시된다.

$$a + ra + r^2a + r^3a + \cdots + r^na$$

이때 a를 첫째항이라 하고 r은 공비라고 한다. 또한, 이 합을 계산하면

$$a + ra + r^2a + r^3a + \cdots + r^na = \frac{a(1 - r^{n+1})}{1 - r} \quad (r \neq 1)$$

이 된다. 특별히 $a = 1$이고 $r = 2$인 경우

$$1 + 2 + 2^2 + 2^3 + \cdots + 2^n = \frac{2^{n+1} - 1}{1} = 2^{n+1} - 1$$

가 되어, 위에서 계산한 지수적 성장의 형태와 유사해진다. 그러므로 **지수적 성장을 기하급수적 성장**이라고도 부른다.

방정식에 사용되는 지수함수의 간단한 성질들
(1) 만일 $y=f(t)=e^t$이라면 $\frac{dy}{dt}=e^t=y$이다.
(2) 만일 $y=e^{Kt}$이라면 연쇄법칙에 의해 $\frac{dy}{dt}=\frac{dy}{du}\cdot\frac{du}{dt}=e^u\cdot K=Ke^{Kt}=Ky$이다.
(3) 만일 $y=Ce^{Kt}$이라면 $\frac{dy}{dt}=C\frac{d}{dt}e^{Kt}=C(Ke^{Kt})=Ky$이다.
☞ 이 부분은 다음 제9장 '미분방정식'에서 다시 배운다.

표 (1)	
$y=e^t \Leftrightarrow \frac{dy}{dt}=y$	$y=e^{Kt} \Leftrightarrow \frac{dy}{dt}=Ky$
$y=e^{-Kt} \Leftrightarrow \frac{dy}{dt}=-Ky$	$y=Ce^{Kt} \Leftrightarrow \frac{dy}{dt}=Ky$

8.2 지수적 성장 모델

박테리아의 개수

박테리아의 개수: 생명공학자 A는 500마리의 박테리아를 배양하기 시작했다. 시간이 지남에 따라 박테리아가 증가할 것인데 어느 정도의 개체수를 예측할 수 있을까?

■ 문제 상황 1

실험 초기에 500마리의 박테리아를 배양한 결과, 네 시간 후에 1000마리로 증가했다. 배양에 따른 증가율은 개체수의 크기에 비례한다고 가정하고, t시간 후의 개체수의 크기를 나타내는 함수를 구하여라. 그리고 6시간 후의 개체수를 구하여라.

■ 문제의 이상화 및 자료수집

$y=y(t)$를 t시간 후의 박테리아 개체수의 크기를 나타내는 함수라고 하자. 개체수의 성장률은 개체수의 크기에 비례하므로,

$$\frac{dy}{dt}=ky \quad (k\text{: 비례상수})$$

가 되어, 표 (1)에 의해

$$y(t) = y_0 e^{kt}$$

로 표시된다. 그런데 초기 박테리아의 수가 $y_0 = 500$이므로, 다음과 같다.

$$y(t) = 500 e^{kt}$$

■ 필요한 수학 내용

대부분 개체군의 성장률은 원래 개체군의 크기에 그대로 비례한다. 즉, 원래 개체군의 크기를 y라고 하면 시간 t가 변함에 따라 개체군의 성장률 $\dfrac{dy}{dt}$은

$$\frac{dy}{dt} = ky \quad (k\text{는 비례상수})$$

이 된다. 이 관계식은 표 (1)에 있는 것처럼

$$y = y_0 e^{kt}$$

인데 여기서 y_0는 초기($t = 0$일 때) 개체군의 크기이다.

■ 수학적 모델 형성 및 문제 해결

가정에서 $y(4) = 1000$이므로,

$$1000 = 500 e^{4k}, \text{ 즉 } 2 = e^{4k}$$

이다. 양변에 로그함수를 취하면

$$\ln 2 = \ln e^{4k} = 4k, \text{ 즉 } k = \frac{1}{4} \ln 2$$

로서 비례상수 k를 구할 수 있다. 그러므로

$$y(t) = 500 e^{\left(\frac{\ln 2}{4}\right)t} = 500 (e^{\ln 2})^{\frac{t}{4}} = 500 (2)^{\frac{t}{4}}$$

이다. (여기서 지수와 로그함수의 관계 $e^{\ln x} = x$를 사용했다.) 이제 6시간 후 개체수의 크기를 계산하기 위해, $t = 6$을 대입하면

$$y(6) = 500 (2)^{1.5} \approx 1414$$

이 된다.

■ 문제 상황 2

박테리아 배양에 있어서 개체 증가율은, 현재 배양하는 박테리아의 개체수에 비례한다. 100마리의 박테리아를 배양하면, 두 시간 후에 처음의 두 배가 된다고 하자.

(1) 세 시간 후 박테리아 개체수를 알아보자.

(2) 박테리아 개체수가 5000이 될 때까지, 배양에 걸린 시간은 얼마일까?

■ 문제의 이상화 및 자료수집

t시간 후의 개체수를 $y(t)$로 놓자. 개체의 증가율은 현재 박테리아 개체수에 비례하므로

$$\frac{dy}{dt} = ky$$

이며, 표 (1)에서처럼 $y = y_0 e^{kt}$이다. 또한 $t = 0$일 때 $y_0 = 100$이므로 개체수는 다음과 같다.

$$y(t) = 100e^{kt}$$

■ 수학적 모델 형성 및 문제 해결

두 시간 후에 개체수가 두 배가 되므로, $t = 2$일 때 $y(t) = 200$이 되어

$$200 = 100e^{2k}, \quad 2 = e^{2k}$$

따라서 $k = \frac{1}{2}\ln 2$이다. 그러므로 개체군의 크기는 다음과 같이 표시된다.

$$y(t) = 100e^{t\left(\frac{1}{2}\ln 2\right)} = 100(e^{\ln 2})^{\frac{t}{2}} = 100(2)^{\frac{t}{2}}$$

(1) $y(3) = 100(2^{\frac{3}{2}}) \approx 100(2.828) \approx 282.8$. 즉 세 시간 후에는 283마리이다.

(2) $y(t) = 5000$일 때의 시간 t를 구하면

$$100(2^{\frac{t}{2}}) = 5000$$

이다. 그러므로 다음과 같이 계산할 수 있다.

$$2^{\frac{t}{2}} = 50, \quad \frac{t}{2}\ln 2 = \ln 50, \quad \frac{t}{2} = \frac{\ln 50}{\ln 20}$$

즉 $t = \frac{2\ln 50}{\ln 2} \approx 11.29$이 된다.

■ **재해석:** 해의 확인 및 현실 상황과 연계

세 시간이 지나면 최초 100마리이었던 박테리아가 283개로 증가하며, 대략 11시간 반이 흐른 후에는 개체수가 5000마리가 된다.

A	B	C	D	E	F	G	H	I	J	K	L	M	N
t	0	1	2	3	4	5	7	8	9	10	11	12	13
y	100	141	200	283	400	565.7	1131	1600	2262	3200	4525	6400	9051

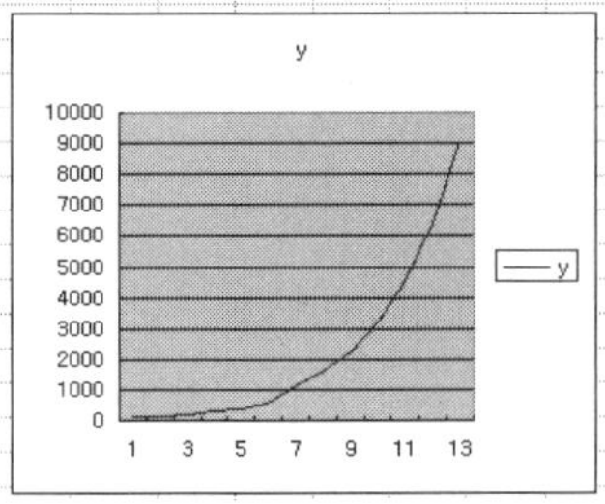

수학이야기 로그 함수와 네이피어(J. Napier, 1550~1617)

스코틀랜드의 귀족으로 태어난 네이피어는 생애의 대부분을 대저택에서 호화롭게 살았다. 귀족출신답게 당대의 정치와 종교적 논쟁에 정열을 쏟았으며, 오히려 그러한 논쟁으로부터 휴식을 얻기 위해 수학과 과학의 연구에 관심을 보였다는 아마추어 수학자이다. 독창력과 상상력으로 인해 여러 가지의 이야기 거리를 남기고 있으며, 수학분야에서는 로그함수의 발명과 계산하는 기계(계산기) 발명 등으로 유명하다.

1614년에 발간된 그의 저서 '경이로운 로그법'에서 로그에 관한 연구를 하였으며, 로그를 잘 설명하기 위해 구와 관련된 삼각법을 체계화하였다. 'logarithm'이란 말은 그리스어로 '식'이란 뜻의 'logos'와 '숫자'라는 뜻의 'arithmos'이 합성 단어이다. 이 용어는 아주 적절한 선택이었고 지금은 확고부동한 수학 용어로 자리 잡았다. 로그의 개념은 당시 유럽 수학자와 천문학자에 의해 열광적으로 받아들여졌다고 한다. 16세기 천문학의 발달은 큰 숫자들에 대한 복잡한 계산을 수반해, 많은 천문학자들이 골머리를 썩고 있었다. 네이피어가 로그를 고안함으로써 천문학에 필요한 계산이 간편하게 되었고, 로그법은 케플러 등 많은 천문학자들에게 편리한 수학적 도구를 제공했다. 간접적으로는 뉴턴의 연구에도 영향을 끼쳤다고 한다.

실제로 네이피어 자신도 천문학에 대한 많은 관심을 갖고 있어서 힘들고 어려운 계산을 하는 데서 좀 더 쉽고 경제적인 계산 방법을 찾게 하는 계기가 되었다. 곱셈은 덧셈보다 훨씬 까다롭고 힘든 작업이다. 그러나 곱셈을 덧셈으로 바꾸는 것이 가능해진다면 그것은 커다란 진보가 아닐 수 없다. 이를 위해 고안해 낸 계산 기계가 오늘날 컴퓨터의 발전의 한 단계를 장식하고 있는 **네이피어의 막대기** 또는 **네이피어의 뼈(bone)**이다.

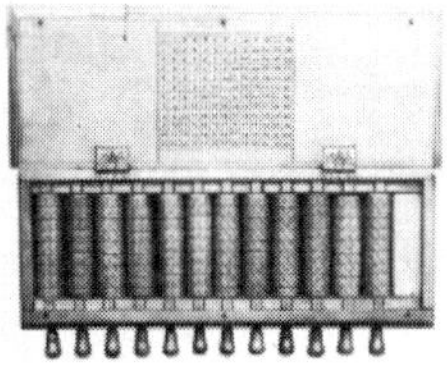

네이피어 bone의 원본

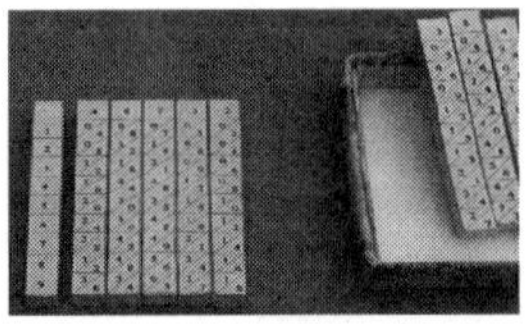

네이피어 bone을 개선한 것

⇐ 재료로 뼈(bone)나 상아(ivory)를 주로 사용하여 부쳐진 이름

■ 문제 상황 3

배양을 시작하여 한 시간이 흐른 후에 박테리아 수를 조사한 실험자는, 현재 박테리아의 개체수가 9000임을 확인하였다. 그 후 다시 한 시간이 지난 후 개체수는 12,000으로 증가하였다. 최초의 개체수는 얼마인가?

■ 문제의 이상화 및 자료수집

박테리아 수가 증가하기 시작하여, t시간 후 박테리아 수를 함수를 $y(t)$로 하자. 박테리아의 증가율은 현재 수의 크기에 비례하므로 $\frac{dy}{dt}=ky$, 즉 $y=y_0e^{kt}$가 된다.

■ 수학적 모델 형성 및 문제 해결

$t=1$일 때 $y=9000$ 또한 $t=2$일 때 $y=12,000$이므로 연립방정식

$$\begin{cases} 9000 = y_0e^k \\ 12000 = y_0e^{2k} \end{cases}$$

를 얻는다. 위의 두 개의 방정식의 비율을 계산하면

$$\frac{12000}{9000}=\frac{y_0e^{2k}}{y_0e^k},\ 즉\ \frac{4}{3}=e^k$$

가 되어 $k=\ln\frac{4}{3}$이다. 이 값을 식 $9000=y_0e^k$에 대입하면 다음과 같이 된다.

$$9000 = y_0 e^{\ln \frac{4}{3}},\ \text{즉}\ 9000 = y_0\left(\frac{4}{3}\right)$$

따라서 $y_0 = 9000 \cdot \dfrac{3}{4} = 6750$이다.

■ **재해석: 해의 확인 및 현실 상황과 연계**

현재 박테리아의 개수로 보아 최초의 박테리아의 개수는 6750마리였다.

8.3 로지스틱 성장 모델

개체들이 특정 지역에서 서식을 시작하면서 그 숫자가 증가하게 되는 현상을 집단 성장이라고 말한다. 사람들의 집단 성장 양상은 조세와 호구조사, 보험정책, 인구 관리 등의 목적으로 경제, 행정, 통계 등에서 중요한 주제이며, 생물군의 성장은 환경보호와 관리면에서 중요하다.

개체군의 성장 모형으로서 앞서 소개한 것은 개체군의 성장률이 원래 개체군의 크기에 비례하는 형태이다.

$$\frac{dN}{dt} = rN$$

이 식을 풀어, 다음의 식을 얻을 수 있다.

$$N = N_0 e^{rt}$$

여기서 N_0는 초기 개체 수이며, r은 자연증가율이다. '자연증가율'이란 특정 환경 조건에서 개체들의 번식 잠재력을 말하며, '번식을 위한 유전 능력'을 나타내는 지표이다. 개체군의 크기(혹은 인구수) N은 시간 t가 경과함 따라 엄청나게 빠른 비율로 상승하는 모형으로, **'지수적 증가'**(혹은 **기하급수적 증가**) 모델이라고 부른다. 이러한 모델은 자원(먹이)이 무한정 많이 있거나 집단 간에 이동이 없는 경우, 또는 세대 간에 중첩이 되지 않는 경우(일년생 초목들, 곤충류 등 생물 번식이 계절간, 년간 주기로 일정하게 제한된 경우)와 같은 비교적 이상적인 환경아래서 만들어진 모형이다. 그러므로 실제 자연계에서는 지수적 성장 모델이 일반적으로 실현 불가능하다. 이러한 문제점을 해결하기위한 또 다른 집단 성장 모형이 로지스틱 모델이다.

‖ 로지스틱 성장(논리적 성장, logistic growth) ‖

지수적 증가의 비현실적인 가정을 현실 상황으로 바꾸어 나타낸 이론이 **로지스틱 성장 모형**이다. 벨기에 수학자 페어훌스트(P.F. Verhulst, 1804~1849)는 "인구증가에는 어떤 종류의 저항이 작용을 하는데, 이것은 그 시기 인구의 크기 자체의 함수이다."라고 하여 인구의 증가속도를 다음과 같은 방정식으로 나타내고, 이것을 풀어서 인구증가 법칙을 정식화하였다.

$$\frac{dN}{dt} = rN\frac{(K-N)}{K} = rN\left(1-\frac{N}{K}\right)$$

여기서 K는 환경 수용량으로서, 집단의 서식처가 수용할 수 있는 최대 개체수를 의미한다. 대부분의 집단 성장이 이 형태에 잘 부합한다. 로지스틱 증가는 S자형의 곡선으로 나타나는데, 집단 성장 초기에는 기하급수적 증가율을 보이다가 K값에 가까워질수록 둔한 증가율을, 그리고 K값에 접근하면 증가율이 멈추게 되는 곡선 형태이다.

N의 변화	계산	변화형태
N이 매우 작을 때	$\left(1-\frac{N}{K}\right)\to 1,\ \frac{dN}{dt}=rN$	기하급수적 증가형태
N이 K에 접근	$\left(1-\frac{N}{K}\right)\to 0,\ \frac{dN}{dt}=0$	집단 크기에 변화가 없으며, N이 K에서 일정하게 유지
$N>K$	$\frac{dN}{dt}<0$	집단 크기는 K 아래로 떨어진 후 다시 K 값으로 접근하는 진동 형태

즉, 인구는 자연 상태에서 기하급수적으로 증가하지만, 토지나 음식물 등의 제약을 받으면 점차 증가세가 둔화되어 간다.

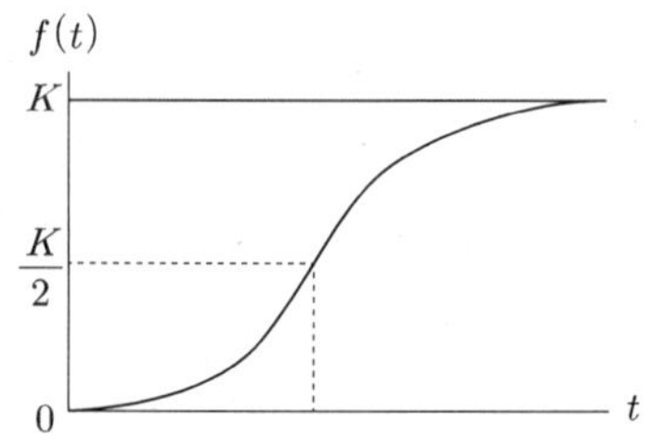

주어진 방정식

$$\frac{dN}{dt} = rN\left(1-\frac{N}{K}\right)$$

을 풀면 다음과 같은 식을 얻게 된다.

$$N(t) = \frac{K}{1+Ae^{-rt}}$$

('제9장 미분방정식'에서 다룸) 여기서 A, K는 상수로서 일반적으로 실험적 방법에 의하여

결정되며, 이 값이 한 번 결정되면, 로지스틱 함수는 개체의 성장과 관련된 여러 가지 의문에 대한 해를 제공할 수 있다.

지수적 성장 모델	$\frac{dy}{dt} = ry \Leftrightarrow y(t) = y_0 e^{rt}$
로지스틱 성장 모델	$\frac{dy}{dt} = ry\left(1 - \frac{y}{K}\right) \Leftrightarrow y(t) = \frac{K}{1 + Ae^{-rt}}$

개체수의 예측

자연 개발과 환경 파괴로 인해 동식물 수는 감소할 수밖에 없다. 다른 한편으로 먹이사슬의 평형이 깨지면서 어떤 한 종류의 수가 급격히 증가하여 다른 종류의 개체수에 큰 영향을 미칠 수도 있다. 이러한 문제를 해결하기 위해 생물학자들이나 환경보호단체에서는 각 동식물의 개체수를 미리 예측하는 일을 하게 된다.

■ 문제 상황 4

생물학자들은 t년 후의 사슴 수를 다음과 같이 예측하였다.

$$P(t) = 1000\left(\frac{20}{1 + 4e^{-2t}}\right)$$

(1) 현재 사슴의 수는 얼마일까? 3년 후 사슴 개체 증가율은 얼마가 될까?

(2) 사슴 수의 증가율이 감소하기 시작하는 때는 언제일까?

(3) 이 숲의 사슴의 한계 개체수는 얼마이며, 언제 한계치의 80%에 도달하는가?

■ 문제의 이상화 및 자료수집

사슴 수를 나타내는 식은 로지스틱 모형이다. 사슴 수의 증가추세를 그래프로 그려보자.

```
> plot(20000/(1+4*exp(-2*x)), x);
```

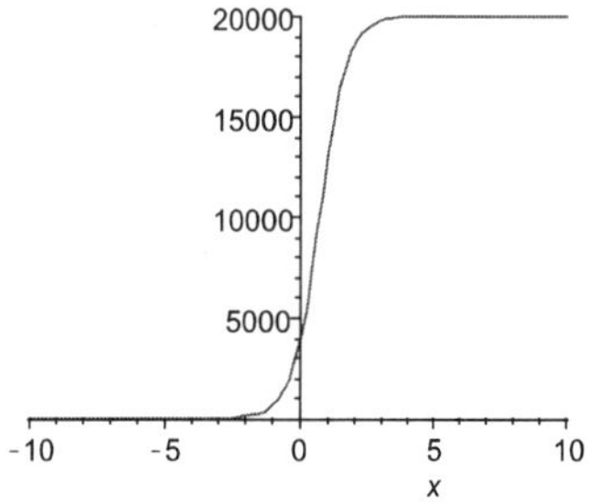

처음 3년 동안, 매년 말의 사슴의 수를 알아보자.

$$P(0) = 4000,\ P(1) = 12{,}980,\ P(2) = 18{,}630$$

또한 $P(3) = 19{,}800$이다.

■ 수학적 모델 형성과 문제 해결

(1) 현재 사슴은 $t=0$일 때의 값인 4000마리이다. 사슴 수의 증가율은 미분 $P'(t)$으로 알 수 있다.

$$P(t)=\frac{20000}{1+4e^{-2t}}=20000(1+4e^{-2t})^{-1}$$

로부터,

$$P'(t)=-20000(1+4e^{-2t})^{-2}(-8e^{-2t})=\frac{160000e^{-2t}}{(1+4e^{-2t})^2}$$

이 된다. 그러므로 3년 후의 사슴 수의 변화율을 알 수 있다.

$$P'(3)=\frac{160000e^{-6}}{(1+4e^{-6})^2}=388.851\approx 389$$

(2) 2계도함수가 양수이면 개체 증가율은 증가하며, 한편 음수이면 증가율이 감소한다. 따라서 사슴 수의 증가율이 감소하는 때는 다음의 경우다.[1)]

$$\begin{aligned}0=P''(t)&=\frac{\frac{d}{dt}(160000e^{-2t})\cdot(1+4e^{-2t})^2-(160000e^{-2t})\cdot\frac{d}{dt}(1+4e^{-2t})^2}{(1+4e^{-2t})^4}\\&=\frac{(-320000e^{-2t})\cdot(1+4e^{-2t})^2-(160000e^{-2t})\cdot(2)(1+4e^{-2t})(-8e^{-2t})}{(1+4e^{-2t})^4}\\&=\frac{-320000e^{-2t}(1+4e^{-2t})[1+4e^{-2t}-8e^{-2t}]}{(1+4e^{-2t})^4}\\&=\frac{-320000e^{-2t}(1+4e^{-2t})(1-4e^{-2t})}{(1+4e^{-2t})^4}\\&=\frac{-320000e^{-2t}(1-4e^{-2t})}{(1+4e^{-2t})^3}\end{aligned}$$

그러므로

---

1) 분수함수의 미분을 기억하자.

분수함수 $\frac{1}{g(x)}$의 미분: $\left(\frac{1}{g(x)}\right)'=\left(g(x)^{-1}\right)'=-g(x)^{-2}\cdot g'(x)=-\frac{g'(x)}{g(x)^2}$

분수함수 $\frac{f(x)}{g(x)}$의 미분: $\left(\frac{f(x)}{g(x)}\right)'=\frac{f'(x)g(x)-f(x)g'(x)}{g(x)^2}$

$$1-4e^{-2t}=0, \quad 1=\frac{4}{e^{2t}}, \quad e^{2t}=4$$

인데 양변에 로그함수 ln을 적용하면

$$2t=\ln 4$$

가 되어 $t=\frac{\ln 4}{2}\approx 0.693$년이다. 따라서 0.69년 후, 즉 8개월 조금 지나면 사슴의 증가속도가 둔화되기 시작한다.

(3) $t\to\infty$일 때 $e^{-2t}\to 0$이므로, $\lim_{t\to\infty}P(t)=20000$이며, 이것이 사슴 수의 최대 한계용량이다. 한편, $20,000\times 0.80=16,000$로부터, $P(t)=16000$을 만족하는 t를 구하면 된다.

$$P(t)=\frac{20000}{1+4e^{-2t}}=16000$$

그러므로

$$1+4e^{-2t}=\frac{5}{4}, \quad 4e^{-2t}=\frac{1}{4}, \quad e^{-2t}=\frac{1}{16}, \quad e^{2t}=16$$

인데 로그함수 ln을 사용하면

$$2t=\ln 16,\ 즉\ t=\frac{\ln 16}{2}\approx 1.39\ (년)$$

이 된다. 따라서 1년 5개월 후부터 감소추세로 된다.

■ 재해석: 해의 확인 및 현실 상황과 연계

모델식 $P(t)=\frac{20000}{1+4e^{-2t}}$로부터 현재 사슴의 수는 4,000마리인데, 1년 후에는 12,980마리, 2년 후는 18,620마리 그리고 19,300마리가 된다(그래프 참조).

또한 3년 후의 사슴 개체 변화율은 $P'(3)\approx 389>0$이므로 여전히 증가상태[2]이기는 하지만 초기 1년의 변화율 $P'(1)\approx 9114$와 비교하면 증가율이 많이 둔화되었다. 이러한 현상은 시간이 갈수록 더욱 심해져서 5년이 지나면 증가율이 $P'(5)\approx 7.26$ 정도에 머무른다. 실제로 사슴 수의 성장률은 0.67년 후, 즉 8개월 후부터는 둔화된다.

2) $f'(x)$와 함수의 증감: $f'(x)>0$이면 $f(x)$는 증가하며, $f'(x)<0$이면 $f(x)$는 감소한다.

한편, 이 숲에 살 수 있는 사슴의 한계 개체수는 20,000인데, 1.39년 후에는 이미 한계 개체수의 80%에 도달하게 됨을 알 수 있다. 실제로 그래프에서 보듯이, 6년째에는 $P'(6) \approx 0.983$ 정도로서 사슴의 수는 더 이상 늘어나지 않는다. 따라서 환경보호를 위해 사슴의 적정수를 유지하기 위한 여러 가지 방안이 마련되어야 한다.

전염병 감염

무서운 속도로 전염되는 급성 콜레라든지, AI 바이러스 혹은 에이즈 등은 커다란 사회적 문제이며, 이러한 전염병의 감염 속도를 예측하여 신속한 대응을 할 필요가 있다.

공중보건에 관련된 어떤 보고서에 따르면, 새로운 유행성 독감이 발생하여 t주일 후에 감염되는 사람의 수는 다음과 같이 함수로 표현된다.

$$Q(t) = \frac{10}{1+100e^{-1.5t}} \quad (\text{단위: 천 명})$$

■ 문제 상황 5

현재 질병에 걸린 사람의 수를 알아보고, 2주 후의 감염률을 구하여라.

(1) 질병의 감염률이 감소하기 시작하는 것은 언제인가?

(2) 적절한 조치를 하지 않는다면, 결국 얼마나 많은 사람들이 독감에 감염되는가?

■ 문제의 이상화 및 자료수집

감염자 수는 $Q(t) = \dfrac{10}{1+100e^{-1.5t}}$로 표시되는 로지스틱 모형이다. 이를 미분하여 감염 변화율을 볼 수 있다.

```
> plot(10/(1+100*exp(-1.5*x)), x);
```

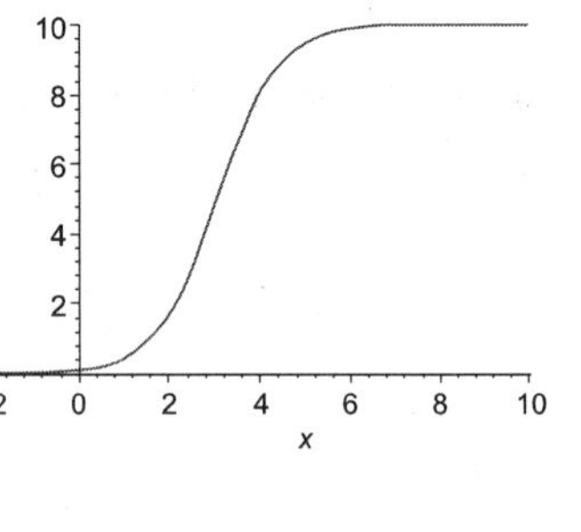

즉 그래프를 통해, 이 질병은 발병 초기에 급격한 감염성이 있으며 약 4주가 지나면 진화단계로 접어들 것이라고 보인다.

■ 수학적 모델 형성과 문제 해결

처음 이 질병에 걸린 사람 수는 $t=0$일 때의 값인

$$Q(0)=\frac{10}{1+100e^{0}}=\frac{10}{101}\approx 0.099 \text{ (단위: 천명)}$$

이다. 즉 현재 99명이 감염되었다. 함수를 미분을 하여 감염률을 알아보자.

$$Q(t)=\frac{10}{1+100e^{-1.5t}} \;=10(1+100e^{-1.5t})^{-1}$$

이므로, 미분을 하면 다음과 같다.

$$Q'(t)=-10(1+100e^{-1.5t})^{-2}(-150e^{-1.5t}) \;=\frac{1500e^{-1.5t}}{(1+100e^{-1.5t})^{2}}$$

그러므로 2주일 후에 이 질병에 걸리는 사람의 비율(감염률)은 다음과 같다.

$$Q'(2)=\frac{1500e^{-3}}{(1+100e^{-3})^{2}}\approx 2.089$$

(1) $Q''(t)>0$일 때 감염률은 증가하고, $Q''(t)<0$일 때 감염률은 감소한다.[3] 도함수

$$Q'(t)=\frac{1500e^{-1.5t}}{(1+100e^{-1.5t})^{2}}$$

로부터 2계도함수를 계산하면

$$\begin{aligned}
&Q''(t)\\
&=\frac{(1+100e^{-1.5t})^{2}\frac{d}{dt}(1500e^{-1.5t})-(1500e^{-1.5t})\frac{d}{dt}(1+100e^{-1.5t})^{2}}{(1+100e^{-1.5t})^{4}}\\
&=\frac{(1+100e^{-1.5t})^{2}(-2250e^{-1.5t})-(1500e^{-1.5t})(2)(1+100e^{-1.5t})(-150e^{-1.5t})}{(1+100e^{-1.5t})^{4}}\\
&=\frac{-2250(1+100e^{-1.5t})e^{-1.5t}[(1+100e^{-1.5t})-200e^{-1.5t}]}{(1+100e^{-1.5t})^{4}}\\
&=\frac{-2250(1+100e^{-1.5t})e^{-1.5t}(1-100e^{-1.5t})}{(1+100e^{-1.5t})^{4}}=\frac{-2250e^{-1.5t}(1-100e^{-1.5t})}{(1+100e^{-1.5t})^{3}}
\end{aligned}$$

이다. 2계도함수가 0이 되려면, $2250e^{-1.5t}\neq 0$이므로,

$$1-100e^{-1.5t}=0,\;\frac{1}{100}=e^{-1.5t},\;0.15t=\ln\frac{1}{100},\;1.5t=\ln 100$$

---

3) $f''(x)$와 함수의 증감: $f''(x)>0$이면 증가율은 증가한다. $f''(x)<0$이면 증가율은 감소한다.

가 되어서

$$t=\frac{\ln 100}{1.5}\approx 3.07$$

이다. 질병의 퍼지기 시작된 지 3.07주부터 감염률은 감소하기 시작한다.

(2) 한편, $\lim_{t\to\infty}Q(t)=\lim_{t\to\infty}\frac{10}{1+100e^{-1.5t}}=10$ (단위: 천명)이다. 그러므로 질병의 확산을 막기 위한 적절한 의료 행위가 없다면 바이러스가 스스로 소멸할 때까지 대략 10,000명의 사람들이 질병에 걸릴 것이다.

■ **재해석: 해의 확인 및 현실 상황과 연계**

보건당국은 전염병이 확산 속도를 예측하여, 조치를 취해야 한다. 3주가 지나면 일단 전염병의 속도는 둔화될 것이며, 이런 경우 발병 후 2주일에 3주일 사이에 급격히 감염되므로 상당한 주의를 기울여야 한다.

수학이야기 치명적 전염병의 유행

얼마 전까지 들어보지 못했던 신종플루, 노로바이러스, 조류인플루엔자(AI 바이러스), 또한 구제역 등이 어느 사이에 우리 국민들에게도 큰 불안감으로 다가섰다. 전 세계적으로 신종플루와의 전쟁을 겪었던 2009년도에 당시 공식집계 된 사망자만 6,000명이 넘었다. 신종플루는 무서운 감염 속도와 위험성이 지금껏 보아왔던 어떤 전염병보다 빠르고 높아서 항간에는 중세 시대 유럽의 인구를 절반으로 만들었던 흑사병과 비견되기도 했다.

노로바이러스는 추운 날씨에 활동성이 커지는 바이러스로서 설사, 복통, 구토 등의 질병을 유발하며 무섭게 빠른 감염속도를 보이며, 감염된 물체를 만질 때 뿐만 아니라 공기를 통한 호흡기 감염도 가능하다. 대부분 학교 급식의 식중독 원인이 되는데, 만일 요리사가 자신의 감염사실을 모르고 음식을 만들었다면 많은 사람이 한꺼번에 식중독에 걸릴 수 있다.

신종플루나 노로바이러스가 인간을 위협한다면 구제역과 조류인플루엔자(AI)는 소, 돼지, 닭 등 가축들을 공격한다. 2010년 겨울에 우리나라를 강타한 구제역은 무서운 속도로 퍼지며 전염병 차원을 넘어 경제적 재앙수준으로 번졌다. 위험(반경 3㎞)-경계(3～10㎞)-관리(10～20㎞) 지역으로 나눠 단계적으로 이동통제초소를 설치하는 것에 대해 구제역은 전염속도가 빠른 만큼 발생 즉시 반경 60㎞까지 이동통제초소를 설치해 확산을 저지해야 한다는 말도 있다.

그 뿐만 아니라 이러한 바이러스들이 서로 결합하여 변종이 될 때가 더 치명적이다. 1918년 스페인 독감, 1957년 아시안 독감, 1968년 홍콩 독감 등 전염병은 한 번 찾아올 때마다 수많은 사람의 목숨을 앗아갔는데, 이들은 모두 변종 바이러스라는 공통점을 갖고 있다. 사람과 돼지는 모두 AI와 신종플루에 감염되는데, AI를 앓는 돼지나 사람이 신종플루에 걸리면 두 바이러스의 유전자가 섞일 가능성이 크다. 이러한 경우 신종플루보다 증식 속도가 빨라 감염된 쥐는 일주일을 넘기지 못하고 모두 죽었다. 증식 속도가 빠를수록 우리 몸은 더 큰 타격을 입는다.

전염병이 창궐하면 많은 사람이 어려움을 겪는다. 전염병은 그 전파속도나 위험성에 비해 검출, 배양법 등의 연구가 많지 않기 때문에 역학조사와 함께 바이러스의 성질을 규명하는 연구가 필요하며, 백신 개발연구가 활발하게 진행되어야 한다. 각 개인도 전염병에 대응하기 위해 손 씻기 등 개인위생 유지에 더욱 신경을 써야 하며, 손을 자주 씻고 물을 끓여 마시는 것이 건강의 필수조건이다.

생태학 연구 6

생태학 연구 결과 연못에 최대로 서식할 수 있는 물고기의 개수를 예측할 수 있으므로, 물고기의 번식 속도에 따라 적절한 보호와 이동을 할 수 있을 것이다.

■ 문제 상황 6

최대 5000마리의 물고기가 살 수 있는 어떤 연못에서 물고기 개체수를 나타내는 로지스틱 함수를 $P(t)=\dfrac{500}{1+4e^{-0.4t}}$라고 하자. 이 때 t의 단위는 월(개월)이다.

(1) 처음부터 연못에 살던 물고기의 개체수는 얼마인가?

(2) 5개월 후, 연못에 살고 있는 물고기의 개체수는 얼마인가?

(3) 5개월 후, 개체 증가율은 얼마인가?

(4) 연못 속의 물고기 개체 증가율이 감소하기 시작하는 때는 언제인가?

(5) 연못 속의 물고기의 개체수가 최대 개체수의 70%에 도달하는 때는 언제인가?

■ 문제의 이상화 및 자료수집

물고기 개체수를 나타내는 로지스틱 함수는

$$P(t)=\frac{5000}{1+4e^{-0.4t}}$$

이다. 증가 또는 감소율은 함수를 미분하여 알 수 있다. 또한 각 증감의 변화는 도함수의 값이 0일 때를 중심으로 발생하므로 2계도함수가 필요하다.

■ **수학적 모델 형성과 문제 해결**

(1) 처음부터 연못에 살던 물고기의 수는 $t=0$일 때의 개체수이다.

$$P(0)=\frac{5000}{1+4e^{-0.4(0)}}=\frac{5000}{1+4}=1000$$

(2) 5개월 후 물고기의 개체수는

$$P(5)=\frac{5000}{1+4e^{-(0.4)(5)}}=\frac{5000}{1+4e^{-2}}=\frac{5000}{1+4(0.135335)}=\frac{5000}{1+4e^{-2}}\approx 3244\ (\text{마리})$$

(3) 개체 증가율을 구하기 위해 함수

$$P(t)=\frac{5000}{1+4e^{-0.4t}}=5000(1+4e^{-0.4t})^{-1}$$

의 도함수를 취하면

$$P'(t)=-5000(1+4e^{-0.4t})^{-2}(-1.6e^{-0.4t})=\frac{8000e^{-0.4t}}{(1+4e^{-0.4t})^2}$$

이다. 그러므로 5개월 후 개체 증가율은 다음과 같다.

$$P'(5)=8000\frac{e^{-2}}{(1+4e^{-2})^2}\approx 456$$

(4) $P'(t)$의 값이 양수에서 음수로 바뀔 때, 개체 증가율은 감소하기 시작한다. $P''(t)$은 연속함수이므로 $P''(t)=0$일 때 t를 구해야 한다.

$$P'(t)=\frac{8000e^{-0.4t}}{(1+4e^{-0.4t})^2}$$

으로부터

$$P''(t)=\frac{(1+4e^{-0.4t})^2\frac{d}{dt}(8000e^{-0.4t})-(8000e^{-0.4t})\frac{d}{dt}(1+4e^{-0.4t})^2}{(1+4e^{-0.4t})^2}$$

$$=\frac{(1+4e^{-0.4t})^2(3200e^{-0.4t})-(8000e^{-0.4t})(2)(1+4e^{-0.4t})(-1.6e^{-0.4t})}{(1+4e^{-0.4t})^4}$$

$$= \frac{-3200e^{-0.4t}(1+4e^{-0.4t})[1+4e^{-0.4t})-8e^{-0.4t}]}{(1+4e^{-0.4t})^4}$$

$$= \frac{-3200e^{-0.4t}[(1+4e^{-0.4t})-8e^{-0.4t}]}{(1+4e^{-0.4t})^3}$$

따라서 2계도함수가 0이 되려면

$$0 = P''(t) = \frac{-3200t^{-0.4t}[1-4e^{-0.4t}]}{(1+4e^{-0.4t})^3},\ 1-4e^{-0.4t}=0$$

이어야 한다.

$$e^{-0.4t} = \frac{1}{4},\ -0.4t = \ln\frac{1}{4},\ 0.4t = \ln 4$$

이므로 $t = \dfrac{\ln 4}{0.4} \approx 3.47$ (개월)부터 성장률이 둔화된다.

(5) $P(t) = 3500$일 때, 물고기 개체수는 최대 허용 개체수 5000의 70%가 된다.

$$3500 = \frac{5000}{1+4e^{-0.4t}},\quad 1+4e^{-0.4t} = \frac{10}{7},\quad e^{-0.4t} = \frac{3}{28}$$

이므로 양변에 로그함수 ln을 적용하면

$$-0.4t = \ln\frac{3}{28},\ 즉\ 0.4t = \ln\frac{28}{3}$$

이다. 따라서 $t = \dfrac{\ln\frac{28}{3}}{0.4} \approx 5.58$ (개월)에 최대허용치의 70%에 도달한다.

■ 재해석: 해의 확인 및 현실 상황과

메이플[4]을 사용하여 함수 $P(t) = \dfrac{5000}{1+4e^{-0.4t}}$의 도함수와 2계도함수를 구해보자.

```
> Diff(5000/(1+4*exp(-0.4*t)),t) = diff(5000/(1+4*exp(-0.4*t)),t);
```

결과: $\dfrac{d}{dt}\left(\dfrac{5000}{1+4e^{(-0.4t)}}\right) = \dfrac{8000.0e^{(-0.4t)}}{(1+4e^{(-0.4t)^2})}$

4) 메이플 명령어 Diff와 diff: $f(x)$가 x에 관한 함수일 때, Diff(f,x)는 함수의 미분식을 만들며, diff(f,x)는 미분 결과를 만든다.
또한 Diff(f,x,x)는 함수의 2계 미분식을 만들고, diff(f,x,x)는 2계 미분 결과를 만든다.

> Diff(5000/(1+4*exp(−0.4*t)), t, t) = diff(5000/(1+4*exp(−0.4*t)), t, t);

결과: $$\frac{d^2}{dt^2}\left(\frac{5000}{1+4e^{(-0.4t)}}\right)=\frac{25600.00(e^{(-0.4t)})^2}{(1+4e^{(-0.4t)})^3}-\frac{3200.00e^{(-0.4t)}}{(1+4e^{(-0.4t)})^2}$$

8.4 상대성장 모델

상대성장이란, 어떤 개체의 증가가 다른 개체군 증가의 거듭제곱에 비례하는 형태이다. 이에 관해 초등학교 5학년 자연 교과서 '몸의 운동과 성장'부분에서 다음의 예제를 소개하고 있다.

사람의 일생 동안의 변화: 머리 끝 부분을 이어 키의 변화를 알아보자. 우리의 성장 시기에 표시해보자.

사람의 일생 동안의 변화	키에서 머리와 다리가 차지하는 비율
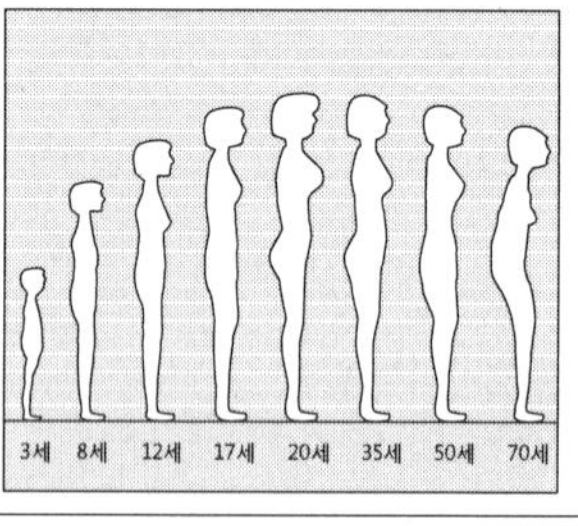	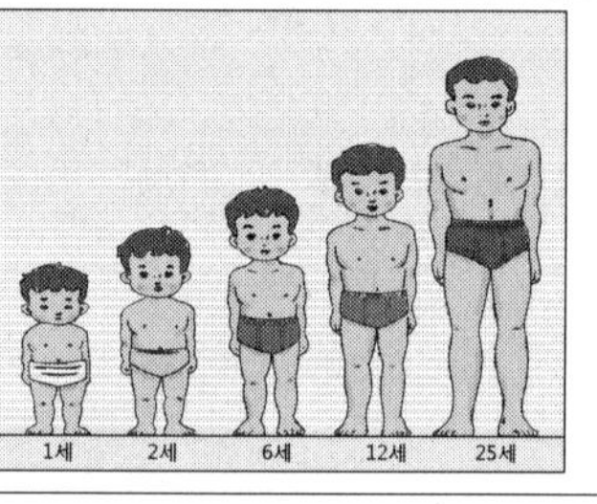

머리 끝 부분을 이어 키의 변화를 알아보자. 또한 나이별로 키에서 머리와 다리가 차지하는 비율을 알아보자.

‖ 상대성장 ‖

어렸을 때는 머리 부분의 성장이 크며, 나이가 들면 다리 부분의 성장이 커진다. 사람 몸의 각 부분은 성장 시기별로 자라는 정도가 달라서, 키가 계속 성장하더라도 머리의 크기는 거의 일정하다. 이처럼 몸의 부분에 따라 발육의 정도가 다른 것을 상대성장이라 한다.

키에 대한 머리 크기비율	0~1세	2세	6세	12세	25세	따라서 나이가 들수록 키에 대한 머리 비율은 작아지고 다리 비율이 커진다.
	1/4	1/5	1/6	1/7	1/8	

다시 말해 사람에게 있어서 상대성장이란 성장하는 시기가 부위별로 다르다는 것으로서, 유아기에는 머리가 빠르게 자라고 성인기에는 다리가 빠르게 성장한다.

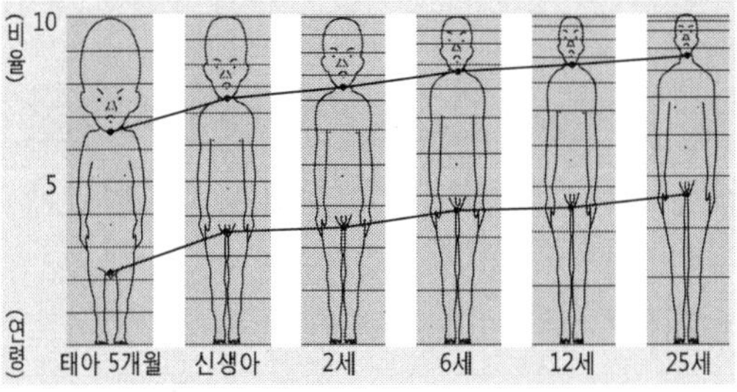

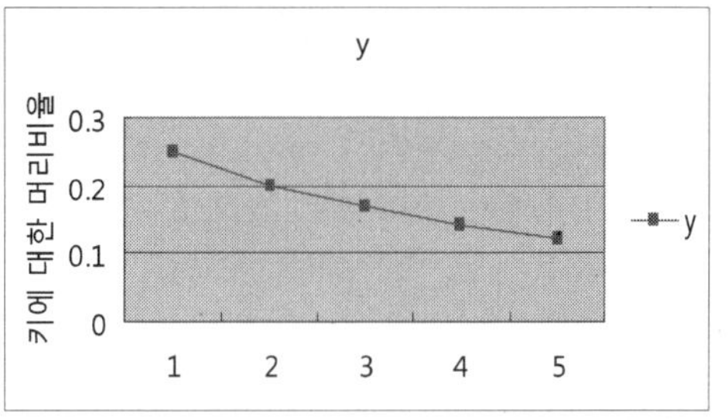

상대성장 모델: 데이터 분석을 위해 최소제곱법을 사용하여 직선의 형태, 혹은 2차 또는 3차식의 형태로 분석하는 방법에 대해 앞서 배웠다. 한편 생물학적으로 적용될 수 있는 비선형모델링으로서, 거듭제곱(power law 또는 **상대성장** Allometric) 모델이라고 불리는 것에 대해 알아보자.

상대성장 모델은 두 종류의 데이터 x와 y의 관계가 거듭제곱의 형태

$$y = Ax^r$$

을 만족하는 것이며, 여기서 A와 r은 데이터를 가장 잘 만족하는 매개변수이다(거듭제곱의 형태인 x^r에 비례하는 식이므로 '**거듭제곱 모델**'이라고도 부른다).

관계식 $y = Ax^r$의 양변에 로그함수를 적용하면,

$$\ln(y) = \ln(Ax^r) = \ln(A) + r\ln(x)$$

가 된다.[5] $\ln(x)$와 $\ln(y)$를 각각 X와 Y로 치환하면 위의 식은

$$Y = rX + \ln(A)$$

이다. 이는 기울기 r이며 Y절편이 $\ln(A)$인 직선 방정식으로 이해할 수 있다.

5) 로그함수의 성질을 기억하면 좋다.

$$\log(ab) = \log(a) + \log(b),\ \log(a^m) = m\log(a),\ \log(1/a) = -\log(a),$$
$$\log(a/b) = \log(a) - \log(b),\ \log_a(a) = 1,\ \log(1) = 0$$

상대성장 모델은 데이터 자료의 로그 값을 택하여 데이터가 비교적 일직선상에 있는지를 확인함으로서 알 수 있다.

체중과 맥박

몸집이 작은 동물의 맥박 수치는 큰 동물의 것보다 일반적으로 높다. 맥박 수치는 자신의 몸무게에 따라 상대적으로 결정되므로, 이러한 관계가 상대성장 모델을 만족한다고 가정해보자.[6)]

■ 문제 상황 7

17 g인 쥐의 맥박은 500번/분이다. 68 kg인 사람의 맥박은 65 번/분이다. 이 데이터를 통해 무게 1.34 kg인 토끼의 맥박 수를 예측해보자.

■ 문제의 이상화 및 자료 수집:

상대성장 모델에 의해 맥박 수 P는 관계식

$$P = Aw^k \ (w\text{는 무게})$$

로 표시된다. 양변에 로그를 택하여 계산하면

$$\ln(P) = \ln(A) + k\ln(w)$$

가 된다. 만약 $\ln(w)$와 $\ln(P)$를 각각 X와 Y로 치환하면

$$Y = kX + \ln(A)$$

가 되어, 기울기 k이고 절편이 $\ln(A)$인 1차 직선이 된다.

■ 수학적 모델 형성과 문제 풀이

(1) 주어진 데이터로부터 다음과 같이 표를 만들어 보자.

	w 무게(kg)	$\ln(w) = X$	P 맥박수/분	$\ln(P) = Y$
쥐	0.017	−4.075	500	6.215
사람	68	4.220	65	4.174

---

6) 참고문헌: E.K. Yeargers, R.W. Shonkwiler, J. Herod, 1996, *An introduction to the mathematics of biology: with computer algebra model*, Birkhaser, Boston.

(2) 식 $Y=kX+\ln(A)$의 기울기 k는 X의 변화에 대한 Y의 변화율로서

$$k=\frac{4.174-6.215}{4.220+4.075}=-0.246$$

가 된다. 그러므로 직선식은

$$Y=-0.246X+\ln(A)$$

이다. 절편 $\ln(A)$을 구하기 위해 한 점 $(X,\ Y)=(4.220,\ 4.174)$를 대입하자.

$$\ln(A)=0.246(4.220)+4.174=5.212$$

따라서 다음의 직선을 얻게 된다.

$$Y=-0.246X+5.212$$

(3) 이것을 원래의 거듭제곱 모델로 다시 바꾸면

$$\ln(P)=-0.246\ln(w)+5.212=\ln(w^{-0.246})+5.212$$

이므로, 양변에 지수함수를 택한다.

$$P=e^{\ln(P)}=e^{\ln(w^{-0.246})+5.212}=w^{-0.246}\cdot e^{5.212}=183.5w^{-0.246}$$

(여기서 $e^{5.212}\approx 183.5$) 따라서 $w=1.34$ kg인 토끼의 맥박 수는 $P=170.75\approx 171$ 이다.

■ **재해석: 그래프로 해석**

w(무게)와 P(맥박수): $(w,\ P)=(0.017,\ 500)$과 $(68,\ 65)$의 그래프는 다음과 같다.

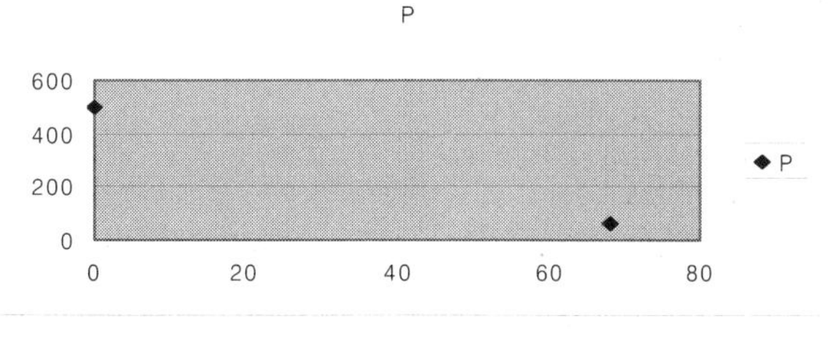

$X=\ln(w)$와 $Y=\ln(P)$를 축으로 하는 평면 위에 $\ln(P)=-0.246\ln(w)+5.212$의 그래프를 그리자. 또한 거듭제곱 모델형인 $P=183.5w^{-0.246}$의 그래프도 그리자.

$X=\ln(w)$	$Y=\ln(P)$	그래프 입력
-4.075	6.215	> plot(−0.246*X + 5.212, X=−4.075..4.220);
4.220	4.174	> plot(183.5* w^(−0.246), w=0.. 70);

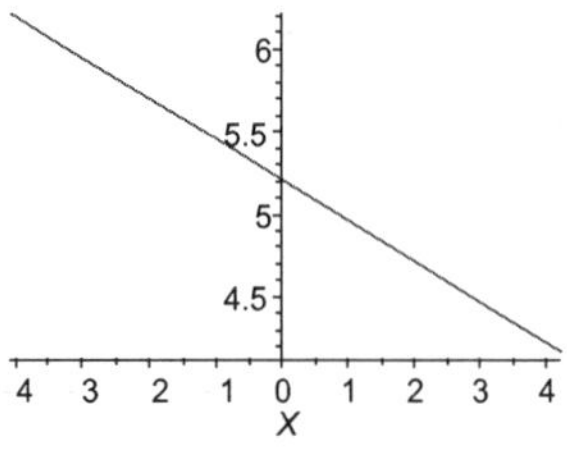

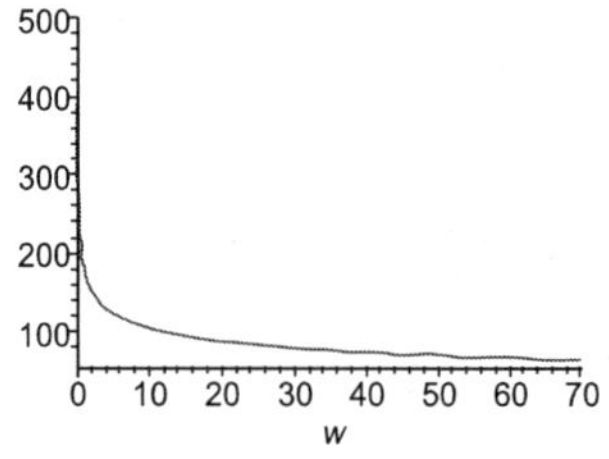

주의: w와 P에 관한 두 개의 데이터 $(w,\ P)=(0.017,\ 500),\ (68,\ 65)$를 사용하여 직선식을 만들면, 위에서 얻은 결과와 상당히 다른 결과를 얻게 된다. 실제로

$$P-65=\frac{65-500}{68-0.017}(w-68)=-6.399(w-68)=-6.399w+435.13$$

즉

$$P=-6.399w+500.15$$

로부터, $w=1.34$ kg인 토끼의 맥박 수를 계산하고자 한다면

$$P=-6.399(1.34)+500.15=491.575\approx 492$$

가 된다. 이는 상대성장 모델에 따라 계산한 토기의 맥박 수 $P\approx 171$과 큰 차이를 보인다. 따라서 데이터가 주어져 있다고 하더라도 그 데이터가 어떠한 실험의 결과를 설명하고 있는지를 잘 파악하고 모델링을 해야 한다.

수학이야기

• 맥박 수는 무엇을 뜻하는가? '작은 동물'과 '큰 동물'에서 맥박수의 차이는?

왼쪽 가슴의 심장이 뛰는 것을 느낄 수 있다. 맥박은 신체 여러 곳에서 잴 수 있는데 일반적으로 팔목에 손을 얹고서 1분 동안 몇 번 뛰는지 확인한다. 심장이 한번 펌프질을 할 때 마다 맥박도 한 번 씩 뛰며 건강한 사람은 보통 1분에 75회 정도이다. 작은 동물의 맥박 수는 큰 동물의 수보다 훨씬 높은데, 작은 동물은 큰 동물보다 체온을 빨리

잃기 때문이다. '작은새'는 1분에 심장이 200번 정도나 뛰지만 '코끼리'는 고작 25번 밖에 뛰지 않는다.

• 에너지 절약을 위한 잠

잠을 잘 때 체온이 내리는 것은 에너지를 절약하기 위해서이다. 박쥐들은 해뜨기 전에 동굴로 돌아와서 다른 박쥐와 몸이 닿는 것을 피하여 따로따로 떨어져 잠을 잔다. 잠을 자는 동안 박쥐의 체온이 주위 온도 가까이까지 낮아진다는 것이다. 덕분에 박쥐의 식사량은 같은 크기의 항온 동물에 비해 훨씬 적다. 활동할 때 박쥐의 맥박 수는 1분에 500∼1,000회 정도이지만, 잠을 잘 때는 그 1/10 정도로 떨어지고, 겨울잠을 잘 때면 거기에서 또 1/10 정도로 낮아진다. 겨울잠 동안에 호흡과 맥박이 최소한으로 내려가고, 체온은 주위 온도에 따라 내려서 에너지 소모를 줄인다.

‖ 로그-로그 그래프 ‖

■ 문제 상황 8

AIDS 환자 수의 누적 데이터(단위: 천)를 연도별로 조사한 표이다. 이 표를 잘 설명할 수 있는 직선 식을 만들어라.

연도	1981	1982	1983	1984	1985	1986	1987	1988	1989	1990	1991	1992
누적도표	97	709	2698	6928	15242	29944	52902	83903	120612	161711	206247	257085

■ 문제의 이상화 및 자료수집

엑셀 프로그램을 사용하여 데이터의 유형을 간단히 알아보자.

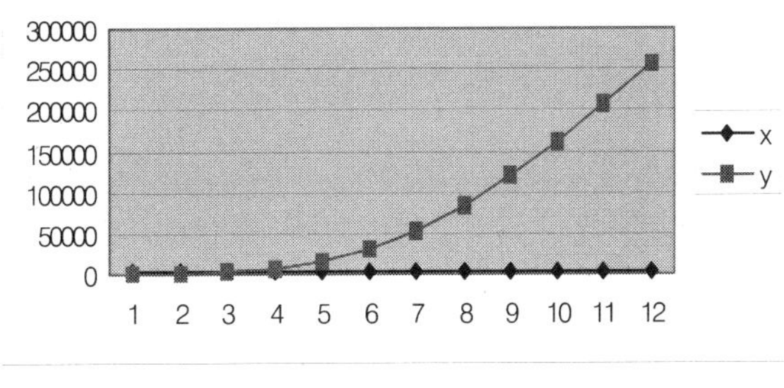

이것은 지수함수와 유사해 보이므로, 이 데이터를 직선식 모형으로 만드는 것은 좋은 방법이 아니다. 지수함수와 로그함수의 그래프를 다시 기억해보자.

■ 수학적 모델 형성과 문제 풀이

연도를 x라 하고, x년의 AIDS 누적인구를 y라 하자. 데이터가 $x=1981$부터 측정되었으므로, $x-1980(=t)$를 계산하여 새로운 표를 다시 만든다.

x	1981	1982	1983	1984	1985	1986	1987	1988	1989	1990	1991	1992
t	1	2	3	4	5	6	7	8	9	10	11	12
y	97	709	2698	6928	15242	29944	52902	83903	120612	161711	206247	257085

$X=\ln(t)$과 $Y=\ln(y)$로 하여, X, Y에 관한 표를 만든다.

x 연도	t	$X=\ln(t)=\ln(x-1980)$	y=AIDS누적(천명)	$Y=\ln(y)$
1981	1	$\ln(1)=0$	97	$\ln(97)=4.5747$
1982	2	$\ln(2)=0.6931$	709	$\ln(709)=6.5639$
1983	3	$\ln(3)=1.0986$	2,698	$\ln(2698)=7.9003$
1984	4	1.3863	6,928	8.8433
1985	5	1.6094	15,242	9.6318
1986	6	1.7916	29,944	10.307
1987	7	1.9459	52,902	10.876
1988	8	2.0794	83,903	11.337
1989	9	2.1972	120,612	11.700
1990	10	2.3026	161,711	11.994
1991	11	2.3979	206,247	12.237
1992	12	$\ln(12)=2.4849$	257,085	$\ln(257085)=12.457$

엑셀 프로그램을 사용하여 X와 Y를 변수하는 그래프를 그려보자.

X	Y
0	4.5747
0.6931	6.5639
1.0986	7.9003
1.3863	8.8433
1.6094	9.6318
1.7916	10.307
1.9459	10.876
2.0794	11.337
2.1972	11.700
2.3026	11.994
2.3979	12.237
2.4849	12.457

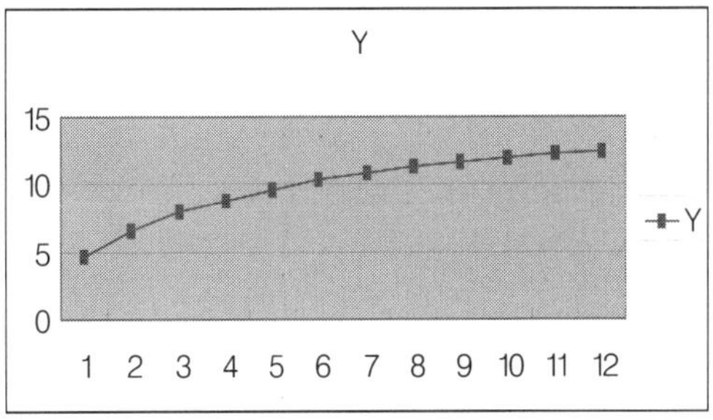

이 그래프는 각 축을 log값을 취한 것이므로 **로그-로그(log-log) 그래프**라고 부르는데, 앞서 그린 그래프보다 훨씬 직선의 형태에 근접함을 알 수 있다. 실제로

$$1 \le t \le 12 \text{ 구간에서 } y\text{의 변화율} = \frac{257085 - 97}{12 - 1} = 23.36$$

이며

$$0 \le X \le 2.4849 \text{ 구간에서 } Y\text{의 변화율} = \frac{12.457 - 4.5747}{2.4849 - 0} = 3.17$$

로서 곡선 Y의 휘어진 정도가 y의 휘어진 정도보다 훨씬 작다. 따라서 식 Y를 직선의 형태로 바꾸어보려는 시도를 하게 된다.

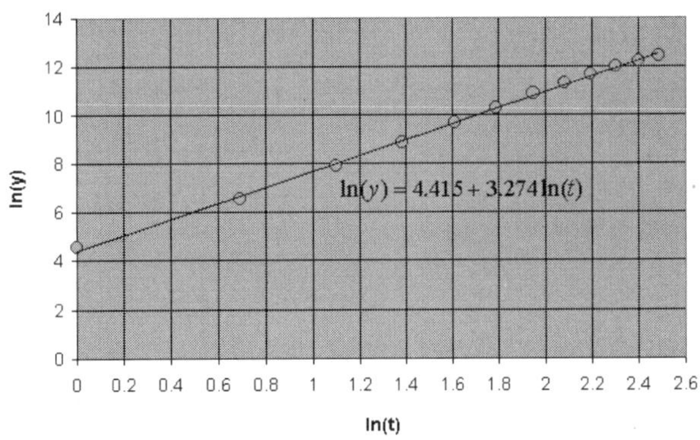

이제 메이플 프로그램을 사용하여, X, Y-자료에 대한 최적의 직선식을 만들자.

> with(stats):

> fit [leastsquare [[X,Y]]] ([[0, 0.6931, 1.0986, 1.3863, 1.6094, 1.7916, 1.9459, 2.0794, 2.1972, 2.3026, 2.3979, 2.4849], [4.5747, 6.5639, 7.9003, 8.8433, 9.6318, 10.307, 10.876, 11.337, 11.700, 11.994, 12.237, 12.457]]);

〈결과〉 $Y = 3.274X + 4.4153$

즉, 1차 모델링식은 다음과 같다.

$$\ln(y) = 3.274 \ln(t) + 4.4153$$

■ **재해석**

위의 직선식을 다시 분석해보자.

$$\ln(y) = 3.274 \ln(t) + 4.4153 = \ln(t^{3.274}) + 4.4153$$

양변에 지수함수 e를 적용하면7)

$$e^{\ln(y)} = e^{\ln(t^{3.274}) + 4.4153}$$

즉,

$$y = e^{\ln(t^{3.274})} \cdot e^{4.4153} = t^{3.274} \cdot e^{4.4153}$$

이다. 그런데 $e^{4.415} \approx 82.70$이므로 $y = 82.7t^{3.274}$이 되며, 이는 처음에 주어진 데이터를 표현하는 식이다.

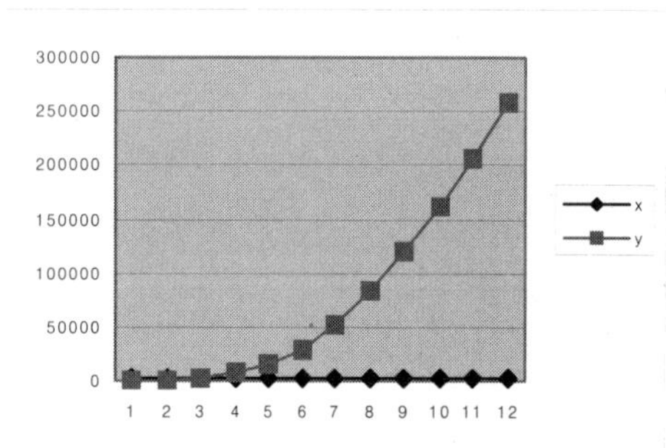

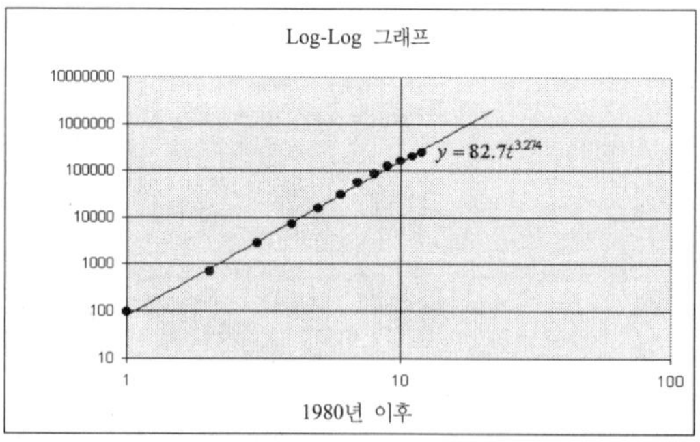

어떤 호르몬은 사람의 기분에 큰 영향을 미쳐서, 이런 호르몬의 양의 변화가 극심하면 조울증과 같은 현상을 보이게 된다. 그러므로 그 호르몬의 양이 오랜 시간동안 일정한

7) 필요한 수학 내용: (1) $\ln(x^a) = a \ln x$, (2) $e^{\ln x} = x$, (3) $e^{a+b} = e^a \cdot e^b$.

수치로 전달되는 체계를 발견하는 것은 호르몬 요법에서 아주 중요한 일이다.

■ 문제 상황 9

한 제약회사는 호르몬 전달이 잘 되는 고분자를 발명하였는데, 다음의 모델을 만족한다고 한다.

$$h(t) = 40(e^{-0.005t} - e^{-0.15t}) \quad (h\text{: 혈중 1데시리터당 나노그램, } t\text{: 날짜})$$

(1) 이 호르몬의 최대 농도는 언제이며 얼마가 되는가?

(2) 절편과 점근선을 결정하고, $0 \le t \le 150$일 때 $h(t)$의 그래프를 그려라.

(3) 그래프를 통해 호르몬의 수치가 20 ng/dl을 얼마동안 유지할 수 있는지 알아보자.

■ 문제의 이상화 및 자료수집

메이플로 그래프를 그려서 주어진 함수 $h(t) = 40(e^{-0.005t} - e^{-0.15t})$의 형태를 알아보자. 한편, 엑셀로도 그래프를 그려보자.

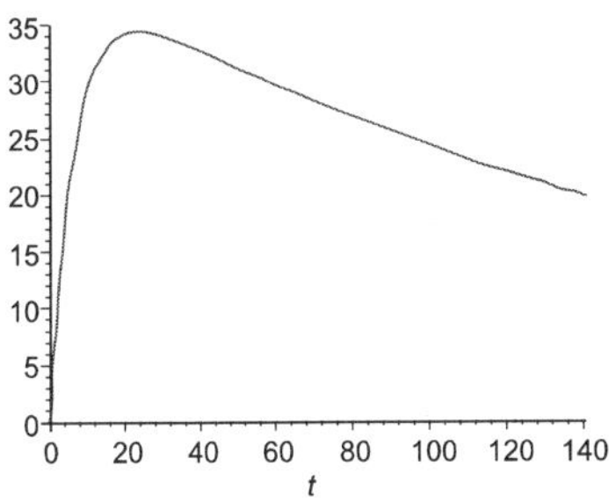

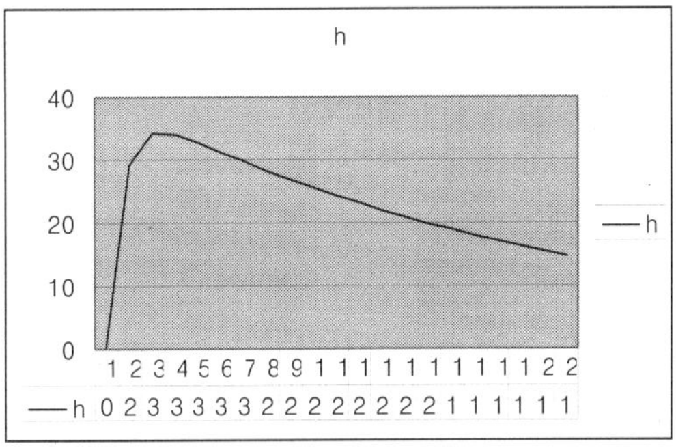

■ 수학적 모델 형성과 문제 풀이

(1) 호르몬이 최대 농도가 되는 최댓값을 구하자.

$$h(t) = 40(e^{-0.005t} - e^{-0.15t})$$

를 미분하면

$$\begin{aligned} h'(t) &= 40(-0.005e^{-0.005t} - (-0.15)e^{-0.15t}) \\ &= 40(0.15e^{-0.15t} - 0.005e^{-0.005t}) \end{aligned}$$

이다. 최댓값은 $h'(t)=0$인 경우에 발생하므로,

$$0.005e^{-0.005t}=0.15e^{-0.15t},\quad \frac{e^{-0.005t}}{e^{-0.15t}}=\frac{0.15}{0.005},\quad e^{0.145t}=30$$

이다. 양변에 로그함수 ln을 적용하면

$$0.145t=\ln(30)$$

이 되어 최대점은 $t_c=\frac{1}{0.145}\ln(30)\approx 23.46$ (일)이며, 최댓값은 다음과 같다.

$$h(t_c)=40(e^{-0.005t_c}-e^{-0.15t_c})=34.39\ (\text{ng/dl})$$

(2) (0, 0)이 유일한 절편이다. $\lim_{t\to\infty}h(t)=0$이므로 $h=0$가 수평점근선이다.

(3) 메이플을 사용하여 $t=5.0$과 $t=138.6$에서 $h(t)=20$임을 알 수 있으므로, 호르몬 수치는 대략 134일 동안 20 ng/dl보다 높은 값을 유지한다.

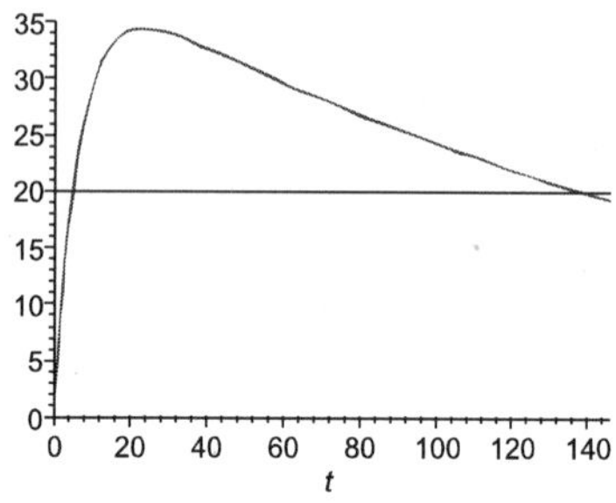

■ 문제 상황 10

해산물 공장에서 어떤 어종의 크기를 t에 관해 함수로 표시했다.

$$L(t)=589-375e^{-0.168t}\quad \text{(von Bertalanffy 모델)}$$

(1) 절편과 점근선을 구해보자. 이 어종의 최대 가능 길이는 얼마인가. 또한 최대 크기의 90%까지 커지려면 어느 정도 걸릴까?

(2) $L(t)$를 t에 관해 미분하여 5년 된 어류의 평균 성장속도를 알아보자.

■ 문제의 이상화 및 자료수집

$L(t)=589-375e^{-0.168t}$의 그래프를 그려보자.

■ **수학적 모델 형성과 문제 풀이**

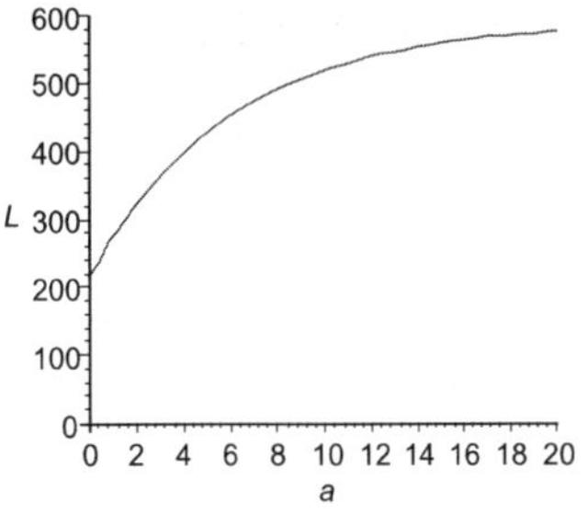

(1) L-절편은 $t=0$인 점에서의 $L(t)$값인

$$L(0)=589-375e^{-0.168\cdot(0)}=589-375=214$$

이므로, 점 (0, 214)이 절편이다.
수평 점근선은 $t\to\infty$인 값을 계산하면

$$\lim_{t\to\infty}L(t)=\lim_{t\to\infty}589-375e^{-0.168t}=589$$

이다. 그러므로 어류의 최대 길이는 589 mm이다.
최대 길이 589 mm의 90%인 530 mm까지 성장하기위해 걸리는 시간을 알아보자.

$$L(t)=589-375e^{-0.168t}=530$$

을 풀면

$$375e^{-0.168t}=589-530=59,\quad e^{-0.168t}=\frac{59}{375}$$

이다. 로그함수를 적용하면

$$\ln(e^{-0.168t})=\ln\frac{59}{375},\quad -0.168t=\ln 59-\ln 375$$

가 되어

$$t=\frac{\ln 59-\ln 375}{-0.168}=11.0082$$

이다. 따라서 대략 $t=11$ (년)이 되면 최대 길이의 90%까지 성장한다.

(2) 함수 $L(t)$를 미분하면

$$L'(t)=-375(-0.168)e^{-0.168t}=63.0e^{-0.168t}$$

이므로

$$L'(5)=63.0e^{-0.168(5)}=27.2\ (\text{mm/년})$$

■ **재분석**

이 물고기는 최소한 11년을 양식하여야 최대 크기의 90%까지를 기대할 수 있다. 그러므로 너무 일찍 물고기를 포획하는 것은 오히려 손해를 불러올 수 있다.

■ 문제 상황 11

어류의 개체수를 연구하기 위해 사용하는 모델로서, n년일 때의 개체수를 P_n이라 하면 그 다음 해의 수는 다음의 형태로 결정된다.

$$P_{n+1} = R(P_n) = aP_n e^{-bP_n} \text{ (Ricker 모델)}$$

어떤 어류의 샘플조사를 통해 상수값 $a = 8$과 $b = 0.002$를 얻었다. 그 어류의 최초 개체수를 $P_0 = 100$라 하자.

(1) 항등함수와 함께 그래프 $R(P)$를 그려서, 교점, 극점 그리고 점근선 등을 알아보자.

(2) 이 모델의 평형점[8)]을 찾아보고 각 평형점에서의 현상에 대해 논의하여라.

■ 문제의 이상화 및 자료수집

a, b값을 사용하면 $P_{n+1} = R(P_n) = 8P_n e^{-0.002P_n}$이다. 또한 $P_0 = 100$이므로, 다음과 같다.

$$P_1 = 8P_0 e^{-0.002P_0} = 8(100)e^{-0.2} = 655$$

$$P_2 = 8(655)e^{-0.002(655)} = 1414$$

$$P_3 = 8(1414)e^{-0.002(1414)} = 669$$

■ 수학적 모델 형성과 문제 풀이

(1) $R(P) = 8Pe^{-0.002P}$의 미분은 곱의 미분법칙을 사용한다. 즉

$$R'(P) = 8P(e^{-0.002P})' + 8P'(e^{-0.002P})$$

$$= 8P(-0.002)e^{-0.002P} + 8e^{-0.002P} = 8(1-0.002P)e^{-0.002P}$$

따라서 최댓값을 찾기 위해 $R'(P) = 0$인 점을 계산하면

$$1 - 0.002P = 0 \text{ 즉, } P = 500$$

이 되어, 최댓값은 다음과 같다.

$$R(500) = 4000e^{-1} \approx 1471.5$$

따라서 최댓값의 좌표는 대략 $(500,\ 1471.5)$이다.

---

8) 평형점이란, 개체수의 변화가 거의 일어나지 않는 점을 말한다.

이제 $P \to \infty$ 일 때,

$$\lim_{P\to\infty} R(P) = \lim_{P\to\infty} 8Pe^{-0.002P} = \lim_{P\to\infty} \frac{8P}{e^{0.002P}} = 0$$

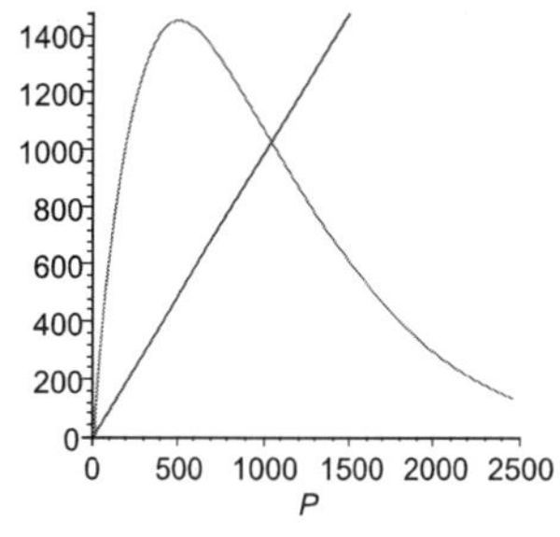

이므로 $R = 0$가 수평 점근선이다. 그래프는 다음과 같다.

(2) 평형점 P_E, 즉 더 이상 개체수의 변화가 없는 점을 찾아 보자. 다시 말해

$$P_{n+1} = P_n = P_E,$$

즉 $P_E = 8P_E e^{-0.002P_E}$를 풀면 된다.

$$0 = P_E - 8P_E e^{-0.002P_E} = P_E(1 - 8e^{-0.002P_E})$$

이므로 평형점은

$$P_E = 0 \text{ 또는 } 8e^{-0.002P_E} = 1 \text{ (즉, } P_E = 500\ln(8) \approx 1039.7)$$

이다.

$P_E = 0$일 때, $R'(0) = 8 > 1$이어서, 이 평형상태는 불안한 채 그 해가 $P_E = 0$으로부터 그 단순증가로 점점 멀어진다. 한편, $P_E = 500\ln(8)$일 때, $R'(500\ln(8)) = 1 - \ln(8) \approx -1.08$이므로, 그 해는 진동을 하다가 평형상태로부터 멀어진다. 따라서 불안한 상태이다.

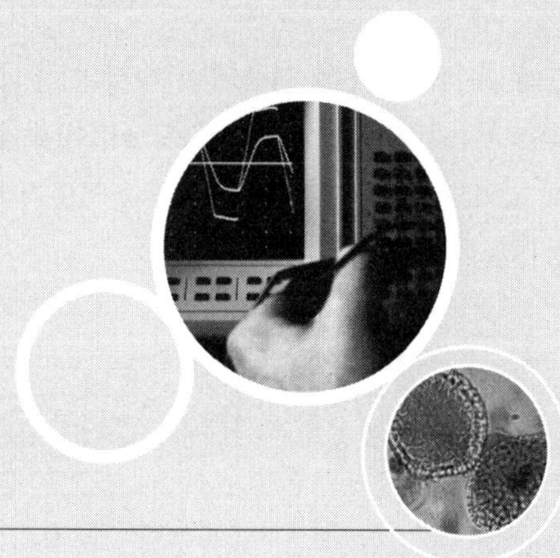

제9장

미분방정식

미분방정식이란 미분의 형태를 포함하는 방정식을 말한다. 앞서 이미 다룬 바 있는 지수 모형 $\frac{dN}{dt}=rN$이나 로지스틱 모형 $\frac{dN}{dt}=rN\left(1-\frac{N}{K}\right)$은 **미분방정식**의 중요한 예제이다. 이 식들을 풀어서 각각 $N=N_0e^{rt}$와 $N(t)=\frac{K}{1+Ae^{-rt}}$를 얻었는데, 이들을 미분방정식의 해(근)라고 부르며 이와 같은 작업을 **미분방정식을 푼다**고 한다. 미분방정식은 자연 현상을 규명하기 위한 수많은 분야에서 이용되는 아주 유용한 수학 기술이다.

미분방정식이 과학적 연구에 어떻게 이용되는지를 알아보자. 이 과정은 초기 어렴풋한 관찰 단계로부터 시작하여 수학적 모델링에 이른다. 어떤 일이 발생하는지, 변화의 요인이 무엇인지 그리고 이 현상을 이해하고 분석하기위해 필요한 가정이 무엇인지 등의 상당히 많은 양의 이론이 필요하게 된다.

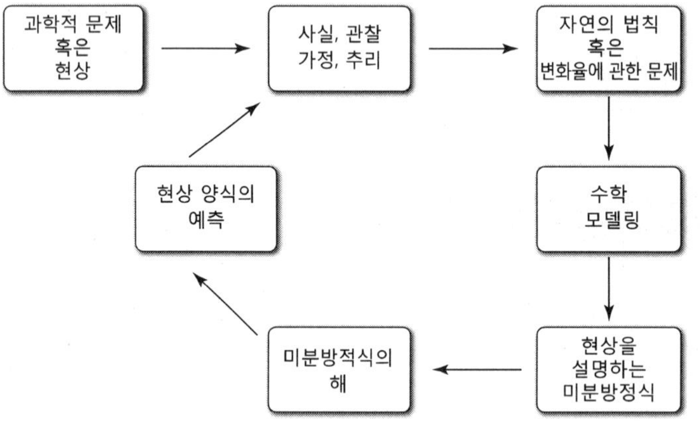

의심되고 불투명한 아이디어가 어느 정도 정리되고, 상황을 단순화시킬 수 있는 정당한 가설이 만들어지면, 수학적 모델을 표현할 수 있는 미분방정식을 찾게 된다. 일반적으로 이 단계가 가장 어려운 부분이다. 주어진 상황을 잘 설명할 수 있는 미분방정식의 형태를 알아내며, 또한 어떤 방정식들이 미분방정식의 해가 되는지를 알아내는 것은 쉬운 일이 아니다. 만약 그러한 함수들을 찾아낸다면 이제 현상을 설명할 수 있는 훌륭한 결과를 가질 수 있게 된다. 간단한 미분방정식들로서 그것의 해에 관해 이미 잘 알려진 것들을 다루어보자.

9.1 기초 수학: 미분방정식–지수적 성장과 로지스틱 성장

일변수 함수와 그 도함수를 포함하는 등식을 **상미분방정식**(ordinary differential equation)이라 하고, 이변수 이상인 다변수 함수와 그 편도함수[1])를 포함하는 등식을 **편미분방정식**(partial differential equation)이라 한다.

예를 들면 다음의 식들은 미분방정식이다.

(1) $\dfrac{dy}{dx}=x^3+2x^2-x+1$

(2) $\dfrac{d^2y}{dx^2}+x\dfrac{dy}{dx}+y-6=0$

(3) $(y'')^2+3(y')-x+y^2=0$

(4) $y'''+3(y'')^2=y+e^x$

(5) $y\dfrac{\partial z}{\partial x}=2z+2x\dfrac{\partial z}{\partial y}$

(6) $\dfrac{\partial^2 z}{\partial x^2}+\dfrac{\partial^2 z}{\partial y^2}=2xy$

식 (1), (2), (3), (4)는 도함수만을 포함하므로 상미분방정식이다. 한편 식 (5), (6)은 편도함수를 포함하므로 편미분방정식이다. 미분방정식의 계수(order)라 함은 그 미분방정식에 포함된 최고차 도함수의 계수를 말한다. 예를 들면 식 (1), (5)는 1계 미분방정식, 식 (2), (3), (6)은 2계 미분방정식, 식 (4)는 3계미분방정식이다.

생물학, 화학 또한 물리학 관련 분야에서 1계 상미분방정식이 많이 이용된다. 특히 생물분야에서는 생물 개체율 변화속도를 분석하는 일을 하며, 화학 분야에서는 화학반응속도를 해석하게 되는데, 이때 속도상수를 구하는 과정은 1계 상미분방정식의 응용이다.

1계 미분방정식은 $\dfrac{dy}{dx}=F(x,\ y)=\dfrac{f(x,\ y)}{g(x,\ y)}$의 꼴이다. 이것을 변형하면

$$g(x,\ y)dy=f(x,\ y)dx$$

의 꼴이 된다. 특별한 유형으로서

$$\frac{dy}{dx}=\frac{f(x)}{g(y)}$$

즉,

$$g(y)dy=f(x)dx$$

---

1) 이 교재에서는 편도함수(편미분)은 더 이상 다루지 않는다.

을 **변수분리형**이라 한다. 그러면 방정식의 양변을 적분하여 일반해를 구할 수 있다.

$$\int g(y)dy = \int f(x)dx$$

예제 9.1 미분방정식 $(x+1)\dfrac{dy}{dx} = x(y^2+1)$을 풀어라.

풀이 ▸ 주어진 미분방정식을 변형하면 $\dfrac{1}{y^2+1}dy = \dfrac{x}{x+1}dx$이다. 좌변을 적분하면

$$\int \frac{1}{y^2+1}dy = \tan^{-1}(y) + C_1$$

이다.[2] 또한 $\int \frac{1}{x}dx = \ln x + C$을 사용하여 우변을 적분하면

$$\begin{aligned}\int \frac{x}{x+1}dx &= \int \frac{x+1-1}{x+1}dx = \int \left(1 - \frac{1}{x+1}\right)dx \\ &= \int 1dx - \int \frac{1}{x+1}dx = x - \ln|x+1| + C_2\end{aligned}$$

이다. 따라서

$$\tan^{-1}y = x - \ln|x+1| + C \text{ (여기서 } C,\ C_1,\ C_2 \text{ 상수)},$$

즉

$$y = \tan(x - \ln|x+1|) + C$$

이다.

이제 생물학에서 가장 많이 사용되는 다음의 두 방정식을 풀어보자.

(1) 지수 모형	(2) 로지스틱 모형
$\dfrac{dy}{dt} = ry \Leftrightarrow y(t) = y_0e^{rt}$	$\dfrac{dy}{dt} = ry\left(1 - \dfrac{y}{K}\right) \Leftrightarrow y(t) = \dfrac{K}{1+Ae^{-rt}}$

(1) **지수 모형**: 어떤 개체가 그 크기에 비례하는 비율로 성장과 쇠퇴를 하고 있을 때, 그

2) 제7장 적분 참조. 적분의 기본공식에 의해, $\int \frac{1}{x^2+1}dx = \arctan(x) + C = \tan^{-1}(x) + C$이다. 또한 $\int \frac{1}{x}dx = \ln x + C$이다. (여기서 C는 적분상수)

성장 상태를 다음의 방정식으로 나타낼 수 있다.

$$\frac{dy}{dt} = ry$$

여기서 y는 어떤 개체의 총수이고, r는 비례상수이다. 비례상수가 양의 값을 가지면 성장을 의미하고, 음의 값을 가지면 쇠퇴를 의미한다.

미분방정식 $\frac{dy}{dt} = ry$을 풀자. 변수분리의 형태로 바꾸면 다음과 같다.

$$\frac{1}{y}dy = rdt$$

이 식의 양변을 각각 y와 t로 적분하자.

$$\int \frac{1}{y}dy = \int rdt$$

그런데 $\int \frac{1}{y}dy = \ln y + C_1$이며 $\int rdt = rt + C_2$ (C_1, C_2는 상수)이므로,

$$\ln y + C_1 = rt + C_2$$

즉,

$$\ln y = rt + C$$

(여기서 $C = C_2 - C_1$인 상수)이다. 양변에 지수함수를 취하면

$$e^{\ln y} = e^{rt + C} = e^{rt} \cdot e^{C}$$

가 된다. $e^C = y_0$로 치환하면, $e^{\ln y} = y$이므로 다음의 식을 얻을 수 있다.[3)]

$$y = y_0 e^{rt}$$

따라서 $\frac{dy}{dt} = ry \Leftrightarrow y(t) = y_0 e^{rt}$이다.

(2) **로지스틱 모형**: 개체 증가는 환경의 최대 수용량 K에 영향을 받는다는 것이 제8장에서 배운 로지스틱 모형으로서 $\frac{dy}{dt} = ry\left(1 - \frac{y}{K}\right)$로 표시된다.

---

3) 로그와 지수의 관계에 대해, $\ln a - \ln b = \ln\frac{a}{b}$과 $e^{\ln x} = x$을 꼭 기억하자.

미분방정식 $\frac{dy}{dt}=ry\left(1-\frac{y}{K}\right)$을 풀자. 변수분리의 형태로 바꾸면 다음과 같다.

$$r\,dt=\frac{dy}{y\left(1-\frac{y}{K}\right)}$$

식의 양변을 각각 t와 y로 적분한다.

$$\int r\,dt=\int\frac{dy}{y\left(1-\frac{y}{K}\right)}=\int\frac{1}{y\left(1-\frac{y}{K}\right)}dy$$

여기서 $\frac{1}{y\left(1-\frac{y}{K}\right)}$를 부분분수로 표시하면

$$\frac{1}{y\left(1-\frac{y}{K}\right)}=\frac{1}{\frac{y(K-y)}{K}}=\frac{K}{y(K-y)}=\frac{1}{y}+\frac{1}{K-y}$$

이므로, 다음의 식을 얻게 된다.

$$\int r\,dt=\int\left(\frac{1}{y}+\frac{1}{K-y}\right)dy=\int\frac{1}{y}dy+\int\frac{1}{K-y}dy$$

그런데[4)]

$$\int r dt=r\,t+C_1,\quad \int\frac{1}{y}dy=\ln|y|+C_2,$$

또한

$$\int\frac{1}{K-y}dy=-\ln|K-y|+C_3$$

(여기서 $0<y<K$이며 C_1, C_2, C_3는 상수)이므로

$$rt+C=\ln|y|-\ln|K-y|\quad (C:\text{ 상수})$$

가 된다. 따라서

$$\ln|y|-\ln|K-y|=\ln\left|\frac{y}{K-y}\right|=r\,t+C$$

4) 기본적인 적분식을 기억하자. $\int\frac{1}{x}dx=\ln x+C$, $\int\frac{1}{a-x}dx=-\ln|a-x|+C$

이다. 이제 양변에 지수함수를 적용하면

$$e^{\ln\left|\frac{y}{K-y}\right|}=e^{rt+C}$$

로부터

$$\left|\frac{y}{K-y}\right|=e^{rt}\cdot e^{C},$$

즉

$$\frac{y}{K-y}=e^{rt}\cdot(\pm e^{C})$$

가 된다. 그런데

$$\frac{K-y}{y}=\pm e^{-C}\cdot e^{-rt}$$

이므로

$$A=\pm e^{-C}$$

로 치환하면 다음의 식을 얻게 된다.

$$\frac{K}{y}-1=A\cdot e^{-rt},$$

즉

$$\frac{K}{y}=A\cdot e^{-rt}+1$$

이다. 따라서

$$\frac{1}{y}=\frac{A\cdot e^{-rt}+1}{K}$$

이다. 그러므로 미분방정식 $\frac{dy}{dt}=ry\left(1-\frac{y}{K}\right)$를 풀면 다음의 해를 얻게 된다.

$$y=\frac{K}{Ae^{-rt}+1}$$

따라서 $\frac{dy}{dt}=ry\left(1-\frac{y}{K}\right)\ \Leftrightarrow\ y(t)=\frac{K}{1+Ae^{-rt}}$이다.

9.2 개체군 증가 유형

$N(t)$는 시간 t일 때 모집단의 인구 수라고 하자. 모집단의 인구 수는 시간에 따라 변하는데 N의 변화율은 출생률과 사망률의 차에 의해 결정된다.

$$N\text{의 변화율} = \text{출생률} - \text{사망률}$$

(1) 모집단에서 각각 사람들의 출생과 사망률이 동일하다고 가정하면, 1인당 출생률 r은

$$r = \frac{\text{1년 동안 출생자 수}}{\text{모집단 인구 수}}$$

이며, 1인당 사망률 m은

$$m = \frac{\text{1년 동안 사망자 수}}{\text{모집단 인구 수}}$$

이다. 이러한 값들은 실험이나, 관찰 또는 단순한 가정을 통해 얻을 수 있는 수치이다.

(2) $k = r - m$라고 하면 k는 1인당 총 인구증가율을 의미한다.

(3) 또한 t년에 모집단에서의 총 출생자수와 총 사망자 수를 알 수 있다.

$$\text{총 출생자수} = rN,\ \text{총 사망자 수} = mN$$

따라서 모집단 크기의 변화율 $\frac{dN}{dt}$는 총 출생자 수와 총 사망자 수의 차이이다.

$$\frac{dN}{dt} = rN - mN = (r - m)N$$

여기서 $k = r - m$로 치환하면

$$\frac{dN}{dt} = kN$$

인 미분방정식의 형태가 된다.

(4) 식 $\frac{dN}{dt} = kN$는 지수성장 모델의 형태이므로 다음을 알 수 있다.

① $N(t) = N_0 e^{kt}$의 형태이며, $N_0 > 0$이다.

② $k = r - m > 0$ (즉, $r > m$)일 때, 인구는 증가한다.

③ $k = r - m < 0$ (즉, $r < m$)일 때, 인구는 감소한다.

■ 문제 상황 1

인구성장률을 계산하기 위한 간단한 모델을 만들어 보자. 인구성장률을 예측하고, 그래프로 나타내보자.

현재의 인구가 두 배로 성장하게 되는 때는 언제인가? 또한 현재 세계 인구수를 69억이라 할 때, 앞으로 100년 후의 인구수를 알아보자.

■ 문제의 이상화 및 자료수집

이상화를 위해 몇 개의 간단한 가정을 하자.

① 연령별 인구 분포가 일정하며, 남녀의 비율은 각각 50%이다.

② 모든 사람의 수명은 80년이다. 모든 사망은 고령에 기인하며, 질병이나 전쟁, 재난 등으로 인한 사망은 고려하지 않는다.

③ 여성의 가임기는 15∼55세로서 생애의 절반 기간 $\left(\dfrac{55-15}{80}=\dfrac{1}{2}=50\%\right)$이다. 모든 여성들은 출산하며, 가임기의 매 10년마다 한 명의 아기를 출산한다.

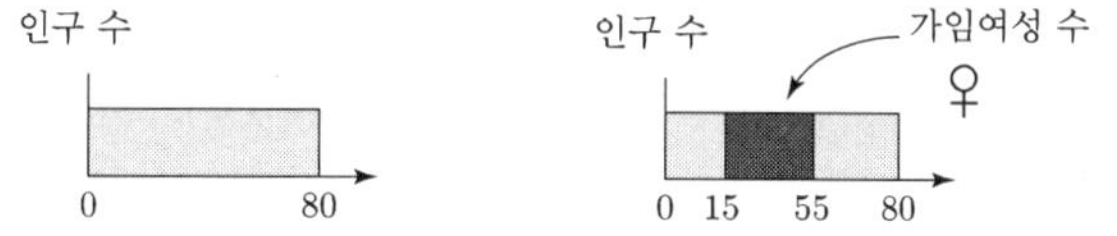

위의 세 가지는 모두 비현실적인 가정이지만 수학을 포함한 자연·사회과학에서 필요한 단순화 과정이다. 참고로 문명사회의 여성들은 평균 2∼2.3명의 자녀를 출산한다.

■ 수학적 모델 형성과 문제 해결

인구증가율 $\dfrac{dN}{dt}$은 현재의 인구 수 N에 비례하는 형태인 $\dfrac{dN}{dt}=kN$으로 표시되며, 비례상수 k는 1인당 총 인구 증가율이 된다.

(1) 우선 1인당 인구증가율 k를 알아보자.

- 출생률: 1인당 출생률 r은 전체 인구 중 여성의 수 그리고 가임기간 또한 출산 수에 의해 결정된다. 즉

$$r=\frac{\text{여성 수}}{\text{인구 수}}\cdot\frac{\text{가임 기간}}{\text{평균 수명}}\cdot\frac{\text{여성 당 자녀 수}}{\text{년수}}$$
$$=\frac{1}{2}\cdot\frac{1}{2}\cdot\frac{1}{10}=0.025$$

- 사망률: 연령에 따른 인구분포가 일정하므로, 전체의 1/80에 해당하는(즉 연령 80세인) 사람이 매년 사망한다. 즉

$$1\text{인당 사망률 } m = \frac{1}{80} = 0.0125$$

따라서 매년 1인당 총 인구성장률은 출생률과 사망률의 차이이므로

$$k = r - m = 0.025 - 0.0125 = 0.0125$$

이다. 그러므로 인구증가율은

$$\frac{dN}{dt} = kN = 0.0125N$$

이며, 이를 풀어 다음의 식을 얻게 된다.

$$N(t) = N_0 e^{0.0125t} \quad (N_0\text{: 현재 인구 수})$$

(2) 현재 인구 수의 두 배로 되는 때를 알기 위해

$$N(t) = 2N_0$$

인 t를 계산한다. 즉, $N(t) = N_0 e^{0.0125t} = 2N_0$로부터

$$e^{0.0125t} = 2$$

이다. 양변에 로그함수를 취하면

$$\ln(e^{0.0125t}) = \ln(2), \quad 0.0125t = \ln(2)$$

이므로

$$t = \frac{\ln 2}{0.0125} = 55.45\text{년}$$

가 된다.

다시 말해 대략 56년 후에는 지금 인구의 두 배로 늘어난다.

(3) 현재 세계 인구 수를 69억이라 할 때, 100년 후의 인구수를 알아보자. $N(0) = N_0 = 69$억이므로, 100년 후의 인구수는 다음과 같다.

$$N(100) = 69e^{0.0125 \times 100} = 69e^{1.25} = 69 \cdot 3.49 = 240.8 \text{ (억 명)}$$

■ **재해석**

인구 예측은 상당히 중요한 자료가 되며, 우리나라도 10년 단위로 총 인구조사를 하여 사회 경제 문제의 중요 지표로 삼는다. $N_0 = 69$ (억)일 때, $N(t) = 69e^{0.0125t}$ (억)의 그래프는 다음과 같다. 여기서 만든 모델링은 많은 문제점을 가지고 있다. 이러한 문제점을 어떻게 해결할 수 있는지에 대해 다음 절에서 다룰 것이다.

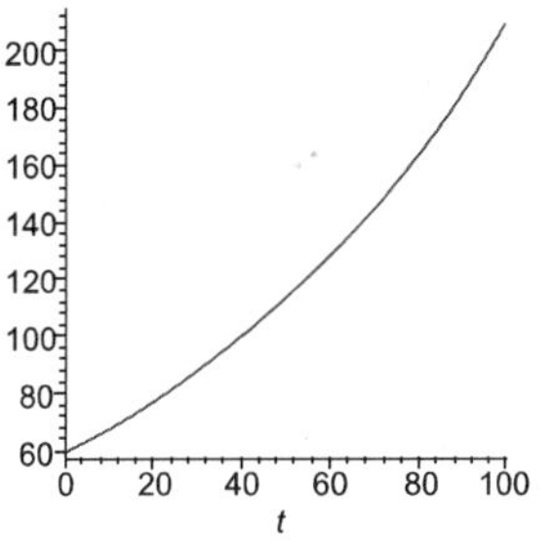

인구예측

인구의 크기를 안다는 것은 정책 입안자들에게 경제, 국가 안보, 수송기관 시설, 학교, 병원과 같은 적절한 공공사업 공급 등 다방면에서 중요하다.

■ 문제 상황 2

아래는 1790년부터 1950년까지의 미국 인구조사표이다. 이 자료를 토대로 1980년의 인구 수를 예측해보자.

연도	1950	1940	1930	1920	1910	1900
인구 수	150,697,000	131,669,000	122,775,000	105,711,000	91,972,000	75,995,000
연도	1890	1880	1870	1860	1850	1840
인구 수	62,948,000	50,156,000	38,558,000	31,443,000	23,192,000	11,069,000
연도	1830	1820	1810	1800	1790	
인구 수	12,566,000	9,638,000	7,240,000	5,308,000	3,929,000	

■ **문제 이상화 및 자료수집**

주어진 자료에서 인구의 변화를 쉽게 파악하기 위해 그래프를 그려보자. 그래프의 수평축은 연도를, 수직은 단위가 천(1000)인 인구를 나타내보자.

엑셀 프로그램을 사용:

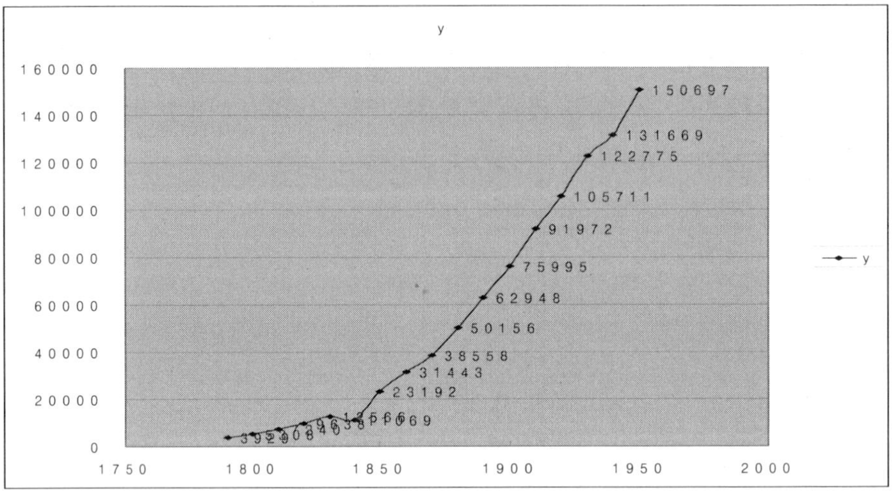

■ 수학적 모델 형성과 문제 해결

1차식 모형: 시간에 관한 함수로서 인구 크기를 예측할 수 있는 1차식 모형을 만들자.

① 시간영역 $1790 \le t \le 1950$에서 인구분포가 $3,929 \le P \le 150,697$(단위: 천)이므로, 변화율(직선의 방정식의 기울기)은

$$m = \frac{\Delta P}{\Delta t} = \frac{150697 - 3929}{1950 - 1790} = \frac{146768}{160} = 917.3 \approx 917$$

이다. 한 점 (1860, 31443)을 지나는 직선의 식은

$$P - 31443 = 917(t - 1860),$$

즉

$$P = 917t - 1674177$$

이 된다. 그러므로 $t = 1980$년도의 인구 수는

$$P = 917(1980) - 1674177 = 141,483 \text{ (천 명)}$$

로 예측된다.

분석 이 계산에 의하면 1980년도에 인구가 대략 141,483,000명으로 예측되는데, 이 값은 1950년도의 인구수인 150,697,000명과 비교할 때 오히려 적은 값이다. 이러한 일이 벌어진 것은 증가 직선의 기울기가 잘못 책정되었기 때문이다. 실제로 그래프를 유심

히 보면 매년 인구가 증가하고 있지만 특별히 1840년대에는 인구 감소가 두드러져 보인다.

1830	1840	1850
12,566,000	11,069,000	23,192,000

인구의 자연 증가 이외에 사회적 요인, 가령 전쟁, 기근, 질병 등에 의해 인구가 감소된 것으로 보인다. 따라서 1980년도의 인구 수를 예측하기 위해 주어진 자료의 영역 $1790 \le t \le 1950$에서 모델링을 하는 것보다는 비교적 더 직선에 가까운 형태로 보이는 영역으로 제한해보자.

② 시간영역 $1850 \le t \le 1950$에서 인구분포는 $23,192 \le P \le 150,697$이므로 변화율은

$$m = \frac{\Delta P}{\Delta t} = \frac{150697 - 23192}{1950 - 1850} = \frac{127505}{100} = 1275.05 \approx 1275$$

이다. 한 점 (1900, 75995)을 통과하도록 하면, 직선의 식은

$$P - 75995 = 1275(t - 1900),$$

즉

$$P = 1275t - 2346505$$

이 된다. 그러므로 $t = 1980$년도에서의 인구 수는

$$P = 1275(1980) - 2346505 = 177,995 \text{ (천 명)}$$

로 예측된다. 즉, 1980년도의 인구 수는 177,995,000명으로 예측된다.
그러나 더욱 정확한 인구 수를 예측하려면, 데이터를 더 분석하여 가장 유효한 시간영역(가령, 1980년도와 근접한 영역)을 정하는 것이 바람직하다.

③ 한편, 시간영역을 $1850 \le t \le 1950$으로 제한하여 메이플 프로그램을 사용하여[5] 1차 직선으로 모델링해보자.

```
> with(plots): with(stats):
```

5) 메이플 명령어: 1차 선형식의 모델화

```
> with(plots): with(stats):
> data:= [[x_1,x_2,..], [y_1,y_2,..]]: fit[leastsquare[[x,y], y=a*x+b,{a,b}]](data);
```

```
> data:=[[1850, 1860, 1870, 1880, 1890, 1900, 1910, 1920, 1930, 1940, 1950], [23192, 31443, 38558, 50156, 62948, 75995, 91972, 105711, 122775, 131669, 150697]]:
> fit[leastsquare[[t,P], P=a*t+b, {a,b}]](data);
```

〈결과〉 $P=\dfrac{715607}{550}t-\dfrac{26307950}{11}\approx 1301t-2391.6$

따라서 1980년도의 인구 수를 예측하기 위해 $t=1980$를 대입하면 184,533,000명이 된다.

이 값이 ②에서 구한 값 177,995,000명과 차이를 보이는 이유는 무엇일까? ②에서는 직선이 지나는 한 점을 (1900, 75995)로 임의로 택하였으나 메이플 프로그램에서는 조금 더 유효한 값을 택하였기 때문이다.

그런데 주어진 데이터의 형태는 시간이 갈수록 증가율이 점차 커지는 유형이므로, 모델링을 할 때는 1차 직선보다는 2차 곡선(포물선)식이 적절해 보인다고 판단할 수 있다.

이차식 모형: 이차 모델(포물선)을 구하여라.

① 포물선의 방정식을 $P=at^2+P_0$라고 하자. $t=1790$부터 측정되었으므로, 방정식을

$$P=a(t-1790)^2+P_0$$

로 간단히 해보자. 특별히 점 (1790, 3929)를 사용하여 P_0를 구할 수 있다.

$$3929=a(1790-1790)^2+P_0,\ \text{즉}\ P_0=3929$$

그러므로 (1890, 62948)을 사용하여 계수 a를 구할 수 있다.

$$62948=a(1890-1790)^2+3929,\ \text{즉}\ a=5.901\approx 5.9$$

따라서 2차 곡선은

$$P=5.9(t-1790)^2+3929=5.9t^2-21122t+18908119$$

로 모형이 된다. 이를 통해 1980년도의 인구 수를 예측할 수 있다.

$$P=5.9(1980-1790)^2+3929=216{,}919\ (\text{천 명})$$

② 메이플로 2차 곡선으로 모델링해보자.[6)]

```
> with(plots): with(stats):
> data:=[[1850, 1860, 1870, 1880, 1890, 1900, 1910, 1920, 1930, 1940,
1950], [23192, 31443, 38558, 50156, 62948, 75995, 91972, 105711,
122775, 131669, 150697]]:
> fit[leastsquare[[t,P], P= a*t^2 +b*t +c, {a,b,c}]] (data);
```

〈결과〉 $P = \frac{168121}{42900}t^2 - \frac{291521227}{21450}t + \frac{1680492280}{143}$

$\approx 3.9t^2 - 13591t + 11751694$

그러므로 $t = 1980$일 때, 인구수 P는 205,715 (천 명)이다.

■ **재해석**

주어진 하나의 데이터로부터 여러 형태의 모델식을 계산했다.

$$P_1 = 917.3t - 1674177$$
$$P_2 = 1275t - 2346505$$
$$P_3 = 1301t - 2391.6$$
$$P_4 = 5.9t^2 - 21122t + 18908119$$
$$P_5 = 3.9t^2 - 13591t + 11751694$$

모델식들 사이에 다소 간의 차이가 있으며, 그로 인해 궁극적으로 구하려는 1980년도의 인구수도 얼마간의 차이를 보인다. 이제 이러한 모델들 중에서 어느 것이 조금 더 좋은 모델인지를 판정해야 하는 문제가 남아 있다.

수학이야기 출산율 비상

우리나라의 출산율은 1981년에 2.57명이었던 것이 2000년엔 1.47명, 그리고 2005년엔 1.08명으로 가파르게 떨어져왔다. 부부가 평생 한 명의 자녀를 낳는다는 말이다. 2009년도에는 1.22명으로 2년 연속 세계에서 제일 낮은 출산율이었다. 출산율 최저로 나타난 것은 보스니아헤르체고비나(1.21명)였으나, 실제로는 2008년도에 1.19명과 더불어

6) 메이플 명령어: 2차 곡선의 모델화:

```
> with(plots): with(stats):
> data:=[[x_1,x_2,..], [y_1,y_2, ...]]: fit[leastsquare[[x,y], y=a*x^2 +b*x+c, {a,b,c}]] (data);
```

사실상 세계 최저이다.

연도	'70	'75	'80	'85	'90	'95	'00	'05	'06	'07	'08	'09
자녀수	4.53	3.43	2.82	1.66	1.56	1.63	1.47	1.08	1.12	1.25	1.19	1.22

출산율 1.22명은 세계 평균 2.54명에는 물론 선진국 평균 1.64명에도 미치지 못한다(그림 1). 2009년도 말 한국 인구는 4830만 명으로 세계 26위이지만 지금의 저출산 추세가 지속되면 2050년에는 인구가 4410만 명으로 400만 명 이상 줄어들어 세계 41위가 될 것이라고 한다. 한편 북한의 출산율은 1.85명이며 인구는 2390만 명으로써 남북한 인구를 합하면 7220만 명으로 세계 19위의 인구 규모다.

저출산 현상이 가시화된 지는 오래되었는데, 주요 요인은 자녀양육과 여성의 직장생활이라고 한다. 여성의 경제활동율은 20대 64%이던 것이 30대 53%까지 떨어졌다가 40대 64%로 회복된다. 육아와 직장 중 선택을 하도록 내몰리며, 이것은 결혼과 출산 기피로 이어진다.

합산출산율 국가별 비교

• 합계출산율은 여성의 가임기간의 전체 자녀 수
• 한국, 일본, 영국은 2003년 기준, 그 외 2002년 기준
• 대체출산율은 현재의 인구를 그대로 유지할 수 있는 출산율

자료: 국무조정실

그림 1

인구가 줄어들면 심각한 문제가 발생한다. 농어촌은 물론 서울에서도 취학 학생이 꾸준히 줄어들어 여러 학교들이 통폐합되며, 학생수의 감소는 교원 수급대책에도 영향을 미친다. 또한 노동인구의 감소로 인해 임금이 인상되면 경제에 상당한 부담이 되어 경제 쇠퇴의 원인이 된다. 특히 한국에서는 저출산과 인구 고령화가 동시에 지속되고 있기 때문에 고령자들에게 지급될 연금에 대한 부담이 급격히 늘어날 수밖에 없고 연금 재정 파탄이란 국가적 위기가 닥칠 수도 있다. 앞으로는 누가 일을 하고 누가 세금을 낼지, 이렇게 가다간 경제는 주저앉고 복지는 부도날지도 모른다.

그림 2

그림 3

그래도 다행인 것은 최근 들어 출산율이 아주 미소하게나마 증가한다는 것이다(그림 2, 3). 인구가 국력이라는 말이 있다. 저출산이 불러올 위기를 더욱더 심각하게 인식하고 대응하여 정부와 국민이 원인을 해소할 방안을 찾아야 한다.

■ **문제 상황 3**

시간 t일 때 개체수를 $y(t)$라 하고, 초기$(t=0)$ 개체수를 $y(0)=y_0$라 하자. 출생률과 사망률의 기본적인 정보를 가지고 있을 때, 시간에 따른 인구증가를 예측하려 한다. 인구성장에 관한 간단한 모델을 만들어 보자.

■ 문제의 이상화 및 자료수집

1인당 평균 출생률과 사망률을 각각 B와 D으로 나타내자. 많은 생물학적인 요인을 없애는 단순화를 통해 B와 D을 하나의 양의 상수로 한다. 집단의 출생률은 인구 수에 1인당 출생률을 곱한 값이며, 마찬가지로 집단의 사망률은 인구 수에 1인당 사망률을 곱한 값이다. 기본적으로 인구 수는 출생으로 인해 증가하며 사망으로 인해 감소하므로,

$$y(t)\text{의 변화율} = \text{출생률} - \text{사망률}$$

즉,

$$\frac{dy}{dt} = By - Dy = (B-D)y$$

이다. 만약 $k = B - D$라 하면(이 값이 1인당 인구증가율이다), 집단의 인구증가율은 다음과 같은 미분 방정식으로 표현된다.

$$\frac{dy}{dt} = ky,\ \ y(0) = y_0$$

■ **수학적 모델 형성과 문제 해결**

이제 미분방정식을 풀어보자.

$$\frac{dy}{dt} = ky \Leftrightarrow \frac{1}{y}dy = k\,dt$$

이므로, 이는 앞서 한 것처럼 다음과 같은 근을 갖는다.

$$y(t) = y_0 e^{kt}$$

수학이야기 맬서스와 페어홀스트

맬서스(T.R. Malthus, 영국, 정치경제학자, 1766~1834)는 1798년에 '인구론'을 편찬했다. 이 책에서 세계 인구가 놀라운 비율로 증가하고 있기 때문에 1세기 내에 식량생산을 앞지르게 되어 대규모의 기아가 발생될 것이라고 예언했다. 그는 "인구의 증가 속도는 현재의 인구수 $P(t)$에 비례한다."면서 $P'(t) = kP(t)$ (k: 비례상수)로 나타냈다. 그러므로 미분방정식 $\frac{dP}{dt} = kP$의 해

$$P(t) = Ce^{kt}$$

인 **지수함수 모형**이다. $C > 0$이면, 맬서스의 인구모형에 의해 어느 정도 시간 이후에는 이 지구는 인구의 증가로 폭발할지도 모른다.

그러나 맬서스 예측 이후 200년 이상이 지났지만 오히려 인구성장률은 줄어들고 식량생산율은 늘어나는 반대의 현상을 보이고 있다. 파멸에 대한 예언이 실현되지 않은 것이다. 맬서스의 인구성장 모형이 정확하지는 않다하더라도, 그는 인구성장이 수학적으로 모델화 될 수 있음을 지적했다. 그의 시대 이후로 정책 입안자와 수학자들은 인구성장을 정확하게 예측할 수 있는 모델을 고안하기 위해 연구해 오고 있다.

페어홀스트(P.F. Verhulst, 벨기에, 수리생물학자, 1804~1849)는 다른 형태의 인구 법칙을 제시하였다.

$$\frac{dP}{dt} = kP\left(1 - \frac{P}{K}\right)$$

이는 **로지스틱 모형**으로서, K는 인구수용 한계량이고 k는 비례상수이다. 초기 인구 $P(0)$가 아주 작을 경우 $t=0$ 근처에서 페어훌스트의 인구모형은 맬서스의 것과 유사하다. 이 모형은 초기 인구가 적을 때($P(0) < K$) 인구는 단조증가하여 K에 접근하고, 초기 인구가 많을 때($P(0) > K$) 인구는 단조감소하여 K에 접근한다.

■ 문제 상황 4

페어훌스트의 인구모형을 따라 초기 인구가 100명이고 $k = 0.08$, 또한 $K = 1000$으로 주어졌을 때,

(1) 40년 후와 80년 후의 인구 수를 예측하라.

(2) 인구 수가 900명에 도달하기까지 몇 년이 걸릴까?

■ 문제 이상화 및 자료수집

지수 모형	$\frac{dy}{dt} = ry \Leftrightarrow y(t) = y_0 e^{rt}$	맬서스 인구모형
로지스틱 모형	$\frac{dy}{dt} = ry\left(1 - \frac{y}{K}\right) \Leftrightarrow y(t) = \frac{K}{1 + Ae^{-rt}}$	페어훌스트 인구모형

■ 수학적 모델 형성과 문제 해결

미분방정식 $\frac{dP}{dt} = kP\left(1 - \frac{P}{K}\right)$의 상수 $k = 0.08$과 $K = 1000$이 구체적으로 주어졌으므로 간단히 계산할 수 있다. 모델식

$$\frac{dP}{dt} = 0.08P\left(1 - \frac{P}{1000}\right)$$

로부터

$$0.08dt = \frac{dP}{P\left(1 - \frac{P}{1000}\right)}$$

가 된다. 양변을 적분하면

$$\int 0.08dt = \int \frac{dP}{P\left(1 - \frac{P}{1000}\right)} dP = \int \left(\frac{1}{P} + \frac{1}{1000 - P}\right) dP$$

이다. 적분의 성질과 로그 성질을 사용하여

$$0.08t + C = \ln|P| - \ln|1000 - P| = \ln\left|\frac{P}{1000 - P}\right| \quad (0 < P < 1000)$$

를 얻는다. 양변에 지수함수를 택하면

$$\left|\frac{P}{1000 - P}\right| = e^{0.08t + C} = e^{0.08t} \cdot e^{C}$$

즉,

$$\frac{1000 - P(t)}{P(t)} = A \cdot e^{-0.08t} \quad (\text{여기서 } A = \pm e^{-C})$$

이다. 상수 A의 값을 구하기 위해 초기값 $(t,\ P) = (0,\ 100)$을 이용하면

$$A = \frac{1000 - P(0)}{P(0)} = \frac{1000 - 100}{100} = 9$$

가 되어, 결국 모델식은 다음과 같이 된다.

$$\frac{1000 - P(t)}{P(t)} = \frac{1000}{P(t)} - 1 = 9 \cdot e^{-0.08t}$$

따라서

$$\frac{1000}{P(t)} = 1 + 9 \cdot e^{-0.08t}, \quad \frac{1}{P(t)} = \frac{1 + 9e^{-0.08t}}{1000}$$

이므로

$$P(t) = \frac{1000}{1 + 9e^{-0.08t}}$$

이 된다. 40년 후와 80년 후의 인구 수를 계산하기 위해 $t = 40$과 $t = 80$을 대입한다.

$$P(40) = \frac{1000}{1 + 9e^{-0.08(40)}} = \frac{1000}{1 + 9e^{-3.2}} \approx 731.6$$

$$P(80) = \frac{1000}{1 + 9e^{-0.08(80)}} = \frac{1000}{1 + 9e^{-6.4}} \approx 985.3$$

또한 인구수가 900명에 도달하는 해를 알아보려면

$$\frac{1000}{1+9e^{-0.08t}}=900$$

이 되는 t를 구하면 된다.

$$1+9e^{-0.08t}=\frac{10}{9}, \quad -0.08t=-\ln 81$$

즉, $t=\dfrac{\ln 81}{0.08}\approx 54.9$이다.

■ **재해석**

인구 한계 수용량 K를 1000이라 하였으므로, 55년 정도 지나면 이미 한계 수용량의 90%인 900명에 도달한다. 이러한 상황이 예상되면 적극적인 인구정책을 펴 나가야 한다.

그래프를 그려서 인구 900명에 도달하는 시간을 알아보자.

```
> P(t):= 1000/(1+9*exp(-0.08*t));
> Q(t):=900;
> plot([P(t), Q(t)], t=0..100);
```

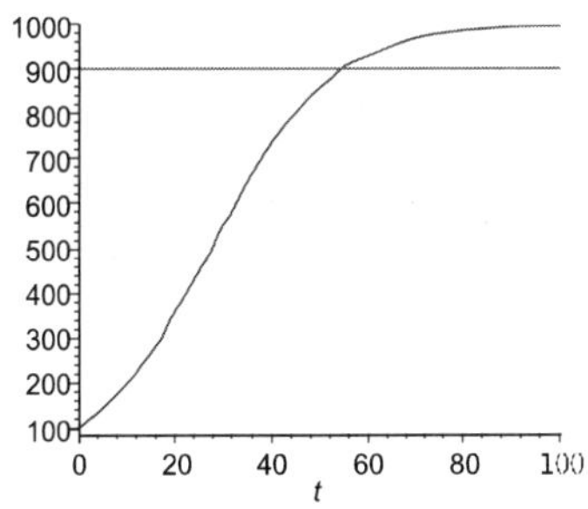

직선과 곡선이 만나는 점이 900명에 도달하는 시간이며, 대략 50년 조금 지나서이다.

참고 페어홀스트 모형(로지스틱 모형)에 따르면, 동식물의 개체수 혹은 또는 인구 수 등은 너무 증가하게 되면 거기에 따른 감소 요인이 발생하여, 증가와 감소는 일정한 패턴을 보이게 된다. 토끼 수 증가의 예를 들어 보자. 토끼 수의 증가는 기준연도 즉 초기 토끼 수에 비례할 것이다. 여기에서 비례상수는 토끼의 개체증가율이다. 토끼는 증가하기도 하고 감소하기도 하겠지만 만일 이 증가율이 일정하다고 가정하면 토끼의 수는 해마다 늘어난다. 그러나 산에 토끼가 계속 증가하면 포식자인 여우도 많아지고, 다시 여우가 많아지면 토끼의 수는 감소하게 된다. 이렇게 여우와 토끼는 증가하다가 줄어들게 된다. 이러한 현상은 자연 생태계에서 자주 관측되는 일들이다.

인구수에 대한 페어홀스트-펄(Verhulst-Pearl) 모델은 페어홀스트 모형을 변형한 것이다.

$$P(t) = \frac{A}{B + (AP_0^{-1} - B)e_0^{-A(t-t_0)}}$$

여기서 $P(t)$는 t연도일 때 인구 수이며, t_0는 초기 연도이며, A, B는 데이터로부터 결정된 매개변수를 나타낸다.

■ 문제 상황 5

페어홀스트-펄 모형이 1790년부터 1980년까지의 미국 인구조사에 적용되어, 매개변수를 $A = 0.03134$와 $B = 1.5887 \times 10^{-10}$로 하여 모델식을 만들었다.

$$P(t) = \frac{313400000}{1.5887 + 78.177e^{-0.03134(t-t_0)}}$$

(1) 적어도 세 개의 인구 수를 계산해서 페어홀스트-펄 모델의 정확성을 점검하라.
(2) 각각의 경우에 있어서, 결과의 오차를 알아보자.
(3) 오차에 기초해 볼 때 그 모델은 인구 수를 예측하는데 적합한가?
(4) 미국 인구성장률의 증가를 멈추는 시기는 언제인가, 또는 언제 인구성장이 멈추는가?

■ 문제 이상화 및 자료수집

$P(1950) = 148 \times 10^6$ 1% 오차

$P(1900) = 77 \times 10^6$ 1% 오차

$P(1850) = 23 \times 10^6$ 1% 미만 오차

메이플로 그래프를 그려보자.

```
> plot(313400000/(1.5887+78.177*exp(-0.03134*(t-1790))),
  t=1790..2000);
```

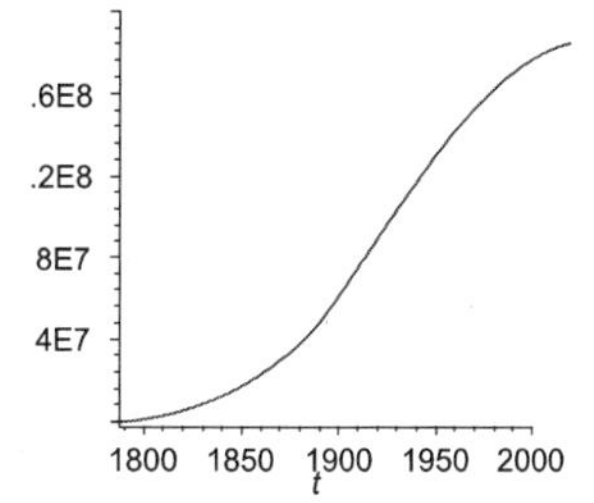

■ 수학적 모델 형성과 문제 해결

1980년 미국의 인구를 예측해보자.

$$P(t) = \frac{313400000}{1.5887 + 78.177e^{-0.03134(190)}}$$

이므로 $P(1980) = 175 \times 10^6$ 이다.

모델을 사용하면, 장기간의 인구를 예측하여 그래프로 그릴 수 있다. 그래프의 변곡점은 인구성장이 멈추는 때인데, 계산을 통해 1914년 4월 1일에 발생했음을 알 수 있다.

■ 재해석

페어홀스트-펄 모델을 사용하면 1960년대까지 미국 인구 성장의 실제적 패턴을 알 수 있지만, 최근의 인구 예측에는 정확도가 떨어지는 것처럼 보인다. 최근 몇 년 동안에는 미국 인구 크기보다 훨씬 적게 나타나는 것처럼 보인다. 아마도 2차 세계대전 이후 사회적 경제적 요소들로 인하여 미국이 인구 급등이라는 결과를 낳았을지도 모른다. 하지만 이것은 수학적 모델을 사용한다하더라도 예측될 수 없는 것 이었다. 인구 성장에 대한 모델링은 복잡하고 어려운 과제이며 아직도 그 해법을 모색하고 있는 과정에 있다.

맬서스의 최초 전제는 인구성장은 일정한 비율을 갖는 기하학적이라는 것이었다. 그러나 인구성장률은 항상 일정하지도 않으며 인구성장이 무한하지도 않다. 1845년 페어홀스트가 동물의 개체수 증가현상을 수학적 모델화하였다. 기본 가정은 '유기체의 성장속도는 현재의 상태가 최고의 포화상태에서 멀수록 빠르고, 포화상태에 가까워질수록 느리다'는 것으로서 이 원리에서 로지스틱 곡선식(logistic: '이성적'이라는 의미의 그리스 말 logistikos에서 유래)이 만들어졌다. 개체수의 증가는 어느 지점에서부터는 증가율이 감소되어 포화상태에 도달하면 동물의 개체수는 일정상태가 유지된다는 것을 보여준다.[7)]

7) 참고문헌. NCTM(1996). "Population growth in the United States". *Mathematical modeling in the secondary*

수학이야기 멜서스의 예언과 오늘

비관적 혹은 우울한 예언가라고 불리는 멜서스는 18세기 영국의 부유하고 명망 있는 가정 출신이다. 당시 영국은 평화와 안정과 풍요가 넘쳐나던 거대한 유토피아를 연상시키는 사회였으며, 사회의 발전을 위해 출산장려책이 적극적으로 지원되어서 부양자녀에게 2배의 수당을 지급하는 법안이 도입한 상태였다. 아이를 키울 돈보다 2배를 더 준다는 말이어서 경제적으로 어려운 사람들이 여러 명의 자녀를 갖기 시작했다. 그러던 중에 익명으로 발표된 한 권의 책이 영국 전 사회를 충격에 빠뜨렸는데, 오늘날 간단히 '인구론'이라고 불리는《인구의 원리가 미래의 사회발전에 미치는 영향에 대한 소론》이라는 책이다.

그 책의 저자 맬서스는 기하급수적으로 늘어나는 인구성장률이 산술급수적으로 증가하는 식량생산량을 앞지를 날이 올 것이라고 했다. 식량 부족으로 인해 많은 사람들이 죽어가거나, 생존하기 위해 서로 서로를 죽이는, 그러한 암담한 날이 찾아올 것이라고 주장했다. 이는 당시 사회를 지배하던 유토피아적 환상을 처참하게 깨버리는 주장이었는데, 분홍빛 상상이 판치던 세상의 가운데에서 살았던 멜서스 조차 자신의 이론을 '우울한 색깔(melancholy hue)이론'이라고 말했다.

맬서스(1766~1834)의 출생 직전인 1750년에 8억 명이던 세계 인구는 그의 사망 직후인 1850년에 12억 명으로 늘었고, 1950년에는 25억, 1975년에는 40억, 1987년에 50억, 2000년에는 60억을 돌파했다. 맬서스가 말한 파국이 현실화되지 않았지만 불과 250년 만에 전 세계 인구가 무려 8배 정도 급증한 것이다. 맬서스의 이론대로라면 인류는 이미 식량부족으로 멸망했어야 했다. 그러나 농업기술의 발전과 대체식량의 개발로 '기하급수적'인 농업생산성이 증가되어 대부분 인류는 식량 걱정 없이 살고 있다.

오히려 저출산과 고령화 문제가 심각한 한국은 '맬서스'를 오래 전에 잊어버린 것처럼 보인다. 그러나 세계인구 전망에 따르면 2011년 말 70억, 2050년 93억을 돌파하고 2100년에 101억 명에 이를 것이다. 주로 아프리카, 아시아, 중남미 지역의 출산율이 인구의 급증을 야기할 것이라고 한다. 과학-의학 기술의 발전과 농업생산력 증가에 의해 인류의 평균 수명은 이미 100세를 향해 가고 있다. 전 지구적인 식량 대란은 없었지만 환경과 자원 문제를 비롯해서 다른 방면에서는 인구 증가의 폐해가 이미 나타나고 있는 실정이다.

---

school curriculum. (3rd ed.). Swetz, F & Hartzler, J. S. (54.). Reston, VA. Author. pp. 84-86.

9.3 질량의 변화 모형

방사성 물질의 질량 추적

자연계에 존재하는 대부분의 원소는 안정하여 그 상태가 변하지 않는다. 그러나 그 중 어떤 것은 불안정하여 작은 입자를 방출함으로서 안정한 원소로 변화하려고 하는데, 이러한 원소를 방사성 물질이라 하고 이때 방출되는 입자의 흐름을 방사선이라 한다. 방사성 물질은 시간이 경과함에 따라 방출하는 방사선의 세기가 점차 줄어들게 되는데, 초기 방사능이 절반으로 줄어드는 시기를 반감기라 한다.

줄어드는 정도는 지수함수의 형태를 따른다. 즉 t시간 후에 방사성 물질의 양은 $y(t)=y_0 e^{-Kt}$로 표시되는데 여기서 y_0는 최초 물질의 양이며 K는 물질의 반감기이다.

■ 문제 상황 6

방사성 물질 100mg이 있다. 10년 후 방사성 물질이 붕괴되어 75mg으로 감소하였다.

(1) 앞으로 10년이 더 지난 후, 방사성 물질의 질량을 예측하여라.

(2) 또한 방사성 물질의 반감기를 계산하여라.

■ 문제의 이상화 및 자료수집

지수적인 비율에 따른 감소는 개체군의 번식뿐만 아니라 방사성 물질량의 감소 등에도 적용된다. 방사성 물질의 양은 시간이 변함에 따라 적당한 비율로 줄어들어 미분방정식

$$\frac{dy}{dt}=-Ky$$

로 표현된다. $K>0$는 비례상수이다. K 앞의 음수부호는 변화율이 음수로서 전체 질량이 감소하고 있음을 의미한다. 이미 배운 것처럼 $\frac{dy}{dt}=-Ky$의 해는 $y=y_0e^{-Kt}$이다.

■ 수학적 모델 형성과 문제 해결

t년 후의 방사성 물질의 질량 $y(t)$에 대해 $y(0)=100=y_0$이므로

$$y(t)=100e^{-Kt}$$

이다. $y(20)$을 구하기 위해서는, 먼저 K의 값을 알아야 한다. 그런데

$$75 = y(10) = 100e^{-10K}$$

이므로,

$$\frac{3}{4} = e^{-10K}, \quad -10K = \ln\frac{3}{4}, \quad 10K = \ln\frac{4}{3},$$

즉

$$K = \frac{1}{10}\ln\frac{4}{3}$$

이다.[8] 따라서

$$y(t) = 100e^{-\left(\frac{1}{10}\ln\frac{4}{3}\right)t} = 100\left(e^{\ln\frac{4}{3}}\right)^{-\frac{t}{10}} = 100\left(\frac{4}{3}\right)^{-\frac{t}{10}}$$

가 되어, $t = 20$을 대입하고 풀면 다음 결과를 얻는다.

$$y(20) = 100\left(\frac{4}{3}\right)^{-2} = 100 \cdot \frac{9}{16} = 56.25 \text{ (mg)}$$

질량 함수 $y(t) = y_0e^{-Kt}$에서 $y(t) = \frac{1}{2}y_0$가 되는 시간 t가 반감기이다. 관계식

$$y_0e^{-Kt} = \frac{1}{2}y_0$$

을 풀면

$$e^{-Kt} = \frac{1}{2}, \quad -Kt = \ln\frac{1}{2}, \quad Kt = \ln 2,$$

즉

$$t = \frac{\ln 2}{K}$$

이다. 그런데 $K = \frac{1}{10}\ln\frac{4}{3} \approx 0.0288$이므로, 반감기는

$$t = \frac{\ln 2}{K} = \frac{0.6931}{0.0288} \approx 24.068$$

8) 지수-로그의 기본성질을 항상 기억하자. $e^{\ln x} = x$, $-\ln\frac{a}{b} = \ln\frac{b}{a}$.

가 되어, 약 24년 정도 후에는 이 물질의 질량이 처음의 절반으로 줄어든다.

■ **재해석: 해의 확인 및 현실 상황과 연계**

몇 개의 값을 실제로 구해보자.

$y(0)=100$, $y(10)=75$, $y(20)=56.2$, 그리고 $y(24)=50$

여기서 보듯이, 24년 후에는 50 mg으로 된다.

메이플을 사용하여 그래프 $y(t)=100\left(\frac{4}{3}\right)^{-\frac{t}{10}}$를 그려보자.

```
> plot(100*(4/3)^(-t/10), t=0..100);
```

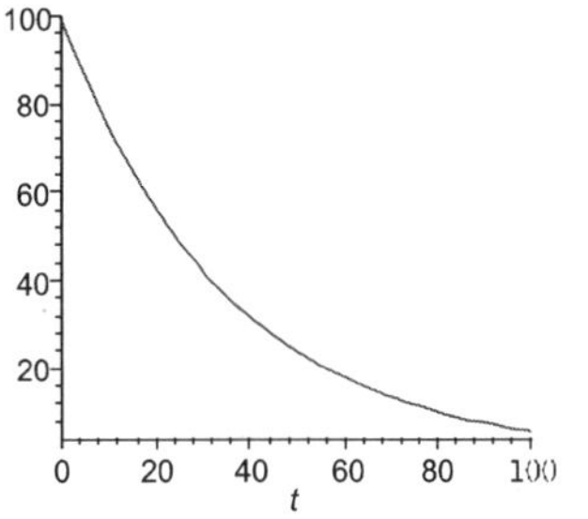

위 내용을 모델화하여 반감기의 식을 유도하자.

■ **문제 상황 7**

$y(t)$는 시간 t에서의 방사성 물질의 양이라 할 때, $y(t)$의 모델을 만들어보자. 또한 최초 양의 절반까지 줄어드는 때(반감기)는 언제인가?

■ **문제의 이상화 및 자료수집**

방사성 물질의 양 y는 시간이 흐름에 따라 연속적으로 줄어들어, y의 변화율은 방사성 물질의 초기 양 y에 비례하는 미분방정식으로 표현된다.

$$\frac{dy}{dt}=-ky$$

여기서 k는 비례상수이며 부호가 음수이므로 물질의 양이 점차 감소함을 나타낸다.

■ **수학적 모델 형성과 문제 해결**

초기의 양을 y_0라 하면, $y(0)=y_0$가 된다. 지수적 증가형태에서 계산한 바와 같이, 미분방정식 $\frac{dy}{dt}=-ky$를 풀면 다음의 해를 얻게 된다.

$$y(t)=y_0e^{-kt}$$

물질의 양 $y(t)$가 초기 물질의 양의 절반인 $\frac{y_0}{2}$가 되는 t의 값이 반감기이다. 즉

$$y(t) = \frac{y_0}{2}$$

를 풀면 된다.

$$y(t) = y_0 e^{-kt} = \frac{y_0}{2}$$

로부터, 다음의 계산을 할 수 있다.

$$e^{-kt} = \frac{1}{2}, \quad \frac{1}{e^{kt}} = \frac{1}{2}, \quad e^{kt} = 2$$

따라서

$$\ln 2 = \ln(e^{kt}) = kt$$

이므로 $t = \frac{\ln 2}{k}$ 이다.

■ 문제 상황 8

질량이 200mg인 방사성 물질이 12년 후에는 180mg으로 감소된다고 한다. 이 물질의 반감기를 알아보자.

■ 문제의 이상화 및 자료수집

t년 후에 남아 있는 방사성 물질의 총량을 나타내는 함수는 $Q(t) = Q_0 e^{-kt}$이며, 처음 방사성 물질의 양은 $Q_0 = Q(0) = 200$이다.

■ 수학적 모델 형성과 문제 해결

k값을 구하기 위하여 $Q(12) = 180$을 $Q(t) = 200e^{-kt}$에 대입하면 다음과 같다.

$$180 = Q(12) = 200e^{-12k}$$

이 식을 풀면

$$\frac{9}{10} = e^{-12k}, \quad -12k = \ln\frac{9}{10}$$

이 되므로

$$k = -\frac{1}{12}\ln\frac{9}{10} = \frac{1}{12}\ln\frac{10}{9}$$

이다. 따라서

$$Q(t) = 200e^{-\left(\frac{1}{12}\ln\frac{10}{9}\right)t}$$

가 된다. 반감기를 구하기 위하여, 원래 질량의 절반인 100mg이 되도록, $Q(t) = 100$일 때의 t값을 구하자.

$$100 = 200e^{-\left(\frac{1}{12}\ln\frac{10}{9}\right)t}, \quad \frac{1}{2} = e^{-\left(\frac{1}{12}\ln\frac{10}{9}\right)t}$$

그러므로 양변에 로그함수 ln을 적용시키면

$$\ln\frac{1}{2} = \ln\left(e^{-\left(\frac{1}{12}\ln\frac{10}{9}\right)t}\right) = -\left(\frac{1}{12}\ln\frac{10}{9}\right)t$$

가 되어 $t = \dfrac{-12\ln\frac{1}{2}}{\ln\frac{10}{9}} \approx 78.95$ (년)이다.

■ **재해석: 해의 확인 및 현실 상황과 연계**

이 방사성 물질은 약 79년이 지나면 최초 질량의 반으로 줄어든다.

1986년 체르노빌 원자력 발전소가 폭발하여 방사성 물질이 유럽 전 지역으로 퍼져나갔다. 이로 인해 그 후 상당 시간동안 그 주변지역에서는 많은 사회문제가 발생하였다.

■ 문제 상황 9

당시 자료에 의하면, 방사성 물질 iodine-131(요오드 I^{131})과 cesium-137(세슘 C_S^{137})가 누출되었다고 한다. 이 두 물질의 반감기를 각각 8일과 30년이라 할 때, 체르노빌 지역의 원자력 누출 정도에 관해 알아보아라. I^{131}과 C_S^{137}의 최초 양의 0.1%선까지 줄어들려면 각각 얼마나 걸릴까?

■ 문제의 이상화 및 자료수집

t시간 후에 방사성 물질의 양은 $\frac{dy}{dt}=-ky$의 비율로 변화하므로 $y(t)=y_0e^{-kt}$로 표시되며, 반감기 t는 $t=\frac{\ln 2}{k}$이다.

■ 수학적 모델 형성과 문제 해결

I^{131}에 대해, 반감기가 8일이라 했으므로

$$8=\frac{\ln 2}{k},\ 즉\ k=\frac{\ln 2}{8}=0.0866$$

이다. 이 값은 I^{131}가 1일 당 줄어드는 양을 의미한다. 그러므로 t일 후에 I^{131}의 잔류 양 $y_I(t)$을 계산할 수 있다.

$$y_I(t)=y_0e^{-0.0866t}$$

C_S^{137}에 대해, 반감기는 30년이라 하였으므로,

$$30=\frac{\ln 2}{k},\ 즉\ k=\frac{\ln 2}{30}=0.023$$

이다. 그러므로 t 년 후에 C_S^{137}의 잔류량 $y_C(t)$는 다음과 같이 된다.

$$y_C(t)=y_0e^{-0.023t}$$

I^{131}이 최초 양의 0.1%까지 감소하려면

$$0.001y_0=y_0e^{-0.0866t}$$

이 된다. 그러므로

$$0.001=e^{-0.0866t}$$

이다. 양변에 로그함수를 택하면

$$\ln(0.001)=-0.0866t,$$

즉

$$t=\frac{\ln(0.001)}{-0.0866}=\frac{-6.9}{-0.0866}=79.7\ (일)$$

이어서, 약 80일이 지나면 I^{131}의 최초 양의 0.1%선까지 감소한다.

C_S^{137}에 대하여는

$$0.001y_0 = y_0 e^{-0.023t},\ \ln(0.001) = -0.023t,$$

즉

$$t = \frac{\ln(0.001)}{-0.023} = 300.37\ (\text{년})$$

이어서, 300년 이상이 지나야만 C_S^{137} 최초 양의 0.1%선까지 감소한다.

■ 재해석

I^{131}은 3달(90일 정도)이 지나면 누출된 양의 0.1%보다 적은 양만 남는다. 그러나 C_S^{137}의 경우는 무려 300년 이상이 걸린다.

수학이야기 일본의 쓰나미와 원전폭발

2011년 3월에 사상 최악의 대지진과 함께 쓰나미로 인해 일본은 물론 전 세계가 충격에 휩싸였다. 당초 지진 규모가 8.8로 발표되었던 것이 9.0으로 상향되었고 쓰나미의 높이도 처음에는 10m라 했던 것이 40m로 정정되었다. 수많은 희생자를 낸 지진과 쓰나미보다 더 큰 두려움을 부른 것이 원자력발전소의 폭발이었다. 쓰나미 발생 지역에 있던 원전이 차례로 폭발하면서 생긴 방사선 유출로 인해 일본뿐만 아니라 바람을 타고 우리나라로 유입될 가능성으로 인해 많은 사람들이 불안에 떨었다. 강진과 쓰나미로 인한 피해는 지진이 멈추는 대로 복구노력을 하겠지만 방사성 누출은 제2의 참사로 몇십 년 혹은 더 오랜 기간 동안 큰 피해로 이어진다.

일본 원전 폭발 이전에 최악의 참사로 기록된 것이 우크라이나의 체르노빌 원자로 폭발사건이다. 1986년 4월에 발생한 이 사고는 사건을 숨기기에 급급했던 구소련 정부가 사건 발생 36시간이 지나서야 주민들을 대피시키기 시작했고, 그 사이에 방사성에 노출되었던 사람들이 사건 발생 25년이 지난 지금까지도 고통을 받고 있다. 당시 체르노빌 인구의 20%가 방사능에 오염됐고 수천명이 목숨을 잃었고, 죽음의 재는 바람을 타고 가까운 유럽 17개국까지 퍼져나갔다. 후유증은 악몽에 가까워서 기형아가 태어나기 일쑤였고 호흡기 질환으로 수백만 명이 아직도 고통을 받고 있다.

그러한 원전사고가 일본을 강타한 것이다. 원전에 의존하던 전기공급도 끊겨 대규모

정전사태가 발생했고 인근지역 시민들은 대피했다. 사고 직후 방사능 수치가 평소 1000배에 달하며 원전 밖에서도 평소의 8배로 측정됐다. 이에 우리나라와 중국 등 인접 국가들도 방사성 물질의 확산 여부에 촉각을 세웠다.

유출된 방사성 물질 가운데 가장 위험한 것은 우라늄 원료가 분열하는 과정에서 생긴 세슘으로서 반감기가 30년이나 된다. 세슘이 물을 통해 인체에 한번 침입하면 잘 빠져나가지 않으며 인체 각 부위로 이동해 수십 년 또는 수세대에 걸쳐 불임증이나 백내장, 탈모, 유전병 등 심각한 부작용을 일으키고 골수암 등 각종 암을 유발할 수 있다. 한편 방사성 요오드도 검출되었는데 반감기가 평균 8.3일로 짧지만 갑상선에 영향을 미쳐 갑상선암을 유발할 위험이 있다. 갑상선이 완전히 성장되지 않은 15세 미만 환자에게 치료가 집중되어 요오드제 23만 병이 원전 폭발지역에 배포했다. 또한 독성이 매우 강한 방사성물질인 플루토늄도 원전부지 내 토양에서 소량 검출되었다. 플루토늄 238과 239, 240의 세 종류의 동위체로 확인됐지만, 검출된 양은 일반적인 환경의 토양에서 검출되는 수준이며 인체에 문제가 될 만한 양은 아니라고 했다. 그 중 플루토늄 239는 반감기가 2만 4천년으로 위험성과 독성이 큰 물질인데 중성자를 흡수해 핵분열을 하는 성질을 지니고 있어서 핵폭탄 제조에 재료로도 쓰인다. 인체에 불용성 입자가 흡입되면 주로 폐에, 가용성 플루토늄이 흡입되면 뼈와 간에 모여 각 장기에 암을 발생시키는 것으로 알려져 있다.

■ 문제 상황 10 방사성 물질의 반감기

방사성 물질의 반감기를 T라 하자. 방사성 물질의 반감기에 대한 지식이 지수적인 비율에 따른 쇠퇴 문제의 풀이에 있어서 도움이 되는가를 알아보자.

방사성 동위 원소 ^{14}C(탄소-14)의 반감기는 5730년이다. 100mg의 ^{14}C이 90mg으로 감소하는데 걸리는 시간은 얼마인가?

■ 문제의 이상화 및 자료수집

앞서 본 것처럼, 반감기는 $T=\dfrac{\ln 2}{k}$이며, 시간 t에 대한 물질의 질량은 $y(t)=y_0e^{-kt}$이다. 그러므로 비례상수 k를 정확히 계산할 수 있다.

$$k=\frac{\ln 2}{T}=\frac{\ln 2}{5730}$$

또한 알려진 바에 의하면 방사성 동위 원소 ^{14}C(탄소-14)의 반감기는 5730년이다.

■ 수학적 모델 형성과 문제 해결

$$y(t) = y_0 e^{-kt}$$

로부터

$$y(t) = 100e^{-\left(\frac{\ln 2}{5730}\right)t}$$

가 된다. ^{14}C가 90mg으로 감소하는데 걸리는 시간을 구하기 위하여, $y(t) = 90$라 하자. 그러면

$$100e^{-\left(\frac{\ln 2}{5730}\right)t} = 90,\ e^{-\left(\frac{\ln 2}{5730}\right)t} = 0.9,\ -\left(\frac{\ln 2}{5730}\right)t = \ln 0.9$$

가 되어, 다음의 값을 얻는다.

$$t = -\frac{5730(\ln 0.9)}{\ln 2},\ t \approx 870.98$$

■ 재해석: 해의 확인 및 현실 상황과 연계

100mg이었던 ^{14}C가 90mg으로 감소하는데 약 871년이 걸린다.

탄소의 방사성 동위원소인 ^{14}C와 ^{12}C

탄소의 방사성 동위원소인 ^{14}C와 ^{12}C는 비교적 안정된 원소이다. 공기 중으로부터 이산화탄소를 흡수하는 식물들은 대기 중의 ^{12}C와 ^{14}C의 비율과 같은 비율로 이 원소들을 가지고 있다. 또한 식물들을 먹고 살아가는 동물들에게도, 이들이 같은 비율로 발견된다.

동식물이 죽으면 더 이상 이산화탄소를 흡수하지 않는다. 이때부터 흡수된 탄소 동위원소 ^{14}C는 감소하지만, ^{12}C는 그렇지 않다. ^{12}C에 대한 ^{14}C의 비율을 측정함으로서, 오늘날 대기 중에서 측정된 이들의 비율과 비교하여 화석의 연대를 알아낼 수 있다(해가 지나도 대기 중의 동위원소의 비율은 바뀌지 않는다는 가정이 존재한다).

■ 문제 상황 11

비율 ${}^{14}C/{}^{12}C$은 지수적으로 감소하며, ${}^{14}C$와 동일한 반감기 5730년를 갖는다. 어떤 지질학자 B씨가 새로운 화석을 발견한 후, ${}^{14}C/{}^{12}C$을 측정해 보았더니 오늘날 대기 중에서 측정된 비율의 10%이다. 이 화석은 얼마나 오래된 것이라고 판단을 할 수 있을까?

■ 문제의 이상화 및 자료수집

t년이 지난 후의 ${}^{12}C$에 대한 ${}^{14}C$의 비율을 나타내는 함수를 $r(t)$라고 하자. $r(t)$는 지수적인 비율로 감소하기 때문에 다음과 같이 표현된다.

$$r(t) = r_0 e^{-kt}$$

${}^{14}C$의 반감기는 5730년이므로, k를 구할 수 있다.

$$k = \frac{\ln 2}{T} = \frac{\ln 2}{5730}$$

■ 수학적 모델 형성과 문제 해결

위의 자료를 사용하여

$$r(t) = r_0 e^{-\left(\frac{\ln 2}{5730}\right)t}$$

로부터 $\dfrac{r(t)}{r(0)} = \dfrac{r(t)}{r_0} = e^{-\left(\frac{\ln 2}{5730}\right)}$이다. 그런데

$$\frac{r(t)}{r(0)} = 10\% = 0.1$$

이므로, 다음 결과를 얻게 된다.

$$0.1 = e^{-let\left(\frac{\ln 2}{5730}\right)t}, \quad \ln 0.1 = 0\left(\frac{\ln 2}{5730}\right)t,$$

즉

$$t = \frac{-5730(\ln 0.1)}{\ln 2} \approx 19{,}034.6$$

■ **재해석: 해의 확인 및 현실 상황과 연계**

탄소 동위원소의 반감기를 사용하여 화석의 생성 연대는 약 19,000년 전임을 알 수 있다.

■ 문제 상황 12 고고학 연구

고고학자 K씨는 새로운 파피루스를 발견하고 무척 흥분하였다. 발견된 파피루스에서 탄소 동위원소를 측정해 본 결과, 파피루스에서 검출된 ^{12}C에 대한 ^{14}C의 비율이, 오늘날 대기 중에서 검출되는 ^{12}C에 대한 ^{14}C의 비율의 65%임이 밝혀졌다. ^{14}C의 반감기는 5730년이라고 한다. 파피루스는 얼마나 오래된 것인가?

■ **문제의 이상화 및 자료수집**

파피루스에 나타난 ^{12}C에 대한 ^{14}C의 비율 $r(t)$는 $r(t)=r_0e^{-kt}$이다. 반감기는 $T=$ 5730년이므로 $k=\dfrac{\ln 2}{T}=\dfrac{\ln 2}{5730}$이다.

■ **수학적 모델 형성과 문제 해결**

이제 $\dfrac{r(t)}{r_0}=e^{-kt}$로부터

$$0.65=e^{-\left(\frac{\ln 2}{5730}\right)t},\quad -\left(\frac{\ln 2}{5730}\right)t=\ln 0.65$$

이므로

$$t=-(\ln 0.65)\left(\frac{5730}{\ln 2}\right)\approx 3561.1$$

이다. 따라서 파피루스는 3561년 전의 것임을 알 수 있다.

참고 ^{14}C: 지구상에서 가장 흔하게 볼 수 있는 탄소에는 6개의 양성자와 6개의 중성자가 있다. 이러한 탄소를 ^{12}C라고 부른다. 그런데 미량이지만 ^{13}C과 ^{14}C가 존재하여 동위원소라고 부른다. 대기 중의 이산화탄소에 함유되어 있는 ^{12}C의 양을 1이라고 하면 ^{13}C의 양은 0.01, ^{14}C의 양은 10^{-12}에 지나지 않지만, 이 비율은 항상 일정하다.

한편, 초기 ^{14}C의 개수를 1000개라고 하면, 5730년 후에는 500개로 되고 다시 5730년이 지나면 250개로, 1만 7190년 후에는 125개로 줄어드는 특별한 성질을 가지고 있다. 바로

5730년이 ^{14}C의 반감기이다. 1960년도에 노벨화학상을 수상한 리비(W.F. Libby)는 방사성 탄소연대측정법을 통해 지질학적, 생물학적 시간을 알아내는 방법을 고안하였다. 가령 100kg의 동물 속에 0.1 g의 ^{14}C가 있어야 되는데 0.05g밖에 없다면 그 동물은 5730년 전에 죽은 것이라고 판정할 수 있다. ^{14}C 방사성 탄소연대측정법은 생물학, 고고학, 지질학 등에서 광범위하게 쓰이고 있다. 나무, 석탄, 천, 뼈, 조개껍질, 동식물의 조직 등 한 번 살아 있었던 물질이라면 무엇이든 이 기술에 의해 그 연대를 측정할 수 있다. 또한 고대 인류의 주거지나 무덤, 생물체등 안에서 ^{14}C 활동량을 감지하면 그들의 시기를 측정할 수 있다.

탄소연대측정법은 매우 유효한 방법이지만 결정적인 단점이 있다. 측정을 위해 몇 그램의 탄소 시료가 필요한데, 귀중한 문화재에서 수 그램이나 되는 탄소 시료를 떼어 낸다는 것은 간단한 일이 아니다. 또한 ^{14}C의 반감기가 5700년이므로 대체로 500년에서부터 3만 5천 년 정도의 연대 측정에 효율적이지만, 5~7만 년 이상 된 경우는 ^{14}C의 양이 너무 적어 연대측정이 불가능하다. 5~7만 년이 이 방법으로 연대 측정할 수 있는 상한선이어서 지구의 연령 등보다 오랜 것을 측정하기 위해서는 반감기가 훨씬 장기간인 것을 사용한다.

의학적 진단

의학적 치료를 위해 반감기가 20시간인 방사성 물질 10 mg을 환자의 동맥에 주사하였다. 물질의 반감기로 인해 일정시간이 지남에 따라 방사성 물질은 줄어든다.[9]

■ 문제 상황 13

환자는 24시간 후에 병실로 돌아가고, 의료 기술자가 환자의 췌장에서 2 mg의 방사성 물질을 측정했다. 환자의 몸에 남아있는 미 측정 방사성 물질의 잔여량은 얼마인가?

■ 문제의 이상화 및 자료수집

방사성 물질의 감소를 나타내는 함수는 $Q(t)=Q_0e^{-Kt}$이다. 최초의 질량은 $Q_0=10$이며 반감기는 $K=\dfrac{\ln 2}{t}=\dfrac{\ln 2}{20}$이므로, $Q(t)$는 다음과 같다.

$$Q(t)=10e^{-\left(\frac{\ln 2}{20}\right)t}$$

9) NCTM(1996). "Yellow traffic lights". *Mathematical modeling in the secondary school curriculum.* (3rd cd.). Swetz, F. & Hartzler, J.S (Ed.). Reston, VA: Author. pp. 75-79.

■ **수학적 모델 형성과 문제 해결**

24시간 후, 환자 몸 안에 있는 방사성 물질의 총 양은 다음과 같다.

$$Q(24) = 10e^{-\left(\frac{\ln 2}{20}\right)24} = 10e^{-\frac{24}{20}\cdot \ln 2} = 10e^{-1.2\ln 2} \approx 4.35\text{mg}$$

■ **재해석: 해의 확인 및 현실 상황과 연계**

2mg은 췌장에서 발견되었기 때문에, 환자 체내에 $4.35-2=2.35$ (mg)의 잔여량이 있다.

9.4 미분방정식 활용

미분방정식은 몇 개의 미지 함수들과 그것의 도함수 사이의 관계에 관한 것이다. 일반적으로 그러한 함수들은 변화율에 관한 내용으로 표현되는 문제에서 많이 접하게 된다.

■ **문제 상황 14** 살인의 비밀

어둡고 청명한 밤이었고 기온은 10℃였다. 조금 전에 시체가 발견되었는데, 발견 당시 사체의 체온은 27℃였다. 한 시간 후에 24℃로 떨어졌다면, 살해된 시간을 추정해보자. 현명한 사건 담당 형사는 뉴턴의 냉각 법칙을 이용해보기로 했다.

■ **문제의 이상화 및 자료수집**

뉴턴은 온도의 변화를 표현하는 식으로 다음처럼 표현했다.

〈뉴턴의 냉각법칙 Newton의 law of cooling〉

물건의 온도 변화율 $\frac{dT}{dt}$은 그 물건의 온도 T와 주변온도 E와의 차이에 비례하여,

$$\frac{dT}{dt} \propto (E - T(t))$$

로 표시된다. 다시 말해,

$$\frac{dT}{dt} = k(E - T(t)) \quad (k\text{: 비례상수})$$

가 된다. 이제 $E-T(t)=v(t)$라 치환해보자. 이것을 t로 미분하면

$$\begin{aligned}\frac{dv(t)}{dt} &= \frac{d(E-T(t))}{dt} = \frac{dE}{dt} - \frac{dT(t)}{dt} \\ &= \frac{-dT(t)}{dt} = -k(E-T(t)) = -kv(t)\end{aligned}$$

가 되어(주변온도 E는 시간 t에 대해 상수이므로 $\frac{dE}{dt}=0$), 결국

$$\frac{dv}{dt}=-kv$$

인 미분방정식을 얻었다. 또한 이 미분방정식의 근은

$$v(t)=v_0e^{-kt}$$

이다. 그런데 초기 시간 $t=0$일 때 $v_0=v(0)=E-T(0)=E-T_0$이므로

$$E-T(t)=(E-T_0)e^{-kt},$$

즉 다음의 식을 얻는다.

$$T(t)=E+(T_0-E)e^{-kt}$$

■ 수학적 모델 형성과 문제 해결

평온에서 체온은 37°라 하자. 피살된 시간을 $t=0$라 하면 $T(0)=T_0=37°$이다. 이제 체온 37°가 27°로 냉각되는데 걸리는 시간을 계산하면 된다. 뉴턴 냉각 법칙

$$\frac{dT}{dt}=k(10-T)$$

을 풀면

$$27=T(t)=10+(37-10)e^{-kt}$$

이다. 즉,

$$27=10+27e^{-kt},\ 17=27e^{-kt}$$

를 얻는다. 그런데 비례 상수 k를 얻기 위해 한 시간 후의 체온이 24°이었음을 이용하면

$$24=T(t+1)=10+(37-10)e^{-k(t+1)}$$

$$14 = 27e^{-k(t+1)} = 27e^{-kt} \cdot e^{-k}$$

이므로 상수 k를 다음과 같이 얻는다.

$$\frac{14}{17} = \frac{27e^{-k(t+1)}}{27e^{-kt}} = e^{-k},$$

즉,

$$-k = \ln\left(\frac{14}{17}\right) = -0.194$$

이다. 이제 식 $17 = 27e^{-kt}$에 k 값을 대입하면

$$t = -\frac{\ln(17/27)}{k} = \frac{0.4626}{0.194} = 2.384$$

로서, 대략 살해된 지 두 시간 반 즈음 후에 발견된 것이다.

시간변화에 따른 온도 측정실험

화학, 생물 그리고 그와 관련된 많은 분야에서 시간이 변함에 따라 어떤 물체의 온도 변화를 측정함으로서 필요한 정보를 얻어내는 일을 한다.

■ 문제 상황 15

실험실 온도는 20°이다. 70°로 달구어진 어떤 물체를 실온에 놓으면 점차 온도가 내려갈 것인데, 3분 후에 40°이었다. 6분 후의 온도를 예측해보자.

■ 문제의 이상화 및 자료수집

뉴턴의 냉각 법칙에 따르면, 물체의 온도 변화율은 물체의 온도와 외부의 온도 차에 비례한다. 시간이 t일 때 물체의 온도를 $u(t)$로 놓으면, $\frac{du}{dt}$는 온도 변화율을 나타내게 된다. 뉴턴의 냉각 법칙은 다음과 같다.

$$\frac{du}{dt} = k(u(t) - 20)$$

■ 수학적 모델 형성과 문제 해결

위의 식

$$\frac{du}{u(t)-20} = kdt$$

으로부터 양변을 적분하면 다음 식을 얻을 수 있다.

$$\ln|u(t)-20| = kt + C \ (C\text{는 상수})$$

실내온도는 $u(t)$보다 낮으므로 절댓값을 고려하지 않는다. 또한 최초 온도 $u(0)=70$이므로, C를 구할 수 있다.

$$\ln(u(0)-20) = k \cdot 0 + C, \quad \ln(70-20) = C, \quad C = \ln 50$$

그러므로 $u(t)$는 다음과 같다.

$$\ln(u(t)-20) = kt + \ln 50, \quad \ln(u(t)-20) - \ln 50 = kt$$

로그함수의 합과 차에 관한 성질에 의해

$$\ln\left(\frac{u(t)-20}{50}\right) = kt$$

가 되며 양변에 지수함수 e를 작용시키면

$$e^{kt} = e^{\ln\left(\frac{u(t)-20}{50}\right)} = \frac{u(t)-20}{50}$$

즉

$$u(t) = 20 + 50\,e^{kt}$$

이다. 한편 $u(3)=40$을 이용하여 k를 구한다.

$$40 = 20 + 50e^{3k}, \quad 20 = 50e^{3k},$$
$$e^{3k} = \frac{2}{5}, \quad 3k = \ln\frac{2}{5}$$

이므로 $k = \frac{1}{3}\ln\frac{2}{5} = \ln\left(\frac{2}{5}\right)^{\frac{1}{3}}$이다. 그러므로 일반해는 다음과 같다.

$$u(t) = 20 + 50e^{t\left(\ln\left(\frac{2}{5}\right)^{\frac{1}{3}}\right)} = 20 + 50e^{\ln\left(\frac{2}{5}\right)^{\frac{t}{3}}} = 20 + 50\left(\frac{2}{5}\right)^{\frac{t}{3}}$$

6분 후의 온도는

$$u(6) = 20 + 50\left(\frac{2}{5}\right)^2 = 20 + 50\left(\frac{4}{25}\right) = 28°$$

이다.

■ 문제 상황 16

더운 여름 한 낮 온도가 30°에 달했다. 냉장고에서 5℃인 음료를 꺼냈는데, 10분 후에 음료의 온도가 20°였다. 20분 후의 음료수는 몇 ℃가 되겠는가?

■ 문제의 이상화 및 자료수집

냉장고에서 음료수를 꺼낸 t분 후의 온도를 나타내는 함수를 $u(t)$로 놓자. 온도의 변화율은 $\frac{du}{dt} = k(u(t) - 30)$이다.

■ 수학적 모델 형성과 문제 해결

$$\frac{du}{u(t) - 30} = kdt$$

로부터,

$$\ln|u(t) - 30| = kt + C$$

를 얻게 된다. 그런데 $u(t) \le 30$이므로

$$\ln(30 - u(t)) = kt + C$$

또한 초기온도는 $u(0) = 5$이므로

$$\ln 25 = C$$

이다. 따라서

$$\ln(30 - u(t)) = kt + \ln 25$$

가 된다. 그러므로

$$\ln\left(\frac{30 - u(t)}{25}\right) = kt$$

이다. 양변에 지수함수 e를 적용시키면

$$e^{kt} = e^{\ln\left(\frac{30-u(t)}{25}\right)} = \frac{30-u(t)}{25}$$

가 되어

$$30-u(t) = 25e^{kt}$$

즉

$$u(t) = 30-25e^{kt}$$

이다. 한편 10분 후 음료수의 온도는 20°이므로, $u(10)=20$이다. 따라서

$$20 = u(10) = 30-25e^{10k},\ 25e^{10k} = 10,\ e^{10k} = \frac{2}{5}$$

이다. 양변에 로그함수를 취하면

$$10k = \ln\frac{2}{5},\ k = \frac{1}{10}\ln\frac{2}{5} = \ln\left(\frac{2}{5}\right)^{\frac{1}{10}}$$

이다. 그러므로 온도 함수는

$$u(t) = 30-25e^{t\left(\ln\left(\frac{2}{5}\right)^{\frac{1}{10}}\right)} = 30-25\left(e^{\ln\frac{2}{5}}\right)^{\frac{t}{10}} = 30-25\left(\frac{2}{5}\right)^{\frac{t}{10}}$$

이다. 이제 20분 후의 온도는 다음과 같다.

$$u(t) = 30-25\left(\frac{2}{5}\right)^{\frac{20}{10}} = 30-25\left(\frac{4}{25}\right) = 26°$$

제10장

그래프와 함수

10.1 기초 수학: 그래프

그래프란 함수의 값을 좌표공간에 가시적으로 그린 것으로서, 실험 데이터의 내용을 시각적으로 포착할 수 있도록 도형화한 것을 의미하기도 한다. 그러므로 그래프로 표현될 수 있는 관계로서는 인간의 혈연관계, 전산의 연락망 등 수 많은 것들이 있다. 특별히 생물이나 화학, 물리 실험들을 통해 얻어진 데이터는 다양한 방법으로 그래프로 그려질 수 있다. 물론 종이와 연필로 그릴 수도 있고, 또는 메이플이나 엑셀등 컴퓨터 프로그램을 사용하여 더 구체적으로 그릴 수도 있다. 그러나 그래프를 그리는 것보다 더욱 중요한 것은 그려진 그래프를 분석하는 일이다. 그래프를 그렸다하더라도 그 형태가 의미하는 것이 무엇인지 파악이 되지 않는다면 그래프는 무용지물이 되어버린다. 이번 장에서는 그래프의 유형을 보고 분석하고 해석해 보자.

꺾은선그래프	기후그래프
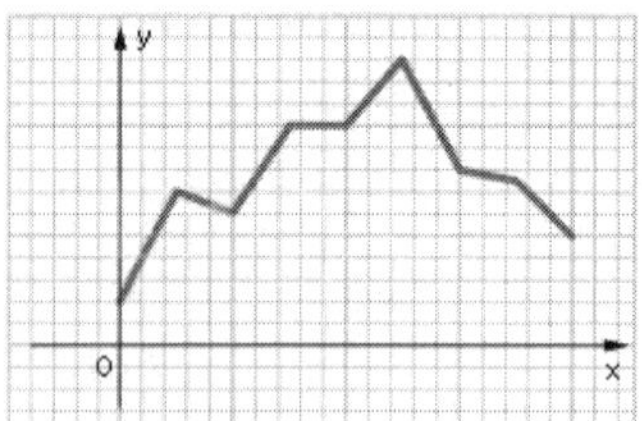	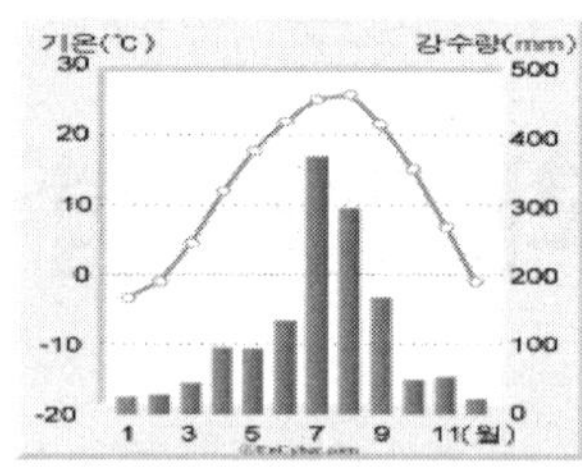
누적도수분포	삼각함수 그래프
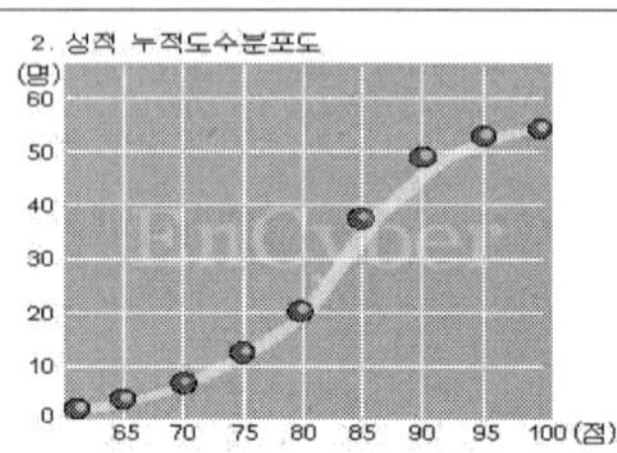	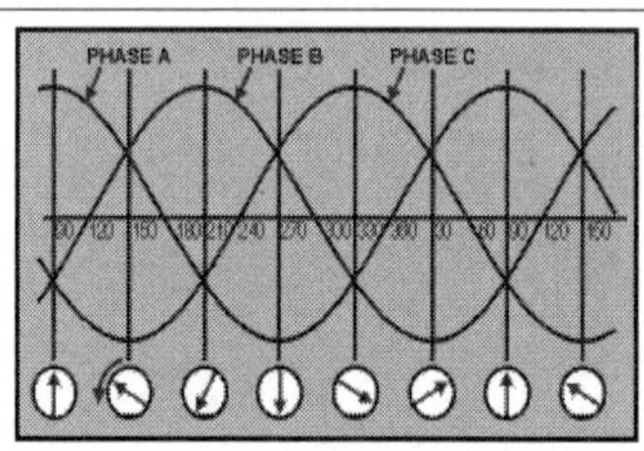
컴퓨터 이용한 그래프	여러 그래프
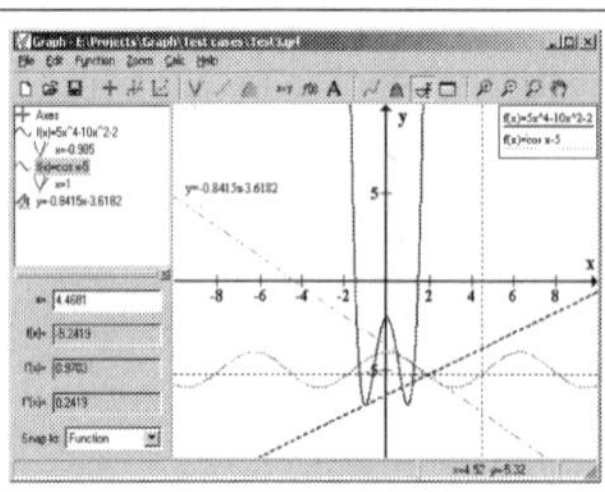	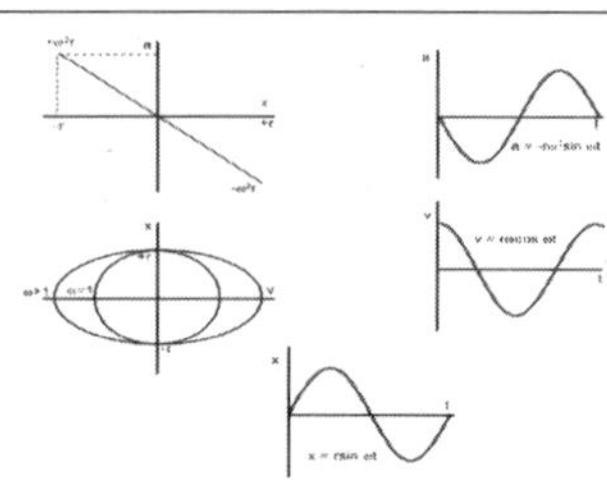

10.2 그래프 상태 분석

‖ 환경오염도 측정과 연쇄 (사슬) 법칙 ‖

호수에 사는 어류는 오염물질에 매우 민감하여, 호수 주위에 많은 사람이 모여 살게 되면 어종의 개체수에 변화가 생긴다. 어종의 감소율은 그 지역 주민 수에 영향을 받으며 동시에 각 사람에 의해 만들어지는 오염으로 인해 변화율이 결정된다.

연쇄법칙에 의하면, 두 개의 서로 상호작용이 되는 비율들의 곱으로서 총 영향이 표현된다. 구체적으로 말하면, t년에 호수 주위에 사는 사람의 수를 $x=f(t)$로 하고, $p=g(x)$는 x명에 의해 만들어지는 오염의 정도라고 하자. 그러면 그 년도의 오염도의 변화율은 각 사람 당 오염 변화율과 인구수의 증가 비율의 곱으로 표현된다.

$$\frac{dp}{dt}=\frac{dp}{dx}\cdot\frac{dx}{dt}$$

먹이 연쇄(사슬) 문제

아프리카의 대초원에 사는 몸집이 큰 육식동물의 개체수 C는 먹이가 되는 가젤(아프리카 영양)의 개체수P에 크게 의존한다. 한편 가젤의 개체수는 식물의 수량 V에 의존하며, 이것은 다시 그 해의 강수량 r에 종속된다.

■ 문제 상황 1

장기간의 가뭄이 있었다고 하자. 강수량의 변화가 있었으므로 초목의 양에 변화가 생길 것이고, 이것은 가젤의 개체수와 그리고 궁극적으로 아프리카 사반나의 육식동물의 개체수에 영향을 미친다. r을 강수량, V를 초목(식물)의 양, P를 초식동물의 수 그리고 C를 육식동물의 수라고 하자. 각 변량에 대한 종속관계를 함수들의 형태, 가령 $V=g(r)$, $P=f(V)$ 그리고 $C=h(P)$로 표현할 수 있는데, 다음과 같이 결정된다고 하자.

$C=h(P)=P^2$	$P=f(V)=2V$	$V=g(r)=r^{1/2}$
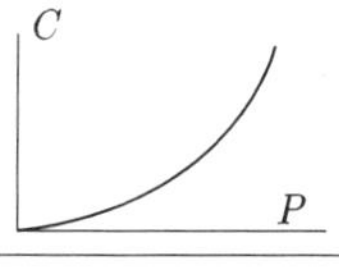	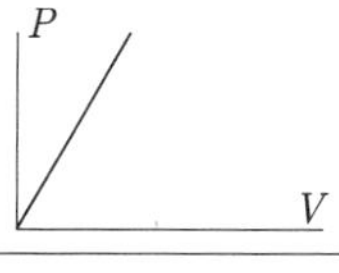	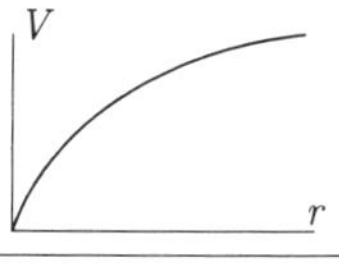

강우량에 대한 육식동물 개체수의 변화율 $\frac{dC}{dr}$을 계산해보자.

■ **문제의 이상화 및 자료수집**

위 그림은

- 육식동물의 개체수 $C=h(P)=P^2$는 먹잇감인 초식동물의 수 P에 의해 좌우되며,
- 초식동물의 수 $P=f(V)=2V$는 식물의 수 V에 종속되며,
- 또한 식물의 수 $V=g(r)=r^{1/2}$는 강우량 r에 따라 결정됨을 보여준다.

따라서 미분의 연쇄법칙이 유용하게 사용될 수 있다.

■ **수학적 모델 형성과 문제 해결**

미분의 연쇄법칙을 사용한다.

$$\frac{dC}{dr}=\frac{dC}{dP}\cdot\frac{dP}{dV}\cdot\frac{dV}{dr}$$

그런데

$$\frac{dV}{dr}=\frac{1}{2}r^{-1/2},\ \frac{dP}{dV}=2,\ \text{또한}\ \frac{DC}{DP}=2P$$

이므로

$$\frac{dC}{dr}=\frac{1}{2}r^{-1/2}(2)(2P)=\frac{2P}{r^{1/2}}=\frac{2(2V)}{V}=4$$

가 된다. 한편 주어진 관계식

$$C=h(P)=P^2,\quad P=f(V)=2V,\quad \text{또한}\quad V=g(r)=r^{1/2}$$

로부터

$$C=P^2=(2V)^2=4V^2=4(r^{1/2})^2=4r$$

로서 C를 표현하면

$$\frac{dC}{dr}=4$$

임을 쉽게 재확인할 수 있다.

나무의 키 자람 성장 속도

품종이 다른 나무들은 서로 다른 속도로 성장을 한다. 아름다운 조경을 만들기 위해서 현재 동일한 키의 나무를 심는다하더라도 각 나무의 성장속도를 고려하게 된다.

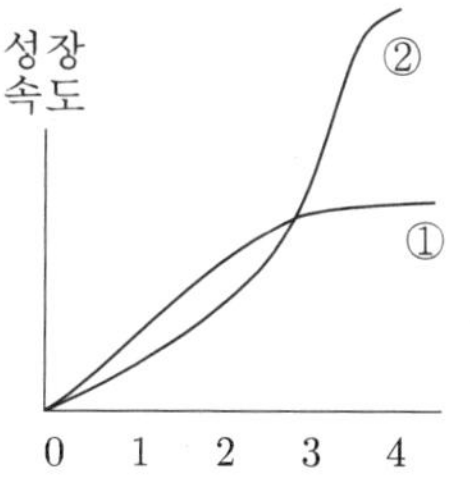

■ 문제 상황 2

품종이 다른 나무 두 그루가 있다. 현재 두 나무의 크기는 동일하지만, 두 나무의 성장 속도에 관한 자료가 위의 그래프처럼 알려져 있다. 나무들은 1년 후에 어떤 성장의 차이를 보일까? 4년 후에는 어떻게 될까? 설명해보자.

■ 문제의 이상화 및 자료수집

그래프를 분석하여 상황을 예측할 수 있다. 1년이 되었을 때, 첫 번째 나무 ①의 성장곡선 아래 부분의 면적이 두 번째 나무 ②의 것보다 더 넓으므로 키가 크다고 볼 수 있다. 그러나 두 번째 나무는 빠른 성장을 하여 3년째가 되면 두 나무의 키가 일치한다. 3년이 지나면서부터 두 번째 나무의 성장곡선 아래 부분의 면적이 더 넓게 되어 더 빠른 성장을 한다.

■ 수학적 모델 형성과 문제 해결

시간 t에서 i번째 나무의 높이를 $H_i(t)$라고 하자. 또한 $g_i(t)$는 시간에 대한 나무의 성장 속도를 나타내는 함수라고 하자. 그러면 T년 후에 각 나무 높이의 변화량은

$$H_i(T) - H_i(0) = \int_0^T g_i(t)dt$$

로 표현된다. 미분적분의 기본정리에 의해, 위에서 표현된 정적분의 값은 $t=0$와 $t=T$ 사이에서 곡선 $g_i(t)$의 아래의 면적이다. 그러므로 각 나무의 높이에 대한 변화량은 그 나무의 성장 곡선 아래 부분의 면적으로 설명될 수 있다.

문제의 이상화를 통해 알 수 있었던 것처럼, 1년이 되었을 때, 첫 번째 나무 성장곡선 아래 부분의 면적이 더 넓으므로 키가 크다고 볼 수 있다. 4년이 되면 두 번째 나무 성장 곡선 아래 부분의 면적이 더 넓게 되어 더 빠른 성장을 하였다고 보인다.

나무의 부피 자람 성장 속도

나무의 부피 성장에 대해 알아보자. 충분한 강우량과 적당한 영양이 주어진 어떤 해에는 나무가 빨리 성장한다. 나무 기둥을 원통형이라고 가정하면 절단된 면은 원이 된다.

■ 문제 상황 3

강우량이 연도별로 어느 정도 주기적인 패턴을 갖는다고 가정하자. 지난 10년 동안 나무기둥 반지름의 성장비율(cm/year)이 함수 $f(t)=1.5+\sin(\pi t/5)$로 표현된다고 하자.

(1) 나무기둥의 반지름이 처음 $t=0$일 때 r_0라면 t년 후에는 반지름은 얼마나 될까?

(2) 나무기둥의 밀도가 대략 $1\,\text{gm/cm}^3$라고 할 때, 최초의 질량과 최후의 질량사이의 비율은 얼마일까?

■ 문제의 이상화 및 자료수집

우선 주어진 함수 $f(t)=1.5+\sin(\pi t/5)$의 그래프를 그려보자(메이플 이용).

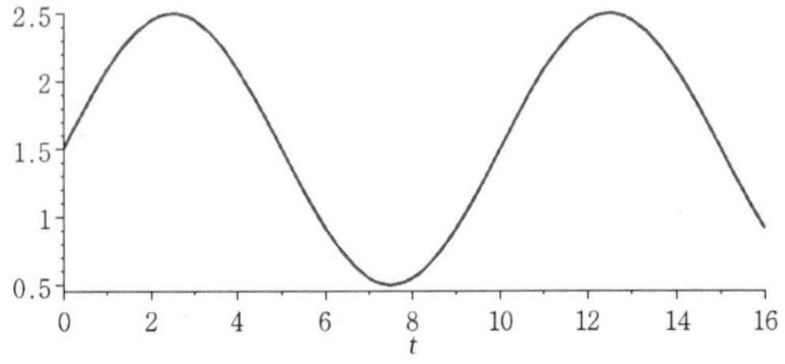

■ 수학적 모델 형성과 문제 해결

t 연도에 나무 기둥의 반지름이 $R(t)$라고 하자. 나무 기둥의 반지름의 변화율은 함수 $f(t)$이며, $t=0$일 때 $R(0)=r_0$이다. 최초 10년간 성장률에 대한 방정식과 그래프를 사용하면 t년까지 반지름의 변화량은

$$R(t)-R(0)=\int_0^t f(x)dx=\int_0^t\left(1.5+\sin\left(\frac{\pi}{5}x\right)\right)dx$$

이 된다. 따라서

$$R(t) = R(0) + \left[\left(1.5x - \frac{\cos\left(\frac{\pi}{5}x\right)}{\frac{\pi}{5}} \right) \right]_0^t$$

$$= r_0 + 1.5t - \frac{5\cos\left(\frac{\pi}{5}t\right)}{\pi} + \frac{\cos 0}{\frac{\pi}{5}} = r_0 + 1.5t - \frac{5\cos\left(\frac{\pi}{5}t\right)}{\pi} + \frac{5}{\pi}$$

이다.

초기에 나무의 반지름을 $r_0 = 1\text{cm}$라고 하자. 위 결과를 그래프로 나타내보자(메이플 이용).

```
> plot(1+1.5*x-(5*cos(Pi*x /5))/Pi + 5/Pi , x=0..15);
```

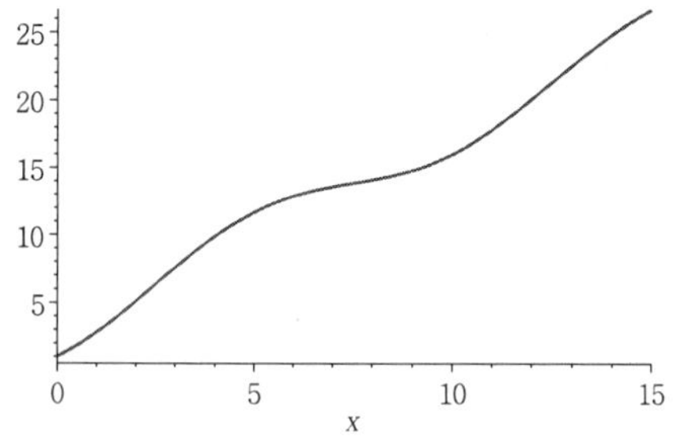

위 그래프를 통해 반지름은 전 기간에서 계속 증가하고 있으나, 그 성장 속도는 조금씩 다른 것을 볼 수 있다.

10년 후에 나무의 반지름은 $R(10) = 1 + 15 = 16$이 된다.

(2) 나무기둥이 원통형이며 밀도는 대략 $1\text{gm}/\text{cm}^3$이라 하자. 나무의 질량은 밀도×부피이므로 관계식 $V(t) = \pi R(t)^2 h$이 성립하여, 다음과 같이 계산할 수 있다.

최초의 질량에 대한 10년 후의 질량의 비율
=최초의 부피에 대한 10년 후의 부피의 비율

$$= \frac{V(10)}{V(0)} = \frac{\pi[R(10)]^2 h}{\pi r_0^2 h} = \frac{[R(10)]^2}{r_0^2} = \left(\frac{r_0 + 15}{r_0}\right)^2$$

수학이야기 나무의 나이테

나무는 길이생장과 부피생장을 한다. 나무를 절단하여 보면 색깔이 약간 짙은 동심원의 테가 중심으로부터 밖으로 퍼져나가듯이 여러 개 있는 나이테를 볼 수 있다. 나이테의 개수로 나무의 나이를 알 수 있다. 나무는 봄부터 여름까지 왕성하게 자라므로 이 시기에 만들어진 세포는 크고 세포벽이 얇아서 부드럽고 연한 색이 된다. 반면, 가을부터 겨울에 걸쳐 만들어진 세포는 작고 세포벽이 두터우므로 단단하고 색도 진하다. 이러한 성장은 매년 반복되므로 1년 동안 성장한 흔적을 알 수 있는 '나이테'가 만들어지는 것이다. 추운 겨울철이 있는 나라의 나무는 나이테가 확실히 나타나지만, 1년 내내 성장을 계속하는 더운 열대지방의 나무는 나이테가 없는 경우가 많은데, 가뭄이 계속되는 시기에는 나이테가 생기기도 한다.

가지치기를 못한 숲의 나무	가지치기를 한 숲의 나무(고급 목재 생산)
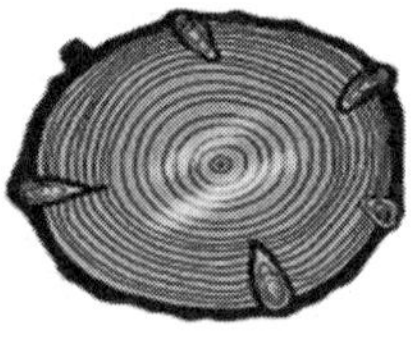	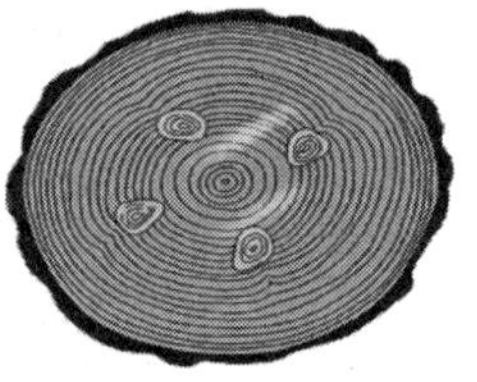

나이테의 넓이를 통해 나무가 성장한 상태를 알 수 있다. 일반적으로 성장이 느린 천연림의 나이테는 폭이 좁고, 성장이 빠른 인공림의 나이테는 폭이 넓다. 그리고 같은 연령의 인공림이라고 하더라도 적절한 시기에 솎아베기를 해준 나무와 그렇지 않은 나무의 나이테는 큰 차이가 있다. 적절한 시기에 솎아베기를 해준 나무는 솎아베기를 해준 이후에 더욱 크게 잘 자라는 것을 관찰할 수 있다. 반면에 솎아베기를 해주지 않은 나무의 나이테는 적절한 부피 생장을 하지 못해 매우 촘촘히 늘어서 있는 것을 볼 수 있다.

어떤 값을 나타내는 함수를 미분함으로써 값의 변화율 (변화 속도)을 알았다면, 변화율을 다시 적분함으로서 변화의 총 합을 알 수 있다.

어떤 물질이 생성되어 누적되다가 제거과정을 통해 소멸되는 상황을 관찰하여 그래프로 그릴 수 있다. 이를 토대로 물질의 양이 언제 증가하는지 또 감소하는지를 결정해보자.

혈액 내에 있는 어떤 호르몬의 수치를 시간 t에서 $H(t)$라고 나타내자. 이 호르몬의 수치는 다음 두 개의 독립적인 과정에 의해 조절된다.

- 호르몬을 생성하는 특별한 세포 내의 분비작용: 호르몬을 만드는 이러한 비율은 하루 중 시간에 따라 달라서 매 24시간 주기로 일정한 패턴으로 순환된다.
- 호르몬을 제거하는 작용: 이것은 어떤 세포에 의해 분비된 효소 작용에 의한 것이다.

■ 문제 상황 4

다음의 그래프는 호르몬의 생성비율 $p(t)$와 제거비율 $r(t)$가 시간 t에 따라 결정되는 주기 함수를 자정부터 24시간 주기로 나타낸 것이다.

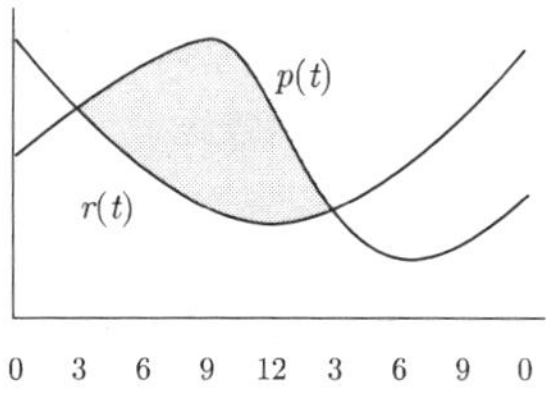

(1) 생성비율 $p(t)$가 최대일 때와 제거비율 $r(t)$가 최소일 때는 각각 언제인가?

(2) 혈중 호르몬의 수치가 가장 높을 때와 가장 낮을 때는 언제인가?

(3) 호르몬의 최고치 값은 얼마인가? (가장 최저일 때의 호르몬 수치를 0으로 하자.)

(4) 호르몬의 최고 수치를 정확히 계산해보자.

■ 문제의 이상화 및 자료수집

그래프로부터 오전 9시에 생성비율이 최대이며 정오 12시에 제거비율이 최저임을 볼 수 있다. 일정 시간에 생성되는 호르몬의 총 량 P과 제거되는 호르몬의 총량 R은 각각 $p(t)$와 $r(t)$의 적분을 통해 알 수 있으며, 두 값의 차로서 호르몬 수치를 얻을 수 있다.

■ 수학적 모델 형성과 문제 해결

시간 $a \le t \le b$일 때, 호르몬의 양 H는 다음과 같다.

$$H = P - R = \int_a^b p(t)dt - \int_a^b r(t)dt$$

이 값은

$$H = \int_a^b p(t)dt - \int_a^b r(t)dt = \int_a^b (p(t) - r(t))dt$$

으로서, 두 그래프 $p(t)$와 $r(t)$ 사이의 면적을 계산하는 것과 동일하다.

여기서 눈여겨 보아야하는 것은 $p(t) > r(t)$인 구간에서는 누적되는 호르몬의 수치가 증가하지만, $p(t) < r(t)$일 때는 적분값이 음수가 되어서 호르몬 수치가 감소한다.

다시 말해 생성비율이 제거비율보다 커질 때는 호르몬의 수치가 점점 증가한다. 그러므로 오후 3시에는 혈중 최대 수치를 나타내며 실제로 이때가 두 곡선이 이루는 면적이 최대인 경우이다. 반대로 제거비율이 생성비율보다 큰 경우에는 호르몬 수치가 최소가 되며, 위 그래프에 의하면 오전 3시에 이런 상황이 벌어진다.

정확한 값을 계산하기위해, $p(t)$와 $r(t)$를 표현하는 구체적인 함수를 모델링해 보자. 사이클의 주기는 24시간이며 진폭은

$$w = \frac{2\pi}{24} = \frac{\pi}{12}$$

이므로 주기함수 sin과 cos 함수를 사용하여 다음과 같이 표시할 수 있다.

$$p(t) = A(1+\sin(wt)), \quad r(t) = A(1+\cos(wt))$$

여기서 A는 곡선 $p(t)$의 초기값이다. 특별히 $A=1$로 하여 그래프를 그리면 다음과 같다.

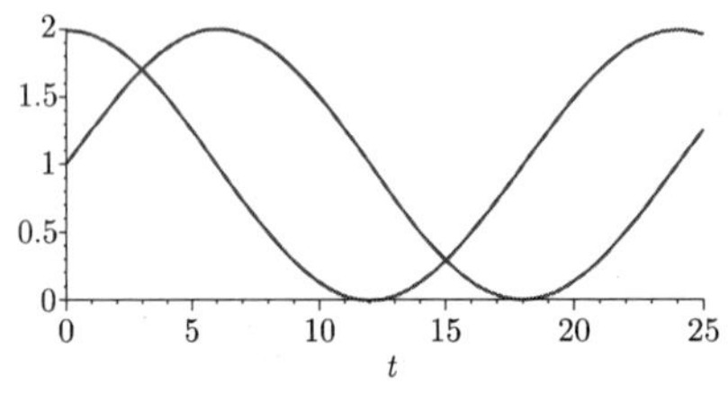

두 곡선이 만나는 점, 즉 교점을 구하기 위해

$$A(1+\sin(wt)) = A(1+\cos(wt)),$$
$$\sin(wt) = \cos(wt)$$

를 계산하면,

$$\tan(wt) = \frac{\sin(wt)}{\cos(wt)} = 1$$

이므로, tan 함수의 성질에 의해

$$wt = \frac{\pi}{4} \text{ 또는 } \frac{5\pi}{4}$$

가 된다. 그런데 $w = \frac{\pi}{12}$ 이므로, $t = 3$ 또는 15이다. 그러므로 $3 \le t \le 15$(=오후 3시) 사이에서 호르몬 수치는 증가하며, 이 결과는 처음에 주어진 그래프와 비교하여 상당히 적절한 모델링이라고 생각할 수 있다.

또한, 호르몬의 총 양은 적분을 통해 알 수 있다.

$$\begin{aligned}\int_3^{15}[p(t)-r(t)]\,dt &= \int_3^{15} A[(1+\sin(wt))-(1+\cos(wt))]\,dt \\ &= \int_3^{15} A\left[\sin\left(\frac{\pi}{12}t\right)-\cos\left(\frac{\pi}{12}t\right)\right]dt \\ &= A\left(-\frac{\cos(\pi t/12)}{\pi/12}-\frac{\sin(\pi t/12)}{\pi/12}\right)\Bigg]_3^{15} \\ &= -\frac{12A}{\pi}\left[\left(\cos\frac{15\pi}{12}+\sin\frac{15\pi}{12}\right)-\left(\cos\frac{3\pi}{12}+\sin\frac{3\pi}{12}\right)\right]\end{aligned}$$

그런데

$$\cos\frac{15\pi}{12} = \cos\left(\pi+\frac{3\pi}{12}\right) = -\cos\left(\frac{3\pi}{12}\right) = -\cos\left(\frac{\pi}{4}\right) = -\frac{\sqrt{2}}{2}$$

$$\sin\frac{15\pi}{12} = \sin\left(\pi+\frac{3\pi}{12}\right) = -\sin\left(\frac{3\pi}{12}\right) = -\sin\left(\frac{\pi}{4}\right) = -\frac{\sqrt{2}}{2}$$

이므로

$$\begin{aligned}\int_3^{15}[p(t)-r(t)]\,dt &= -\frac{12A}{\pi}\left[\left(-\frac{\sqrt{2}}{2}-\frac{\sqrt{2}}{2}\right)-\left(\frac{\sqrt{2}}{2}+\frac{\sqrt{2}}{2}\right)\right] \\ &= -\frac{12A}{\pi}\left(-\frac{4\sqrt{2}}{2}\right) = 24A\frac{\sqrt{2}}{\pi}\end{aligned}$$

따라서 오전 3시부터 오후 3시까지 생성 누적되는 호르몬의 총량은 $24A\frac{\sqrt{2}}{\pi}$ 이다. 물론 $A = 1$이면 $24\frac{\sqrt{2}}{\pi} \approx 10.81$이 된다.

개체군의 증가형태를 잘 표현하는 방법으로 로지스틱(Logistic) 성장을 배웠다. 이는 성장률 G가 개체군의 밀도 N에 의존한다고 가정하는 것으로써

$$G(N) = rN\left(\frac{K-N}{K}\right)$$

로 표시되며, 여기서 $r > 0$은 내재 성장률(intrinsic growth rate)이며, $K > 0$은 주어진 환경에서의 개체군의 최대 용량(carrying capacity)이다.

■ 문제 상황 5

다음에 관해 알아보자.

(1) 최대 성장률을 만드는 개체군 밀도를 찾아보자.

(2) 최대 성장률은 무엇인가?

(3) 성장률이 0일 때 개체군의 크기는 어느 정도인가?

■ 문제의 이상화 및 자료수집

성장 비율 G는 개체군의 크기 N에 종속하여 로지스틱 성장으로 표현된다. 그래프로 표시해보자.

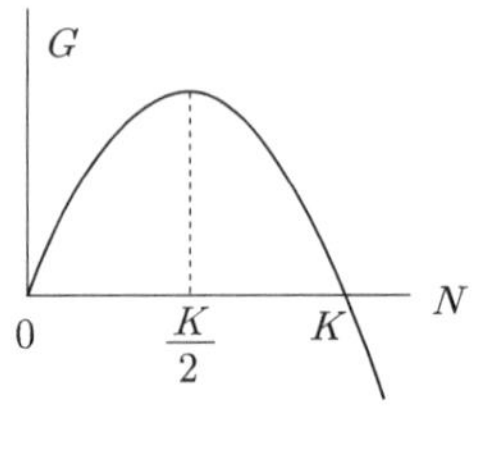

성장률에 관하여 알고 싶을 때는 "미분"의 개념을 사용한다. 즉 최대 성장률은 미분값이 0이 되는 점에서 발견할 수 있다.

■ 수학적 모델 형성과 문제 해결

최대 성장률 (혹은 감소율)은 주어진 관계식

$$G(N) = rN\left(\frac{K-N}{K}\right) = rN - \frac{r}{K}N^2$$

를 N으로 미분하여 미분값이 0이 되도록 함으로서 알 수 있다.

$$0 = G'(N) = \left(rN - \frac{r}{K}N^2\right)' = r - \frac{2rN}{K} = r\left(1 - \frac{2N}{K}\right)$$

이므로 $\frac{2N}{K} = 1$, 즉 $N = \frac{K}{2}$이 된다. 그런데 2계도함수

$$G''(N) = \left(r - \frac{2r}{K}N\right)' = -\frac{2r}{K} < 0$$

로부터, $G(N)$은 아래로 오목이며, $N = \frac{K}{2}$일 때 극댓값을 가진다. 그러므로 최대 성장률은 $G(N)$에 $N = \frac{K}{2}$를 대입한 값으로 다음과 같다.

$$G\left(\frac{K}{2}\right) = r\frac{K}{2}\left(\frac{K - K/2}{K}\right) = \frac{rK}{2} \cdot \frac{1}{2} = \frac{rK}{4}$$

최대 성장률이 될 때의 개체군의 크기를 찾기 위해 $G = 0$이라 하고 N을 계산한다.

$$0 = G(N) = rN\left(\frac{K - N}{K}\right) \text{이므로 } N = 0 \text{ 또는 } N = K$$

■ **재해석**

개체의 수가 전혀 없을 때의 성장률은 0이다. 그 뿐만 아니라 개체군의 밀도 N과 주어진 환경에서의 수용할 수 있는 개체군의 최대 용량 K가 일치할 때도 성장률은 0이 된다. 다시 말해 어떤 환경에서 존재할 수 있는 최대 용량을 넘어서는 개체수가 생기게 되면 더 이상 개체가 증가할 수 없다는 것이다. 실험을 통해 많은 데이터를 얻을 때 그 데이터를 분석할 수 있는 수학적 안목과 기술이 필요하다.

지수적 증가와 로지스틱 모델의 비교

1930년대의 생물학자 가우제(G. F. Gause)는 원생동물인 짚신벌레를 실험하고 데이터를 모델링하는데 로지스틱 방정식을 이용하였다. 원생동물의 개체수를 매일 관찰하여 초기의 상대적 증가율을 0.7944로 하고 수용한계는 64로 추정하였다. 날짜 t에 대한 개체수 P를 표로 만들었다.

t	0	1	2	3	4	5	6	7	8	9	10	11	12	13	14	15	16
P	2	3	22	16	39	52	54	47	50	76	69	51	57	70	53	59	57

■ 문제 상황 6

가우제 데이터에 대하여 지수적인 모델 $P(t)=P_0e^{kt}$과 로지스틱 모형 $P(t)=\dfrac{K}{1+Ae^{-kt}}$을 구하여라. 예상되는 값과 관찰 값을 비교하고 적합한지 논의해보자.

■ 문제의 이상화 및 자료수집

상대적 증가율 $k=0.7944$과 초기 개체수 $P_0=2$가 주어진 상태에서 지수적인 모델은

$$P(t)=P_0e^{kt}=2e^{0.7944t}$$

이다. 똑같은 값 k를 로지스틱 모델에도 적용할 때, $P_0=2$가 수용한계 $K=64$에 비해 매우 작기 때문에 의미가 있다.

■ 수학적 모델 형성과 문제 해결

로지스틱 방정식의 해는

$$P(t)=\frac{K}{1+Ae^{-kt}}=\frac{64}{1+Ae^{-0.7944t}}$$

이다. 여기서

$$A=\frac{K-P_0}{P_0}=\frac{64-2}{2}=31$$

이므로

$$P(t)=\frac{64}{1+31e^{-0.7944t}}$$

이다.

이 방정식을 사용하여 로지스틱 모델에 따른 예측값 L과 지수적 모델에 따른 예측값 E를 각각 계산하고 이것을 표에 주어진 값 P(관찰된 개체수)과 비교해보자.

(소수점 이하에서 반올림한 값)

t일	0	1	2	3	4	5	6	7	8	9	10	11	12	13	14	15	16
P	2	3	22	16	39	52	54	47	50	76	69	51	57	70	53	59	57
L	2	4	9	17	28	40	57	61	62	63	64	64	64	64	64	64	64
E	2	4	10	22	48	106	235	520	1151	2548	5637	12476	27610	61105	135232	299283	662348

위의 표에서 보듯이 처음 3~4일 동안은 지수적 모델과 로지스틱 모델이 원래 데이터와 비슷한 결과를 보인다. 이런 경우, 지수적 모델을 더 선호하게 되는데 이는 지수적 모델 형식이 훨씬 간단하기 때문이다. 그러나 날 수가 5일보다 많아지면서부터는 많은 차이가 보여서, 지수적 모델은 상당히 부정확한 반면, 로지스틱 모델은 비교적 관측과 잘 들어맞는다.

■ **재해석**

메이플을 활용하여 그래프로 확인해보자.

① 원래의 데이터를 그래프로 표현해보자(그림 1).

```
> with (plots):
> data: =[[0,2], [1,3], [2,22], [3,16], [4,30], [5,52], [6,54], [7,47],
  [8,50], [9,76], [10,69], [11,51], [12,57], [13,70], [14,53], [15,59],
  [16,57]]:
> plot(data, x=0..16, y=0..100, style=point, color=blue);
```

② 이번에는 모델링된 식-지수함수식과 로지스틱 식을 그려보자(그림 2).

```
> L:= x-> 64/(1+31*exp(-0.7944*x)); (검은색 실선)
> E:= x-> 2*exp(0.7944*x); (점선)
> plot([L(x), E(x)], x=0..16, y=0..100);
```

③ 원래데이터의 분포도와 모델링 식의 그래프를 한 평면에 그려서 어떤 방정식이 원래 데이터를 더욱 잘 표현할 수 있는지를 비교해보자(그림 3).

```
> m:=plot (data, x=0..16, y=0..100, style=point, color=blue):
> L:=plot (64/(1+31*exp(-0.7944*x)), x=0..16, y=0..100, color=green):
> E:=plot (2*exp(0.7944*x), x=0..16, y=0..100, color=red):
> display(m, L, E);
```

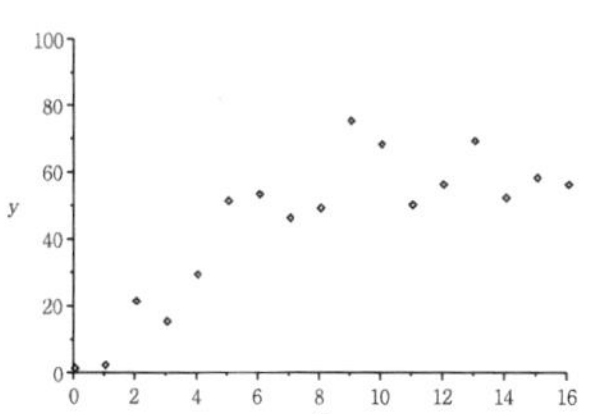

그림 1
① 원래 데이터 m

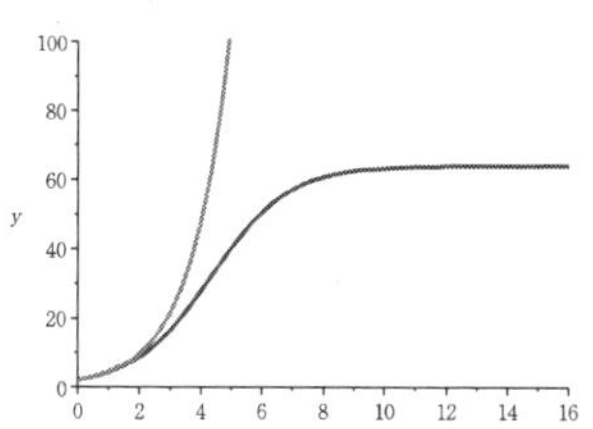

그림 2
② L과 E의 그래프

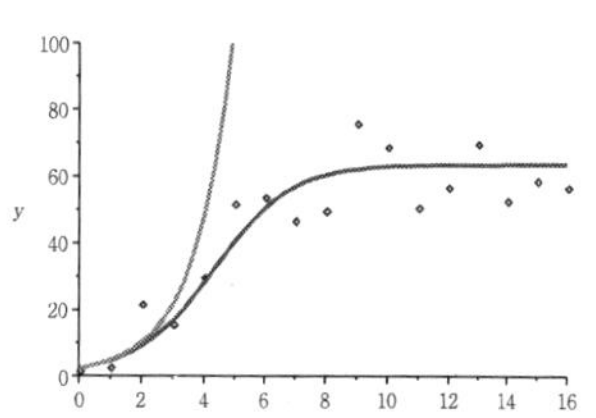

그림 3
③ m, L, E의 세 그래프

그래프를 통해서도 위에서 제시한 결론과 동일한 결과를 말할 수 있다. 즉 처음 3-4일 동안은 지수적 모델과 로지스틱 모델이 비슷한 결과를 보이나, 시간이 흐를수록 많은 차이를 나타낸다. 로지스틱모델이 복잡한 수식의 형태로 표현되기는 하지만 데이터를 잘 표현할 수 있는 효과적인 모델식이다.

참고 가우제 (G.F Gause, 1910∼1986, 소련) (때때로 Gauze 라고 쓰기도 한다.) 생태학자이며 미생물학자로서 원생동물과 곤충의 개체군 증가에 관한 제어 메커니즘, 종간경쟁, 피식자-포식자의 상호관계 등에 관해서 많은 연구를 했다. 수학에 능통했는데, 개체군생태학을 공부하던 중 로트카-볼테라 방정식(Lotka-Volterra equations)을 발표하고 실험적 검증을 거쳐 개체군생태학의 기초를 확고히 했다. 1934년 발표한 '생존경쟁: The struggle for existence'은 생태학의 고전으로 되어 있다. 그가 만든 가우제의 법칙이란 '동일한 생태적 지위를 점령한 두 종은 같은 장소에 공존할 수 없다'는 경쟁적 배제원칙을 말한다.

먹잇감에 대한 집중도

굶주린 사자의 눈 앞에 작은 토끼 한 마리가 있으며, 그보다 조금 먼 곳에 몸집이 제법 큰 사슴이 있는 상황을 상상해보자. 토끼는 쉽게 잡을 수 있지만 무척 배고픈 사자에게는 그다지 충분한 먹잇감이 되지 못한다. 사슴을 잡으면 포만감을 가질 수 있지만, 토끼의 경우보다는 많은 에너지와 시간이 필요하다. 사자는 두 마리의 먹잇감을 동시에 잡지는 못한다는 딜레마가 있다. 사자는 무엇을 선택할까?
맥매스터 대학교(McMaster U)의 행동생태학자 R. Dukas는 동물들이 어떤 먹이를 찾을 것인가를 결정하는 전략을 연구하여, 동물이 취하는 행동 양식의 선택과 전략에 대해 이론적으로 뿐만 아니라 실험적으로 결론을 내렸다. 이 예제는 그의 연구 결과이다.

여러 종류의 먹잇감들이 있는데, 이들을 모두 감춰두었고, 동물들은 그것들을 찾아내기 위해 시간과 노력을 투자해야 한다. 어떤 먹잇감은 다른 것보다 쉽게 찾아질 수 있으며, 먹잇감의 영양가 면에서도 다양하다. 특정한 날에 더 영양분이 많은 것을 발견한 동물은 살아남기 경쟁에서 이길 가능성이 많아진다. 그러므로 동물들은 주어진 일정한 시간에 최대의 양분을 얻을 수 있도록 시간을 투자하고 먹이 감에 관한 관심도를 선택해야 한다.

■ 문제 상황 7

먹잇감의 종류가 두 가지 이상 있는 경우를 생각해보자. 동물들이 주어진 먹잇감을 찾아내기 위해 투자하는 집중을 변수로 표시해보자.

X축을 먹이를 찾기 위해 필요한 집중도 x로 하고, Y축을 먹이를 발견할 확률을 P로 하자. 실제로 먹이 발견할 확률 P는 집중도 x에 의존한다.

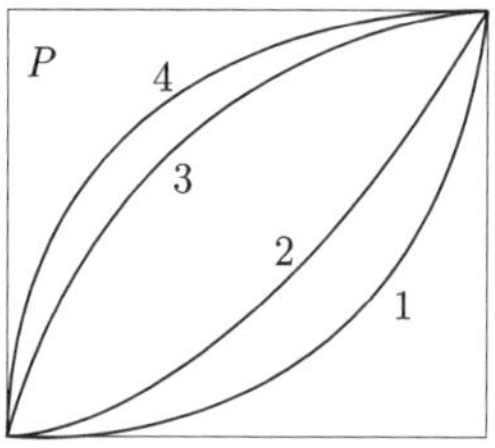

그림은 1～4로 표시된 네 가지 먹잇감에 대해 집중도에 대한 성공할 확률을 나타낸 그래프이다.

① X축은 집중도 $0 < x < 1$ 사이에서 그렸으며,

② Y축은 먹이를 찾을 성공 확률 $0 < P < 1$에 관한 변화이다.

③ 모든 곡선들은 완벽한 집중은 완전한 성공확률(즉, $x = 1$일 때 $P = 1$)이며,

④ 무 집중은 완전한 실패확률(즉, $x = 0$일 때 $P = 0$)이라는 규칙을 따른다.

⑤ 그러나 네 곡선은 집중도가 중간 즈음인 경우에 서로 다른 성공 확률을 보인다.

다음의 문제들을 설명해보자.

(1) 1부터 4까지의 먹잇감 유형 사이에서 서로 다른 점은 무엇인가?

(2) 가령 3번 형태와 4번 형태의 먹이 중 쉽게 발견되는 것은 어느 것인가?

(3) 위로 오목한 곡선을 분석해보자.

■ 문제의 이상화 및 자료수집

4개의 먹잇감을 나타내는 곡선 중에서, 예를 들어 먹잇감 1은 상당히 많은 집중을 해야만 취득할 수 있는 먹잇감의 유형으로서, 사자-토끼-영양 중에서 영양에 해당하는 것으로 보인다. 한편, 먹잇감 4는 조금만 노력하면 쉽게 얻을 수 있는 먹잇감으로서, 토끼에 해당한다.

■ 수학적 모델 형성과 문제 해결

필요한 변수를 정해보자.

(i) x:= 주어진 먹이 형태를 찾아내기 위해 투자하는 집중도라 하고, $0 < x < 1$라 하자. 여기서 $x = 0$이라 함은 그 먹잇감에 전혀 관심이 없다는 것이고, $x = 1$은 그 먹이를 찾기 위해 최대한 집중한다는 것이다.

(ii) $P(x)$는 x만큼 집중하여 먹이를 찾을 때 그 먹이를 획득할 확률이다. 따라서 $0 < P < 1$이며, $P=0$이란 전혀 먹이를 찾지 못하는 것이고 $P=1$은 항상 먹이를 찾는 것이다.

(iii) $P(0)=0$, $P(1)=1$인 경우를 생각해보자. 즉, 그 먹이에 대해 전혀 집중하지 않는다면 먹이를 얻을 확률이 0이 되며, 완전히 집중한다면 항상 얻을 수 있다는 것이다.

(iv) 동물들이 살고 있는 서식처에는 한 가지 형태보다 많은 개수의 먹잇감들이 있다고 가정하자. 이러한 먹이들을 발견할 집중도 x와 y는 합하여 1이라고 가정할 수 있다. 왜냐면 집중도가 한정되어 있기 때문에 $x+y=1$, 즉 $y=1-x$라 할 수 있다.

■ **재해석**

아래로 오목한 곡선들, 가령 3번과 4번 곡선은 재빨리 증가하고 있는데, 이것은 적은 노력을 기울기고도 많은 먹이를 찾을 수 있다는 것이다. 즉, 먹이를 발견하기가 비교적 쉽다는 것이다. 반면 1번 2번 곡선들처럼 위로 오목한 것은 그 먹이를 성공적으로 잡기위해 많은 집중을 해야 한다는 것이다. 이러한 먹이들은 발견하기도 어렵다.

■ **문제 상황 8**

이제 배고픈 사자의 집중도가 여러 형태의 음식물로 분산되었을 때 무슨 일이 생기는지를 알아보자. 굶주린 사자의 눈앞에 토끼와 사슴이 있다. 토끼와 사슴은 그 영양가가 서로 달라서, 토끼는 단위당 1의 영양가가 있는 반면 사슴은 단위당 N만큼의 영양가가 있다고 하자.

사자는 어떠한 배분으로 사냥에 집중을 할 때 얻을 수 있는 총 영양가를 계산해보자.

■ **수학적 모델 형성과 문제 해결**

먹잇감의 형태를 1과 2라 하고, 각각에 대한 집중도를 x와 y라 하고, 그 먹이를 발견할 확률을 $P_1(x)$와 $P_2(y)$라 하자.

먹이 1의 형태에 대한 집중도를 x라 하면, $y=1-x$는 먹이 2에 대한 집중도가 된다. 그러면 두 먹잇감에 대한 집중도에 따른 총 취득할 수 있는 영양분은 다음과 같다.

$$V(x) = P_1(x) + NP_2(1-x)$$

■ **재해석**

이제 $P_1(x)$와 $P_2(x)$의 함수 형태를 구체적으로 알 수만 있으면 사자가 취할 수 있는 에너지의 양을 계산할 수 있다.

■ 문제 상황 9

각 먹이에 대한 확률함수가 다음과 같이 주어졌다고 하자.

$$P_1(x) = x^2, \ P_2(x) = x^3$$

각 먹잇감은 동일한 영양가 $N=1$이라 할 때, 이 동물은 최대 양분을 얻을 수 있는가?

■ **수학적 모델 형성과 문제 해결**

위에서 주어진 함수들 $P_1(x)$와 $P_2(x)$는 초기 조건인 $P(0)=0$과 $P(1)=1$을 만족한다. 실제로 $P_1(x)$와 $P_2(x)$의 그래프는 문제상황 7에서 먹이집중도를 표현한 네 개의 그래프 중에서 1번과 2번을 충분히 표현할 수 있는 식이 됨을 쉽게 볼 수 있다.

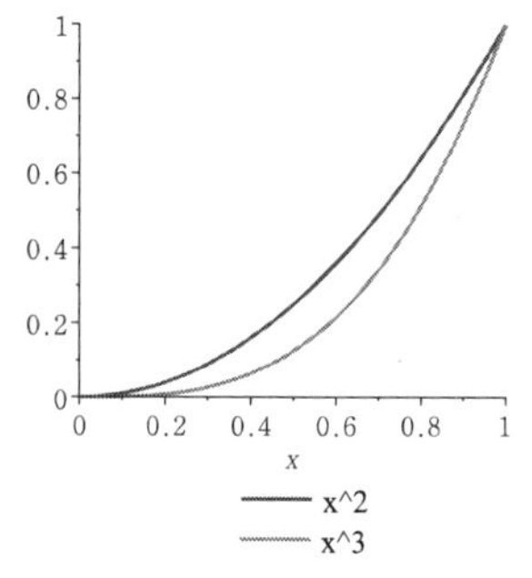

따라서 사자가 취할 수 있는 총 영양가는

$$V(x) = P_1(x) + NP_2(1-x) = x^2 + (1-x)^3$$

이다.

이제 취득 가능한 최대 영양분 V값을 구하기 위해 미분하여 0이 되는 값을 찾아보자.

$$0 = V'(x) = 2x + 3(1-x)^2(-1) = -3x^2 + 8x - 3$$

이므로,

$$x = \frac{4 \pm \sqrt{7}}{3} \approx 0.4514\text{과 } 2.21$$

정도이다. 그런데 $0 < x < 1$이므로, 먹이 1에 대한 집중도는 $x \approx 0.4514$이며 그 나머지가 먹이 2에 대한 집중도이다.

그러면 $x \approx 0.4514$인 임계점에서 이 동물은 정말 최대의 양분을 얻을 수 있는가?

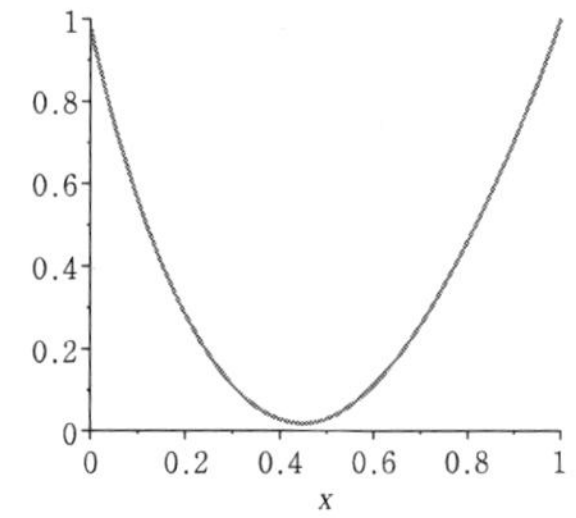

극값을 조사하기 위해, 2계도함수를 계산한다.

$$V''(x) = -6x + 8$$

그런데 $0 < x < 1$이므로 모든 x값에서 항상 양수가 된다. 그러므로 실제로는 극솟값이 된다. 그러므로 사자는 두 가지의 먹잇감에 대해 이러한 형태로 집중도를 분산시키면 최소의 먹이밖에 얻지 못하는 불행한 사태가 벌어진다.

■ **재해석**

사자는 토끼와 사슴을 둘 다 잡기위해 자신이 집중도를 분산시킬 경우, 생각만큼 좋은 효과를 얻을 수 없다. 영양가 방정식

$$V(x) = P_1(x) + NP_2(1-x) = x^2 + (1-x)^3$$

의 임계점은 $V'(x) = 0$이 되는

$$x \approx 0.4514\text{와 구간 } 0 \le x \le 1\text{의 양 끝점인 } x = 0\text{과 } x = 1$$

이다. 그런데

$$V(0.4514) = 0.4514^2 + (1-0.4514)^3 \approx 0.3687,\quad V(0) = 1 = V(1)$$

이다. 그러므로 사자의 선택은 토끼든지 사슴이든지 한 곳으로 집중하는 것이 최대의 영양가를 취할 수 있는 방법이 된다.

토끼의 단위 그램당 영양가를 1로 하고, 사슴의 단위 그램당 영양가를 2로 할 때, 사자가 먹이 사냥을 위해 취할 현명한 선택은 무엇인지 계산하여라.

■ 문제 상황 10

이번에는 각 먹이에 대한 확률함수를 구체적으로 다음과 같다고 하자.

$$P_3(x) = x^{1/2},\ \ P_4(x) = x^{1/3}$$

각 먹잇감의 영양가는 $N = 1$로 동일할 때, 이 동물은 최대의 영양분을 얻을 수 있는가?

■ 수학적 모델 형성과 문제 해결

$P_3(x)$와 $P_4(x)$는 초기 조건 $P(0) = 0$과 $P(1) = 1$을 만족하며, $P_3(x)$와 $P_4(x)$의 그래프는 문제상황 7에서 먹이집중도를 표현한 네 개의 그래프 중에서 3번과 4번을 충분히 표현할 수 있는 모델 식이다.

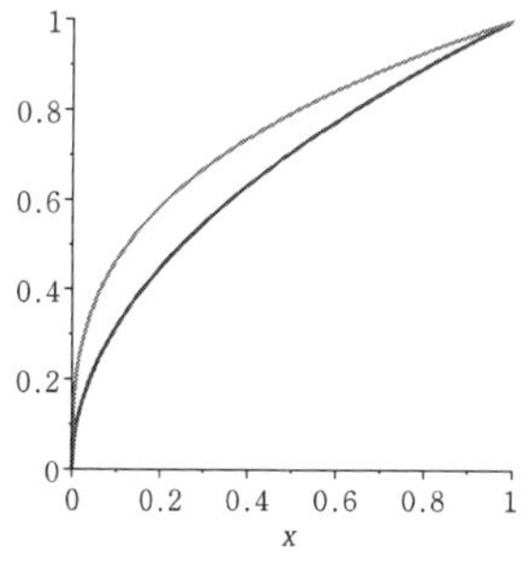

획득 가능한 총 영양가는

$$V(x) = P_3(x) + NP_4(1-x) = x^{1/2} + (1-x)^{1/3}$$

이다. 미분을 하여 임계점을 찾아보고, 2계 미분을 하여 최대, 최솟값을 결정할 수 있다.

$$V'(x) = \frac{1}{2\sqrt{x}} - \frac{1}{3(1-x)^{(2/3)}};$$

$$V''(x) = -\frac{1}{4x^{(3/2)}} - \frac{2}{9(1-x)^{(5/3)}}$$

V의 임계점, 즉 $V'(x) = 0$인 점은 대략 $x = 0.61977$이다. 그런데 이 점에서 $V''(x) < 0$이므로 동물을 최대의 양분을 취득할 수 있다.

■ 재해석

실제로 V의 임계점은 $x = 0.61977$과 $x = 0$, $x = 1$인데,

$$V(0.61977) \approx 1.5117,\ \ V(0) = V(1) = 1$$

이 되어, $x=0.61977$이 최댓값이 된다. 더욱이 $V(x)$, $V'(x)$, $V''(x)$의 그래프를 각각 그리면 다음과 같다.

$V(x)$	$V'(x)$	$V''(x)$
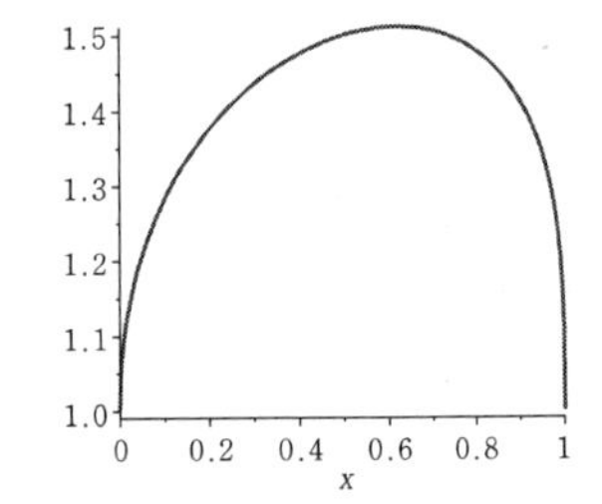	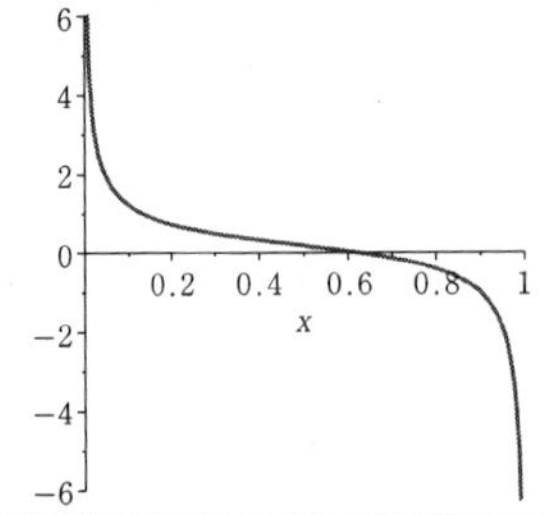	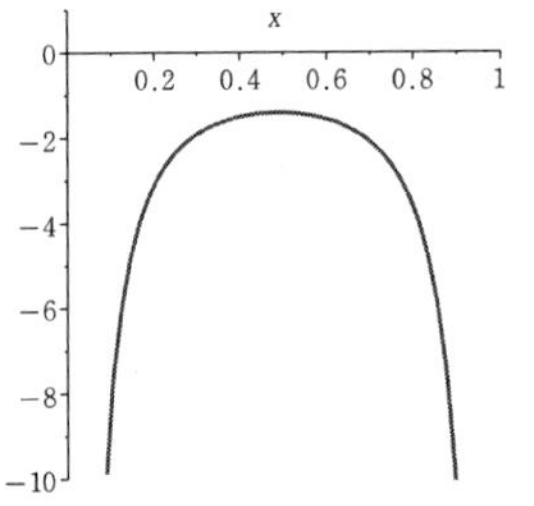

찾아보기

KYUNGMOON 경문

생명과학전공을 위한
대학수학

지은이 최은미
펴낸이 조경희
펴낸곳 경문사
펴낸날 2011년 11월 1일 1판 1쇄
2020년 3월 2일 1판 2쇄
등 록 1979년 11월 9일 제 1979-000023호
주 소 04057, 서울특별시 마포구 와우산로 174
전 화 (02)332-2004 팩스 (02)336-5193
이메일 kyungmoon@kyungmoon.com
facebook facebook.com/kyungmoonsa

값 18,000원

ISBN 978-89-6105-386-0

★ 경문사 홈페이지에 오시면 즐거운 일이 생깁니다.
http://www.kyungmoon.com

한국과학기술출판협회 회원사